纺织服装高等教育“十二五”部委级规划教材

中西服饰史

黄士龙　主编

仇佳华　王卫静　朱开荣　向　逸
何元跃　贺俊莲　戴竞宇　编著

東華大學出版社

图书在版编目(CIP)数据

中西服饰史/黄士龙主编. —上海：东华大学出版社，2014.9
ISBN 978-7-5669-0527-7

Ⅰ.①中… Ⅱ.①黄… Ⅲ.①服饰—历史—世界
Ⅳ.①TS941.743

中国版本图书馆 CIP 数据核字(2014)第 147549 号

责任编辑 徐建红
封面设计 Callen

中西服饰史

ZHONGXI FUSHI SHI

黄士龙 主编

出 版：东华大学出版社(地址：上海市延安西路 1882 号 邮政编码：200051)
本社网址：http://www.dhupress.net
天猫旗舰店：http://dhdx.tmall.com
营销中心：021-62193056 62373056 62379558
电子邮箱：425055486@qq.com
印 刷：业荣升印刷(昆山)有限公司
开 本：787 mm×1092 mm 1/16
印 张：19.25
字 数：520 千字
版 次：2014 年 9 月第 1 版
印 次：2014 年 9 月第 1 次印刷
书 号：ISBN 978-7-5669-0527-7/TS·506
定 价：49.80 元

前　言

人类脱离蛮荒状态向文明阶段进化的过程中，衣饰意识是其重要的因素，并经漫长而曲折的发展，终致演化成色彩、材质、面料、工艺、款式等方面，皆成体系的洋洋大观，汇成我们今人所要学习、研究的服装史的科目。美国学者 Susan B. Kaiser 在其所著《服装社会心理学》中说："服装不只和我们日常生活关系密切，它更可以用来解释各种基本社会历程，并且在视觉上造成极大的冲击"，即从服装上可以看到社会的历史。观赏服装历史，就如同看到社会进程中五光十色的丰富而精彩的各种场景，她是物质的、形象的历史教科书，内容广泛，举凡政治、经济、军事、外交等事件，都可影响到服装的发展，都或多或少的在服装上留下痕迹。从某种意义上说，服装代言了历史。这就是我们研究服装史的最初动因，并发掘、释放其在当今社会条件下的新光彩，进而更好地服务现当代人的衣生活，及其满足社会大设计环境的需要。

鉴与其文化的厚重性，作为高等院校艺术类史论课之一的《服装史》，从服装专业诞生起，就一直被列为必修课，是教学计划的有机组成部分。而教材建设也一直是先行之策。本教材就是在东华大学出版社的重视和指导下，得以顺利启动。《中西服饰史》由中国和外国（欧美为主）两部分组成，以历史为线索，讲述不同朝代、不同国家、不同时期服装服饰发展概况及其特色。中国部分有先秦（含原始）、秦汉魏晋南北朝、隋唐、宋辽金元、明、清、民国、共和国，外国部分有古埃及（两河流域）、古希腊罗马、拜占庭及文艺复兴后欧美服饰发展之概述，止于 20 世纪末，上下两篇各 8 章共 16 章。

具体写作时，或重在某朝代某国家，或重在某个时期服装产生的诸多因素，如社会经济、对外交往、文化艺术、染织技术、民俗风情及其相互联系和影响，即服装作为社会的产物、文化的凝结，既介绍服装的发展概况，更重于审美式评述的展开，并力求综合该领域的最新研究成果，力求观点统领资料，避免史料的堆积。文字叙述力求通俗，重在叙议结合，图文并举。适合大专、本科学生使用，亦可作服装企业高层管理人员培训的辅助读物。

本教材由多位高校服装专业老师分别承担编撰，是一个集体智慧的产物。每章阐述之后，会以简练的文字作简短的归纳，以便突出内容之重点，以利教学，亦兼顾学生的掌握。

当然，作为多人而为的合著，不足之处，定会难免。本教材虽在体例的统一性和完整性等方面,即章节层次清晰明了,略可胜人一筹。但各人的行文、表述等,却各有不同之处,统稿时虽作了些技术处理,可实难概全。尚或有资料引用恰当与否等,敬祈专家教授不吝赐教、指正,以期再版时修正、完善。

各章撰写老师如下。

第一章至第七章:黄士龙

第八章:朱开荣

第九章:贺俊莲

第十章:戴竞宇

第十一章:王卫静

第十二章:何元跃

第十三章:向逸

第十四章至第十六章:仇佳华

朱开荣、仇佳华还对本教材某些章节的图文资料的选择、修绘、考辩等,付出了较多的心力,为教材增色不少;范福军、何元跃等教授,为使本教材如期交稿,不仅积极建言完善写作提纲,还代为寻觅推荐参编老师。此情可贵难得。藉此,一并致以由衷的谢意!

最后,还应感谢责任编辑徐建红老师。本教材从选题的确立、到内容的梳理、校对的一再要求,乃至整个版面内容的丰富,皆虑之颇深,用心更是颇多,使教材的质量、可读性等方面,亦一再得以提升,从而方能挤身如云同类上乘著作之中。

黄士龙

2014.6 于东华园

目 录

上篇 中国服饰史

第一章 先秦服饰 …… 3

第一节 原始、夏商服饰 …… 4

第二节 西周服饰 …… 12

第三节 春秋战国时期服饰 …… 17

思考与练习 …… 24

第二章 秦汉魏晋南北朝服饰 …… 25

第一节 秦代服装 …… 26

第二节 汉代服饰 …… 32

第三节 魏晋南北朝服饰 …… 41

思考与练习 …… 49

第三章 隋唐服饰 …… 51

第一节 隋唐服饰之精彩 …… 52

第二节 唐代男子服饰 …… 57

第三节 唐朝女子服饰 …… 62

思考与练习 …… 68

第四章 宋辽金元服饰 …… 69

第一节 宋代服饰 …… 70

第二节 辽金服饰 …… 76

第三节 元代服饰 …… 80

思考与练习 …… 86

第五章　明代服饰 …… 87
第一节　明代服制 …… 88
第二节　士庶男女服装 …… 94
第三节　男女首服 …… 98
思考与练习 …… 100

第六章　清代服饰 …… 101
第一节　清代服制 …… 102
第二节　士庶百姓服装 …… 108
第三节　太平天国服装 …… 114
思考与练习 …… 116

第七章　民国服饰 …… 117
第一节　服制改革 …… 118
第二节　男子服饰 …… 119
第三节　女子服饰 …… 121
思考与练习 …… 128

第八章　共和国服饰 …… 129
第一节　初期干部服 …… 130
第二节　"文革""老三款" …… 132
第三节　开放赢得服饰新发展 …… 134
思考与练习 …… 138

下篇　西方服饰史

第九章　古埃及与西亚服饰 …… 141
第一节　埃及早期王国服饰 …… 142

第二节　新王国服装 …………………………………………………… 145
第三节　两河流域服饰(西亚服饰) ………………………………… 149
思考与练习 ………………………………………………………………… 152

第十章　古希腊罗马服饰 ……………………………………………… 153
第一节　克里特文明与服饰 ……………………………………………… 154
第二节　古希腊服饰 ……………………………………………………… 159
第三节　古罗马服饰 ……………………………………………………… 168
思考与练习 ………………………………………………………………… 175

第十一章　中世纪及拜占庭服饰 ……………………………………… 177
第一节　中世纪艺术与服饰 ……………………………………………… 178
第二节　拜占庭帝国服饰 ………………………………………………… 179
第三节　哥特式建筑与服饰 ……………………………………………… 183
思考与练习 ………………………………………………………………… 196

第十二章　文艺复兴时期的服饰 ……………………………………… 197
第一节　14 世纪服饰 ……………………………………………………… 198
第二节　15 世纪文艺复兴发展期的服饰 ………………………………… 200
第三节　16 世纪文艺复兴鼎盛期的服饰 ………………………………… 203
思考与练习 ………………………………………………………………… 210

第十三章　17 世纪服饰 ………………………………………………… 211
第一节　17 世纪服饰 ……………………………………………………… 212
第二节　荷兰风时期服饰(1620—1650 年) …………………………… 213
第三节　路易十四与法国风时期(1650—1715 年) …………………… 218
思考与练习 ………………………………………………………………… 224

第十四章　18 世纪服饰 ………………………………………………… 225
第一节　社会变革的服饰观 ……………………………………………… 226

第二节　洛可可艺术与法国男装 …………………………………… 230
第三节　洛可可风格女装 ……………………………………………… 236
思考与练习 ……………………………………………………………… 244

第十五章　19 世纪服饰 ………………………………………………… 245
第一节　拿破仑·波拿巴与服装 ……………………………………… 246
第二节　沃斯与法国女装 ……………………………………………… 252
第三节　英国服装变革 ………………………………………………… 261
思考与练习 ……………………………………………………………… 266

第十六章　20 世纪服饰 ………………………………………………… 267
第一节　男士基本款式形成 …………………………………………… 268
第二节　二战前的女装 ………………………………………………… 277
第三节　设计师品牌问世 ……………………………………………… 285
思考与练习 ……………………………………………………………… 296

参考文献 ………………………………………………………………… 297

上篇·中国服饰史

第一章 先秦服饰

史学上的先秦，指夏、商、周三代，本章为压缩篇幅和简化醒目起见，把属原始社会的服饰也归并一处。距今约170万年到公元前2000年，我国经历旧石器时代、中石器时代到新石器时代，古人类完成了由猿人向直立人，然后向智人进化的过程，并以采集和渔猎为生。当畜牧业脱离农业之后，手工业亦分支而独立，两次社会分工的实现，建立了初步的原始生产经济。原始人类凭借石器和火，在征服自然的过程中，生存着，发展着，创造着。中华民族悠久灿烂文化的源头就在这里。研究服装也就从这里开始。自公元前21世纪社会发展进入夏，是中国奴隶社会的开始。据研究资料显示，约公元前2040—前2021年间，大禹之子启继天子位，中国第一个奴隶制国家——夏建立了。公元前17世纪，商王朝建立，是我国最早有文字记载的朝代。商历600余年，至公元前11世纪末为周代，史称西周。公元前841年，周都镐京爆发“国人起义”，动摇了周天子作为天下“共主”的地位。正是这一年我国历史上有了确切的纪年，称周共和元年。公元前770年，因西京被犬戎攻破，周幽王被杀，周平王被迫东迁洛邑（今河南洛阳），史称东周，分为春秋和战国两个时期。其分界线一般在公元前481年。这一时期，中国社会从奴隶制向封建制过渡。

第一节 原始、夏商服饰

原始社会离开现在已很遥远,原始人穿着服饰,其形态如何、用的是什么材料、如今能否见到原始服饰实物等问题,是现代人很想了解的。由于时代的久远,人们一般只能依据石器、遗址和古籍进行分析。商代的甲骨文记录和大量遗存的青铜器,是了解商代服饰的直接对象。周制定的冕服更对后代产生了巨大影响。而春秋战国的百家争鸣、诸侯称雄的局面,既涉及服装仪制、穿着标准,更使衣冠风俗朝各行其好的方向发展。

一、原始服饰

原始人类的历史距今太过久远,他们穿什么服装,用何种材料,即他们的衣生活处于怎样的一种状态,今人实在难考其详,唯借重古籍加以探讨。《礼记·礼运篇》记载:"昔者先王未有宫室,冬则居营窟,夏则居橧巢;未有火化,食草木之实,鸟兽之肉,饮其血茹其毛;未有丝麻,衣其羽皮。"《墨子·辞过》也有记述:"古之民未知为衣服时,衣皮带茭。"这里说的是远古人类衣、食、住的三种状况,蛮荒的,即裸态的靠自身体毛与自然和野兽抗争了100多万年,过着"茹毛饮血",衣皮带羽的原始生活。屈原诗中描绘道:"若有人兮山之阿,被薜荔兮带女萝"(《九歌·山鬼》),女萝,蔓生植物名,诗中山鬼就是以这种树叶蔓草遮挡身体。

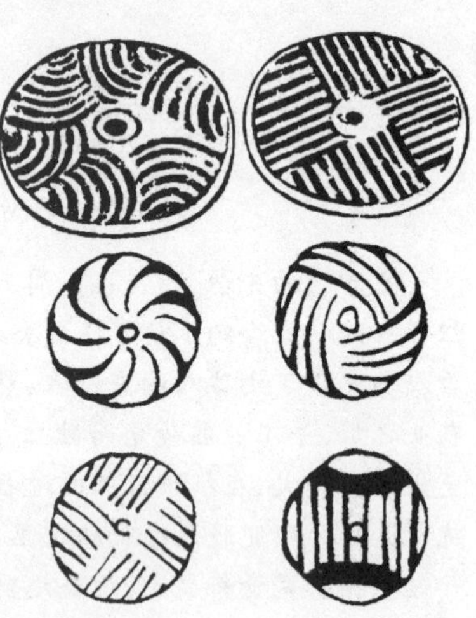

图1-1 原始纺轮,据屈家岭遗址出土该物摹绘

(一)纺织工具

服装的诞生需有面料与缝合技术的支撑,而面料离不开纺线、织布等技术的支持,这就要说到纺坠、原始腰机和骨针等内容,即原始纺织工具。先说纺轮。纺轮,一种扁圆形石片或陶片,与锭杆组成合称纺坠。用以替代手工将纤维搓合打拈的工具,是织物发展的基础。最早的纺轮在河北磁山出土,距今约7 000年前。那锭杆堪称现代纺锭的鼻祖。陕西渭河下游华县女性古墓中,发掘的"⊥"形鹿角就是纺轮与锭杆的组成形象资料。浙江河姆渡和西安半坡、浙江田螺山等遗址中也有出土。长江中游的屈家岭遗址出土此类文物最多。纺轮上还可见红褐色、黑褐色和黑色等各式彩绘图案,还有直线、弧线、印点等组成的同心圆和辐射线纹样,恰似捻线时形成的旋涡纹(图1-1)。这些远古的纺纱工具,至今仍作为设计素材而倍受重视。

图1-2 手经指挂,据文献意绘

腰机可就"手经指挂"来分析。语出自《淮南子·汜论训》:"伯余之初作衣也,緂麻索缕,手经指挂,其成犹网罗。"这段话是说原始腰机织造方法:将经线的一头依次一根根结在一根木棍上,另一头以同样的方法结在另一根木棍上,并系在腰间,使经纱绷紧,然后像编网织席那样有条不紊地进行(图1-2)。这种编织方法因

劳动量大而费时，难以满足需要。浙江余姚河姆渡遗址第 4 文化层中大大小小的木棍，很可能就是原始织机的构件，为后世各种织机的问世奠定了基础，更反映了原始人对织造技术认识的发展过程。其中的鸟纹骨梭（图 1-3）是染织工艺的最重要的发现。它的创制比“手经指挂”的效率要高好多倍。江苏吴县草鞋山遗址发现的 3 块纬线起花的罗纹织物残片葛布，足可证明六七千年前我国已有了原始的织机和纺织技术。

图 1-3 鸟纹骨梭，河姆渡遗址出土

而早在旧石器晚期，原始人已粗知缝合技术。北京周口店山顶洞人遗址发掘出一枚兽骨制成的骨针（1933 年出土），长 82 毫米，直径 3.1 至 3.3 毫米（图 1-4）。这枚骨针尖端锐利，针身圆滑，针眼部分虽已残破，但仍可看出所牵之物，可能是经劈分的植物纤维捻合而成的单纱或股纱，而决不会是动植物的枝茎和皮条。这枚骨针的问世，标志着原始人类开始改变遮挡身体的“衣皮带羽”“缠裹披挂”的自然形态，而朝着联缀缝合加工的方向迈开了一大步；服装中较多地注入了个人的思维成分，是原始人从事简单缝合技术的最好见证，也是先民聪明才智的凝聚，更是远古文明的形象反映。把兽骨刮削成一根圆细锐利的骨针，确非易事。其他如山西朔县峙峪和河北阳原虎头梁、辽宁小孤山等遗址，也都曾出现骨针。

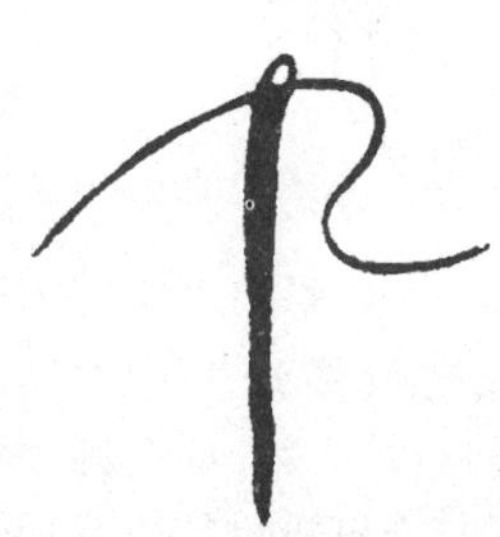

图 1-4 骨针，据山顶洞人遗址出土物摹绘

（二）艺术形象

原始彩陶上的人物形象，是研究原始服装的形象资料。青海大通县上孙家寨出土的彩陶内壁纹饰，似载歌载舞，服饰清晰。所绘形象共 3 组，每组 5 人，每人均辫发下垂，手拉手，摆向一致，像在举行某种庆典或巫术仪式（图 1-5）。其服装形式虽抽象，但外形的合体优雅，一目了然。它既是研究原始人着装的具体对象，还是我国最早的音乐资料。有的彩陶纹饰性别特征也

图 1-5 彩陶内壁舞蹈纹饰，青海大通县上孙家寨出土

很鲜明,以青少年女子形象居多。甘肃秦安大地湾的一件人形彩陶就是如此(图1-6)。该艺术品呈瓜子形脸庞,披发,前额为剪齐的短发,鼻翼微鼓,五官清秀,颇有情趣。整个器身以优美的弧线为轮廓,腹部用黑彩绘出3组由弧线三角纹与柳叶纹构成的图案,在变异中求统一,造型完整,仿佛是身着花袄的西北姑娘。甘肃辛店出土的彩陶剪影式人物形象,均有服装(图1-7)显示,诸如长袍、连衣裙、贯首衫等,左面形象似乎还有帽子的勾画,及束腰等具有装饰性因素的出现,表明原始人的服装形制不仅粗具雏型,有的还具颇高的审美性(图1-8)。

图1-6 人形彩陶,甘肃秦安大地湾出土

图1-7 彩陶上的服装形象,甘肃辛店出土

原始彩陶之外,岩画艺术也有相当的反映。甘肃嘉峪关黑山岩画(图1-9)中大量人物形象的刻画,其中的舞蹈场面引人注目:单人舞、双人舞、多人舞,翩翩舞姿,优美动人,且服装皆可归为裙装的各个系列:X型、H型、连衣裙,还有齐膝盖的短裙,甚至鱼尾裙等。这些与现代裙装相类似的远古表演服装,不仅给人以颇多的审美愉悦感,而且还包括了服装造型艺术在内的不可或缺的珍贵史料。

图1-8 骨雕头像,据甘肃何家湾出土实物摹绘

图1-9 甘肃嘉峪关黑山岩画

而距今三四千年的新疆康家石门子岩画，是生命的图腾崇拜。在宽 14 米、高 9 米的岩面上，刻画 300 多个男女人像，大者 2.04 米，小者仅 0.19 米，绝大多数裸体，以生殖崇拜为主题，其中一位身高 1.05 米的女舞者（图 1-10），抽象简洁的裙装，左肩衬着飘动的衣带，在翩然舞动中创造出一种空灵的情韵：原始初民求其生命延续，令人震撼，中外鲜有。

图 1-10　裙装女舞者，新疆康家石门子岩画

原始遗址发掘还见兽齿、鱼骨、石珠、海贝等装饰性物品，有的上饰钻孔，并被赤铁矿染色，体现了原始人朦胧的审美意识。上海青浦良渚文化遗址出土的玉项链（图 1-11），周长 72 厘米，由玉管、玉珠、玉坠串成，白玉珠间有 5 颗绿松石珠，侧面两颗玉珠琢有变体兽面纹，是原始先人审美意识逐步发展的例证。浙江余杭县良渚镇（良渚文化由此定名）遗址出土大量的玉器，仅 12 号墓坑出土的玉器就达 700 多件，其中一件重达 6.5 公斤（图 1-12），更被冠为玉琮王。这些玉器从头到脚围绕着墓主人，摆放讲究，虽然像表达某种信仰或理念，但其制作的精美，连现代人也为之惊叹。

图 1-11　玉项链，上海青浦良渚文化遗址出土

（三）织物遗存

以往，人们总认为原始人实际的衣物、服饰，如今已不可见，更不可能进行实地考察。然因考古发现而填补了此项空白。首先，是纺织品实物。浙江湖州的良渚文化遗址中出土的一块 5 000 多年前的没有完全炭化的绢片，让人惊奇。同时出土的丝带、麻绳、麻布片，说明当时良渚人的纺织技术并不亚于他们制作玉器的技艺。1958 年，浙江吴兴钱山漾出土的家蚕丝织品，则是目前所见的最早丝织品实物，距今已有 4 700 多年历史，其中丝帛的经纬密度每厘米各为 48 根，丝的拈向为 s 拈；丝带宽 5 毫米，以 16 根粗细丝线交编而成；丝绳的投影宽度约为 3 毫米，呈 s 拈向，拈度为 3.5 个/厘米。其精密程度可见一斑。而山西西阴村新石器时代遗址，1926 年还出现过半个切割过的蚕茧，证明我国早在 5 000 多年前就已开始养蚕缫丝了。

图 1-12　玉琮王，浙江余杭县良渚镇

其次，是服装实物。这就是引起轰动、震惊中外的“楼兰美女”（图 1-13），及小河墓地出土的多具史前人的衣着形象。前者出土于新疆孔雀河下游的铁板河三角洲墓地，距今 3 800 年，以粗纺毛披风式上衣紧裹全身。前襟用磨光的尖细而光滑的木针固定，以代纽扣。其头戴缀有毛线边饰与插羽毛的毡帽，并将护耳、护颈的功能连为一体，且有毛质绳系于颏下。脚上着生牛皮短靴，形式虽不规范，但对脚面和脚跟的保护，还是到位的。“小河公主”（图 1-14），同样引起考古界的轰动。她头戴毛毡帽，身穿毛织斗篷，木针固定，脚套牛皮短靴。帽侧还插有棕色羽毛。且男女老幼普遍头戴毡帽，这可视为当地最具代表性的装束之一。值得注意的是，每位干尸旁都有一个造型简洁的草编小篓。这是 4 000 年前的工艺成就，从而凸显了小河人的审美情趣和高超的编织工艺水平。而小篓里面所装的小麦则改写了麦子由东向西传的历史。这可是除服饰之外的最重要的考古发现。

图 1-13　“楼兰美女”，新疆楼兰铁板河出土

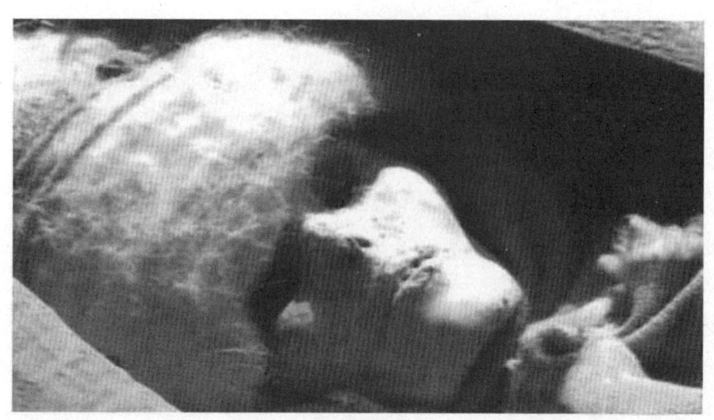

图 1-14 “小河公主”,新疆罗布泊出土

二、夏商服饰

至夏商,服饰已非单纯物质之发展,而是出现礼仪之规定,即寄服装以统治意识:服装穿着显示身份地位。中国古代服装从此开始进入了礼仪之世。

(一) 典记服仪

我国服装仪制的出现,大约在夏商之际。历史已演进到奴隶社会,服装已不再是单纯的物质性延续,而是注重统治观念的表现,即在服装上注入等级差别的内涵。服装的礼仪制度也就应时而生。孔子曾用“致美乎黻(音 fú,同浮)冕”来赞美夏禹冠服之美(《论语·泰伯》:“禹,吾无间然矣。非饮食而致孝乎鬼神,恶衣服而致美乎黻冕”。间,空隙,挑剔、批评的意思。恶衣服,粗劣之衣裳)。孔子说是大禹的美德或德美,饮食简单,而孝敬鬼神(即祭祀)却是用“黻冕”,显得华美、庄重。黻,一种青黑各半的图案,绣在古代礼服上,是实现“仁”的“礼乐”外在形式,为礼乐的教化作用。所谓“冕”,则是古时天子诸侯所戴的礼帽,黻冕当然不是普通的冠服,而是具有“昭名分,辨等威”象征的,属于统治阶层的礼仪性服装。因此,黻冕是周代礼仪之装。

(二)“衣裳”问世

《周易·系辞》载曰:“黄帝尧舜垂衣裳而天下治,盖取之乾坤。”此说为夏之前,当处仰韶文化时期,原始人只有简单的纺织,似乎刚摆脱兽皮裹身的状态,还没有可能制订冠服制度。但“衣裳”二字的问世,表明上衣下裳的着装形式确已存在,而且已注入统治意识。将“衣裳”与“天下治”“乾坤”这三个不同的概念联系在一起,说明在统治者的眼中,服装是具有某种统治秩序的象征物。这种观念历 3 000 年而不衰。乾、坤即指天与地。天未明时为玄色,故上衣服色为玄;地为黄色,故下裳服色为黄。这种对上衣下裳形制和服色的解读,由对天地乾坤的崇拜逐步形成和不断完善(据周锡保《中国古代服饰史》),并使之浑然一体。

《左传·哀公七年》:“禹会诸侯于涂山,执玉帛者万国。”帛,是古代丝织品的总称,用玉帛珠宝作礼品进献大禹,想见当时丝织品因稀缺而致社会地位之高,有的区域还形成以纺织为主要产业。《禹贡》载九州贡物,竟有六个州(兖州、徐州、荆州、青州、扬州、豫州)是衣服原料。还有玉制品作为配饰,种类亦颇多,即重视饰品。有玉琮、玉玦(jué)、玉刀、玉版和束发用的的玉笄,颜色有乳白、淡青、嫩绿、灰褐等。

（三）商代服饰

公元前17世纪，商王朝建立。商代养蚕很普遍，野蚕发展为家蚕。卜辞中有祭蚕神的记载："蚕示三牢，八月。""牢"，古代祭祀用的牲畜，殷商时多用牛。所谓"蚕示三牢"，就是祭蚕神时用三头牛。甲骨文中多次出现"蚕"字，及其相关的"桑、丝、麻、帛"等字样或图案（图1-15）。青铜器上有蚕纹（图1-16），配饰物有玉蚕（图1-17）。贵族佩物离不开蚕形，并有玉蚕随葬的习俗。山东益都苏埠屯和河南安阳大司空村等地的商代大墓中，都有玉蚕出土。这足可证明商代对桑蚕的重视。且丝织工艺已具相当水平，提花装置已被运用。考安阳殷墟出土铜钺残留的绢纹印痕可知，商代已有暗花回纹图案之织品（图1-18）。图案组织严谨，疏密相当，有一种朴素的韵律美。

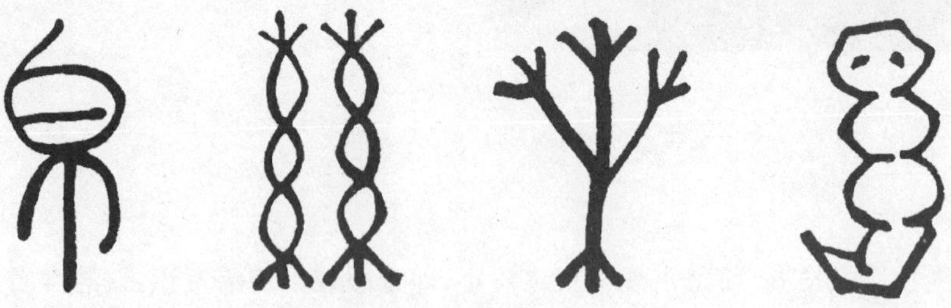

图1-15　甲骨文中的"帛、丝、桑、蚕"等字样

图1-16　青铜器上的蚕纹形象

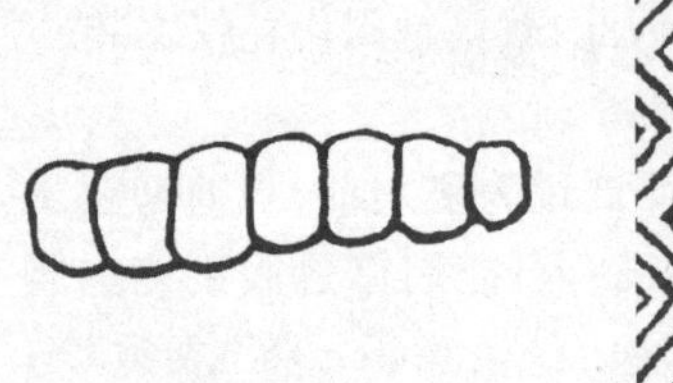

图1-17　玉蚕配饰

图1-18　回纹图案

据对商代墓葬发掘的石雕像、陶俑、小袖玉等文物的分析，商代的奴隶和奴隶主除了政治地位不同外，服装上亦有明显的等级差异。

奴隶服装：一般是圆领、小袖，衣长及踝骨，服装上无任何装饰，头发或盘至顶，或梳至脑后（图1-19）。

权贵服装：所谓权贵，指除奴隶主外，社会上有地位和有影响的人物，他们是奴隶主身边的弄臣、亲信等。这类人的装束有一共同的特征——他们的服装大多有精美的纹饰，如连续的矩形纹样、不规则的双钩云纹图案。其装束还有"蔽膝"之饰(图1-20),衬托穿着者的社会地位。这是一种斧形装饰物,或用皮革制成,或为锦绣的"黻",有的也用精美的兽头纹。

图1-19 奴隶穿着,据出土实物摹绘

图1-20 奴隶主坐式复原像:交领右衽,下部以束腰和裳组成,腹前"蔽膝"。矩形纹饰布于服装的上下的各个部位,裳部为双钩云纹

这种纹饰与青铜器关系密切。这是源于同一母题的不同审美分支。在商代(包括以后的周代),青铜器是国家实施统治的象征。把青铜器纹样移用于服装,上层贵族既作为显示政治权力的标志形式,维持宗法权力的结构和社会秩序,又是炫耀地位、追求永恒感的一种物质表示。玉制品也受其影响。

商代男子多梳辫,发辫样式较多(图1-21~图1-23)。女子发式与男子大同小异。发辫卷曲至肩(图1-24),头饰也是帽箍式冠巾。笄(音 jī,古代束发用的簪子)饰已很普遍,在安阳殷墟古墓曾出土不少实物,其形制繁简不一。

图1-21 总束发而后垂之发式,河南安阳殷墟出土石人画像

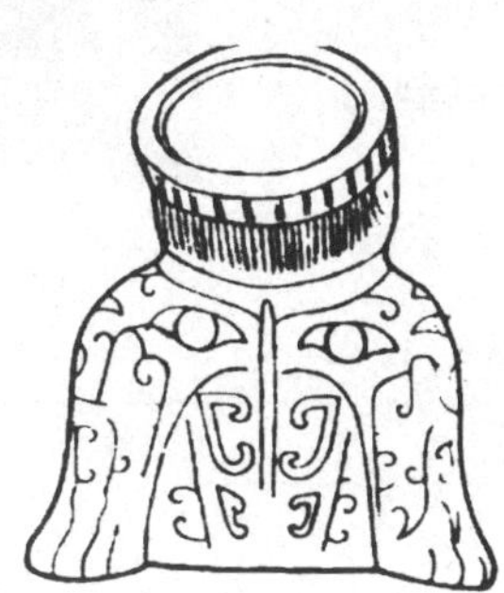

图1-22 商代箍式冠巾,据传该石人出土于安阳四盘磨村

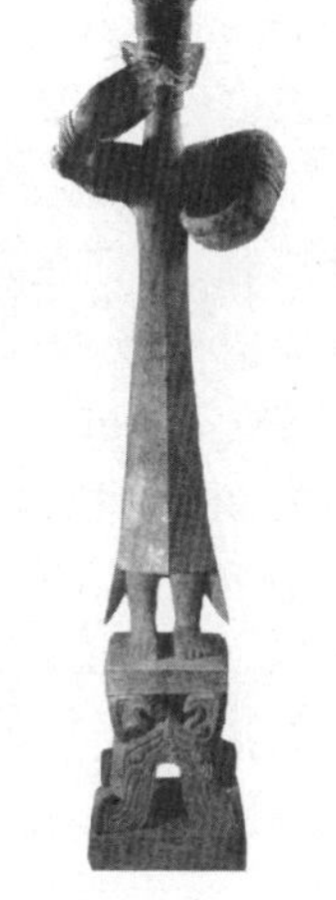

图1-23 四川广汉三星堆遗址出土的多种铜器雕像人物冠式

图1-24 插对笄的商代青玉女佩,故宫博物院藏

商人贵族很重视佩饰，尤其是玉质礼器更为钟爱，被视作“权仗”和表明身份地位的瑞器，还是通神的礼器，所以，研究商代服饰，玉器也是弥足珍贵的资料。

第二节　西周服饰

公元前11世纪末至前8世纪，为西周时期。鉴于商亡的教训，周统治者开始重视治民之道的研究，系统地总结出一整套治民之术，其中最突出的是“礼”与“刑”。这个“礼”，是调整社会各方面及人们行为规范的准则。周朝统治者认为：“礼，经国家，定社稷，序民人，利后嗣行也”（《左传·隐公十一年》），“事无礼则不成，国家无礼则不宁”（《荀子·修身》），服饰制度因此诞生。

一、服饰仪制

周代服饰制度具有浓重的礼仪性和等级性。达官显贵、平民百姓的服装都有较严密的规定。一部《周礼》，对服装的规定细密、具体，从头到脚无一遗漏。

（一）冕服形制

根据地下发掘和古籍印证，我国的冕服至迟在周代已经出现，青铜器铭文毛公鼎有“虎冕练里”、吴彝铭有“元衮衣赤舄（音 xì）”的字样。“衮衣”，是古代君王的礼服；“舄”，即鞋子。根据《周礼·天官》所载，舄有3等，分白、黑、赤3色，以赤为上，因赤系盛阳之色，表阳明之义。

图1-25　冕服

冕服由冕冠、玄衣、纁（音 xūn，浅红色）裳三大部分（图1-25），及12个图案组成（染织史称“12章纹”）。据《礼记·玉藻》记载：天子之冕前后各有12串冕旒，每串贯玉珠12颗，总计288颗，以朱、白、苍（青）、黄、玄诸色之玉为排列顺序，并以五彩的丝线拈织穿玉。冕服有6种（即“六冕制”）：大裘、衮冕、鷩（音 bì，锦鸡）冕、毳（音 cuì，鸟兽的细毛）冕、絺（音 chī，细葛布）冕、玄冕（图1-26）。根据周制，着6种冕服各有相应的冕旒、章纹相配合。列表如下：

冕服	冕旒	玉	章纹	衣章纹	裳章纹	服用目的
大裘			12	6：日、月、星辰、山、龙、华虫	6：藻、火、粉米、宗彝、黼、黻	祀昊王上帝或五帝
衮冕	24	288	9	5：山、龙、华虫、火、宗彝	4：藻、粉米、黼、黻	享先王，会宾客，受覲，大昏亲近
鷩冕	18	216	7	3：华虫、火、宗彝	4：藻、粉米、黼、黻	享先公、飨食宾客、大射、宾射、敬三老五更

续 表

冕服	冕旒	玉	章纹	衣章纹	裳章纹	服用目的
毳冕	14	168	5	3:宗彝、藻、粉米	2:黼、黻	祀四望山川
絺(音 chī)冕	10	120	3	1:粉米	2:黼,黻	祭社稷五祀
玄冕	6	72	1		黻	祭群小祀,斋戒听朔

图 1-26 天子 6 冕服

上述 12 章纹即 12 个图案,它们是:日、月、星辰、龙、山、华虫、宗彝、藻、火、粉米、黼、黻(图 1-27)。各有不同含义,分别介绍如下:

日、月、星辰:三光照耀,取其光明之意。

龙:富于变化,有神意,用以比喻天子善于应变。

山:沉稳、镇重,表示帝王雄镇四方。

华虫:雉鸟华丽,喻文章有采。

宗彝(音 yí):祭祀用礼器,上各绘一虎一蜼(音 wéi,一种长尾猿),以表示忠孝。

藻:水中之草,取其洁净。

火:炎火向上,喻黎民百姓归顺帝王。

粉米:白米养人,取其滋养。

黼:斧形纹样,取其决断。

黻: 形纹样,取其明辨。

上表中的"受觐"是指天子在秋天接受诸侯的觐见。"飨宾客"即宴请诸侯。"三老"为年高有德、有地位的老者,次一等者为"五更"。天下无征战时,天子通过习容、习艺、观德来选拔能人贤士,称为"大(宾)射"。"祭群小"指祭祀四方百物。

天子以下的公、侯、伯、子、男等的冕服各有仪制(《周官 · 司服》),等级森严,从整体构成到纹样饰法,皆体现了统治阶级的审美意识。中国古代冕服仪制基本形成。以后各朝各代虽有变更,但大致形式没有变,一直

图 1-27 12 章纹

延续到满族入关才被废除。

(二) 贵妇服装

周代贵妇服装也有制度,归"内司服"执掌。王后礼服6种(图1-28),分为祭服、礼服、便服3类。这6种服装在形式上并无多大不同,唯以色彩和纹样加以区别,列表如下:

种类		服色	纹饰	服用场合
祭服	袆(音 huī)衣	玄质	画五色翟(音 dí)形	随王祭先王
	揄狄	青质	画五色翟形	随王祭先公
	阙狄	赤质	刻翟形而不画	随王祭群小祀
礼服	鞠衣	黄绿色		亲蚕
	展衣	白色		礼见帝王,宾客
褖衣		黑色		侍御帝王,燕居

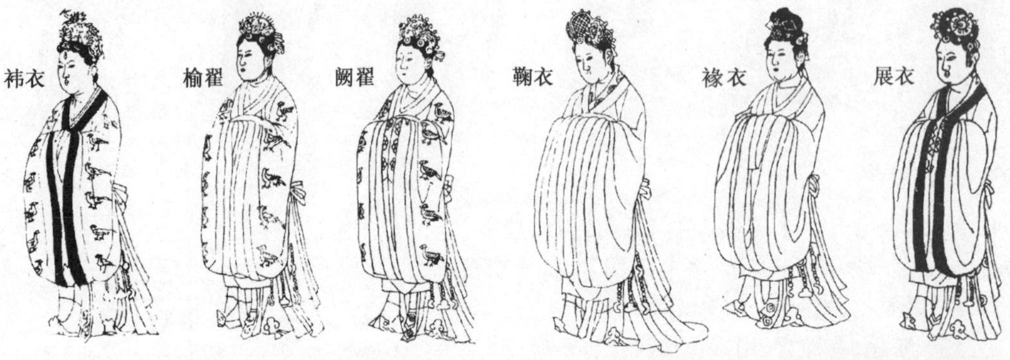

图1-28 王后礼服6种,引自《中国古代版画丛刊》

周代还对内外命妇的服装做了规定。内命妇:指宫内嫔妃。九嫔着鞠衣,世妇着展衣,女御着褖衣。外命妇:指受册封而有尊号的贵妇(如诰命夫人),其服依夫之爵位来确定。这种服饰制度对后世影响很大,直至宋明之际仍是贵妇的专服。须指出的是,女子服色上下一致,表示专一,不可用两色,且衣裳上下相连,类袍式。

二、深衣

冕服作为礼仪之装,有穿着时间和场合要求。平时衣着有袍、元端、深衣等形式。下面略加介绍:

袍:是一种有衬里的长衣,用整幅布裁制,无衣裳之别。袍虽是后代礼服的主要形式之一,然在周代却作燕居便装。《后汉书・舆服志》有"周公抱成王宴居,施袍"的记载,表明袍在当时并不作为正装看待。

图1-29 元端,引自《文物》1959年第7期

元端:它是衣袖长宽都是2尺2寸,是上自天子下及百姓都可穿着的一种服装(图1-29)。上古时期,男子年20行加冠礼(缁布冠)之后,拜谒乡大夫、乡先生时,都必须穿上这种服装,以示成年后行为

的端正,及其对家庭、社会的负责。

深衣:右衽(指衣领自左折向右边),上下分裁,然后缝联,使衣裳相连(图1-30)。《礼记注》指出:“深衣者,谓连衣裳而纯之采者。”纯,就是缘饰。深衣的形式:“制十有二幅”,即裳用料6幅,每幅又斜裁为二,故成12幅(图1-31)。这种形式怕与岁有12的月序相关,以注入一种天然的秩序,寄托“衣被天下、长治久安”的心理。这是“深衣”颇有“深意”之所在。而深衣之款式,所运用的规、矩、绳、权、衡等5种原理,也颇合统治者周正天下的心态,即衣袖圆似规、领口矩成方、背缝直如绳、下摆平衡如权。《深衣篇》称深衣“可以为文,可以为武,可以摈相,可以治军旅,完且弗费,善衣之次也”。清代学者任大椿把深衣在人生各个方面的功用都一一列举(柳诒徵,《中国文化史》)。它虽然不是法定的礼仪之装,然而由于它的用途广泛,且又容易置办,所以,深受士庶黎民的喜爱。《礼记·玉藻》有“朝元端,夕深衣”的记载,可见它是冕服之外的重要衣装。

图1-30 深衣,据河北平山三汲出土托灯铜人摹绘

图1-31 深衣示意图

为便于深衣的裁制,促进深衣发展的需要,西周制定了织物幅宽和匹长的标准,不合标准不准出售。《考工记》载:其标准是布、葛、帛的幅宽为2.2尺,约合今0.5米;匹长4丈,约合今9米。这是迄今为止,我国最古老,也是世界上最早的纺织标准。

西周服装还有蔽膝之饰(图1-32)。蔽膝,顾名思义,用于遮挡膝盖,源于远古劳作之需。《诗疏》记曰:“古者佃渔而食,因衣其皮,先知蔽前,后知蔽后。后王易之以布帛,而犹存其蔽前者,重古道而不忘本也。”蔽前,即保护生殖部位,及至夏商之后,其护体功能渐趋消亡,代之而起的是社会作用,成为身分和地位的象征。

而战时护身之甲,亦随着战争的频繁而有了新的发展,如图1-33和图1-34所示。

图1-32 蔽膝,西周玉人

图 1-33 西周青铜胸甲

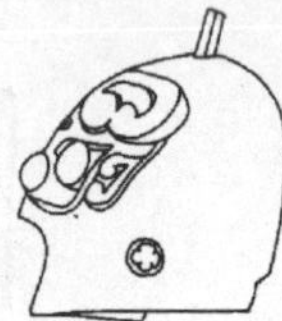

图 1-34 兜鍪

三、西周纺织业

养蚕、缫丝、种麻、采葛、丝织、麻织、毛织、织绸等工艺,在西周已有明确分工。下面仅对丝麻、染色两种工艺,进行分析:

(一) 丝麻工艺

西周,植桑养蚕很普遍。《诗经·魏风·十亩之间》写道:"十亩之间兮,桑者闲闲兮,行与子还兮。十亩之外兮,桑者泄泄兮,行与子逝兮。"可见当时桑蚕业的发达和繁盛。丝织品种已大为增多,除罗、帛、纱、绫、绢、绮、纨等织物外,周末还出现了"锦"。《诗经·小雅·巷伯》有"萋兮斐兮,成是贝锦"的描写,意思是织出贝纹的锦,文采交错,真是华丽。这是我国最早提及"锦"的记载。《禹贡》也有"扬州厥篚织贝"的记载。《诗经》中还描写了许多用锦制成的服饰品,如"锦衾""锦衣""锦裳""锦带"等。其他典籍中也有类似的记载。《穆天子传》记曰:"盛姬之丧,天子使嬖人赠送文锦"。《说苑》载:"晋平公使叔向聘吴,吴人饰舟送之,左百人,右百人,有绣衣而豹裘者,有锦衣而狐裘者。"这些记载表明锦在周代服用范围的广泛及其在上层社会中的地位。

西周的麻织工艺也很有成就。那些非常精细的麻织品,甚至可以和丝绸媲美。周朝设立"典枲(音 xī)""掌葛"的官吏,专门管理麻和葛的种植和生产,并规定不合要求的布帛,不准入市。《礼记·玉制》载曰:"布帛精粗不中数,幅广狭不中量,不粥于市。"唐孔颖达解释道:"布帛精粗者,若朝服之布十五升……广狭者布广二尺二寸。""升"是指麻缕的根数,满 80 根即为一升,依此类推。升数越大越精细。朝服之布 15 升就是 1 200 根,按布幅宽 2 尺 2 寸(约合今 0.5 米)推算,平均每厘米约有经线 20 多根,可见此布之精细。

周代衣着等级极严,麻布也要根据升数分别等级穿着。7 至 9 升的麻布是奴隶和罪犯穿的,

10 至 14 升的麻布为一般平民所穿,15 升以上的称缌布,其精细程度犹如丝绸,是贵族服装的用料。30 升的缌布最为精细,专为天子和贵族制作帽子所用,称麻冕。粗糙的苴麻纤维是用作贵族丧服的材料,“以礼表哀”。这里,麻布的升数也就成了辨别服用者身份的外在标志。

有些出土文物还表明,为使器物冠戴持久耐用,人们往往在麻布上涂以一层漆,称漆布,厚的可以用来做漆器。1953 年,陕西长安县普渡村的一座西周贵族墓葬中发现涂有棕黑色漆的织物残片。这是到目前为止关于织物涂层的最早史料。

(二) 染色工艺

织品除了本身材质的精美外,还需有色彩的有机配合。周代已经有了染色工艺。《周礼·天官》有“染人染丝帛”的记载。这表明周代已有专门的染匠从事丝帛的染色。对比有些史料还可以了解到,周人不仅能从植物中提取染料,而且还可以从矿物中取得赭石、朱砂、石黄、黄丹等染料,还能从铜矿石中提取蓝、绿等色。周代纺织品的颜料品种已颇为丰富。它促进了染色技艺的提高,为服装的发展提供了条件。

周代的服装色彩,也被打上鲜明的等级印记。分析史料可知,周人崇尚红、黄两色,而将黑视作低贱之色。色泽鲜艳的朱红、鹅黄等,是贵族服装的常用之色,贵族以下的人是无权享用的。平民和奴隶只能穿着灰暗的赭石、青色和黑色服装。《豳(音 bīn)风·七月》写道:“七月鸣鵙(音 jué),八月载绩,载玄载黄,我朱孔扬,为公子裳”,《诗经》中描绘的民间色彩时尚,也反映了上层贵族的服色追求。有的贵族服装往往五色俱全,但上衣下裳颜色不同,有“衣正色,裳间色”之说。所谓正色是指青、赤、黄、白、黑这 5 色,以之调和成为间色。这是中国古代服装色彩的两大系列。

第三节　春秋战国时期服饰

春秋战国时期,社会生产力得到进一步的发展,铁器开始使用,加上用牛耕作这一方法的改进,促进了农业生产的进步,蚕桑的培育和种植都较普及,即“麻枲丝茧之功”,带动了纺织业的发展。而发生在思想领域的“百家争鸣”也涉及服装仪制、穿着标准等,这对当时服装穿着产生了推动作用,即呈现出一派生动跃进的局面。

一、服饰全方位发展

在社会经济和思想意识双双发展的前提下,服装的发展乃至纺织业的进步也是显然的。江西靖安发掘的纺织品距今已有 2 500 年,其高超的技艺令今人折服。其每平方厘米的经线竟达到 280 根之多,每根线的直径只有 0.1 毫米,密度之高十分罕见,从而改写了纺织史。春秋战国时期丝的质地和工艺水平相当高超,如陈留、襄邑的美锦、齐鲁的薄质罗纨绮缟和精美的刺绣等,形成了各有特色的染织专业地区。这种蓬勃向上的社会态势给服装的发展提供了极有利的思想环境和物质条件。春秋战国时期的服装在造型、纹样、饰物配件直至发式冠饰上,都得到了全方位的发展。

（一）服装注重造型

春秋战国时期服装样式既多，又讲究造型的装饰性。图1-35～图1-37为该时期玉雕人像的画像，属上衣下裳制，短上衣为襦，下裙为裳。而相传出土于河南洛阳金村战国韩墓的成组列舞女佩玉（图1-38），则更为典型。舞女身着绕襟衣裳，腰束宽带，领、袖、衣摆等处均饰以缘边，衣襟下摆还另接一段装饰边。这就是"钩边续衽"，意在勾勒衣装轮廓，使之款型饱满、层次丰富。可见当时服装的造型与制作很讲究艺术性。分析图1-39可见其具体。这是故宫博物院所藏的一件白玉人物雕像的画像，头戴高冠，袖口窄小饰有多层叠褶，增加袖口变化。衣襟旋绕而下成曲裾状，其式样与湖北随县曾侯乙墓出土的虡铜人服装相似，惟前垂腰带结法不同。前者系结垂于腹部成长短不等的装饰带，衬托微胖的人物形象，观之有轻松感；后者系结垂于腹之两侧，产生稳重感。这里，同是腰饰，其所系位置不同，产生不同的服用效果，可见艺术家构思之巧，匠心之深——借助服饰来塑造不同的艺术形象。

图1-35　玉雕人像

图1-36　玉雕人像

图1-37　玉雕人像

图1-38　舞女佩玉

图1-39　白玉人像

衣着纹样之新颖别致,也可见其装饰性。上述所引人物图像着装纹样(图1-35)给人的感受:衣为云纹,裙整体为方格纹,在方格中间隔填以网纹和云纹,上衣下裳的纹样以云纹沟通相联,既有区别又自然相连,疏密相间,繁简得当,形成一个有机的整体,在稳重中透露出活泼的审美观感。难怪典籍多有记载。《管子》称:"桀女乐三万人""无不服文绣裳者"。《国语》则说:"齐襄公陈妾数百,衣必文绣。"

(二)冠饰玉佩多彩

春秋战国时期的发式冠饰一如服装,可谓丰富多彩。上述图1-38,舞女额发平齐,两鬓和后发鬈曲如蝎尾,头顶覆帽,可能就是"制如覆杯"的冠式(沈从文,《中国古代服饰研究》),发的前后均剪一部分,后垂分段束缚的发辫,中有环形结,这种梳理法对后代妇女发式很有影响。河南辉县出土的雕玉小孩的发式(图1-40)也很有代表性。小孩头梳双丫角辫,是古代小孩未成年的标志。《礼记》指出"剪发为鬌,男角女羁。"这就是说,男子的剪发只在头的顶门两旁各留一撮,梳理后成丫角;女子在顶正中留一撮,编成小辫,以后发长也不再剪去。男子头发梳理后,再戴巾冠。而女子则把后垂之发结成不同的形式,以双笄作簪,以示区别。如图1-41,左面即为女子发式,右边则为男子发式。在以后的历史进程中,人们还可不断见其形式。

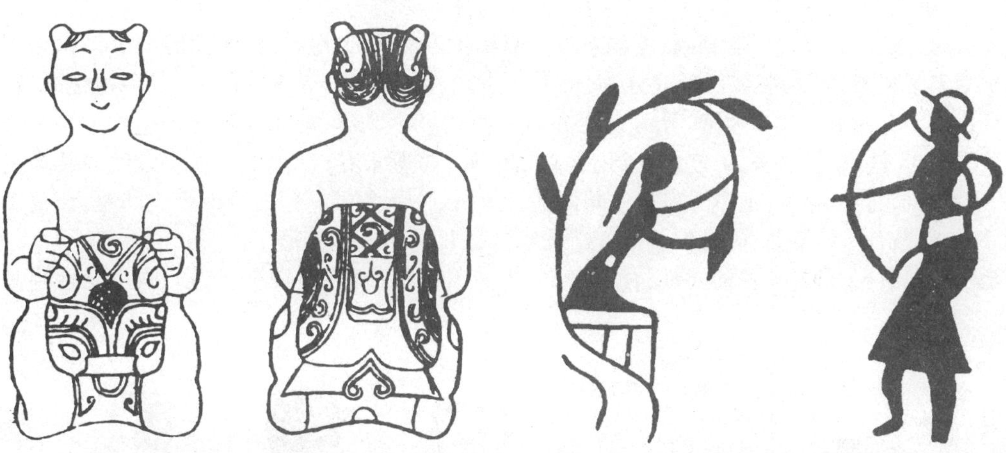

图1-40　雕玉小孩,据河南辉县出土实物摹绘　　图1-41　据《采桑渔猎攻战燕乐图壶》摹绘

佩玉作为服装有机组成部分的装饰品——玉器佩饰,也有了相当大的发展,对服装起了烘云托月的作用。商周对玉器的重视,使玉的价值和地位逐日增高,成为礼制和祭祀的"瑞宝",诸如祭天地、礼神祇、邦国修好、会盟缔约等,都离不开玉器。它又是上层社会,如诸公卿大夫不可或少的贵重装饰品,亦成为服装的重要点缀。至于佩何种玉器,这是要根据官职高低来定的。到了春秋战国时期,玉器由礼制逐步过渡到玩赏阶段,佩玉非常普遍——君子无故玉不离身。当时琢玉技术的进步,也为玉制品的普遍使用提供了条件。当时已能雕琢高硬度的玉,并有水晶、玛瑙问世。河南辉县固围村出土的大型玉璜(图1-42)和镶珠嵌玉

图1-42　玉璜,据出土实物摹绘

带钩(图1-43),是这一时期较有代表性的作品:工艺精巧,雕刻的花纹精致,纹饰种类多,刻纹细若游丝。其中玉璜制作极难,它是在一块环状玉上碾刻回旋连续的细纹,俗名“蚩尤环”。玉璜刻纹分段组合:两端各刻活动的兽头装饰,中部刻透雕卧驴,形象逼真生动,玲珑秀挺。

图1-43 玉带钩,出土实物

二、楚国服装

随着地下出土较多的楚国服装,为人们研究和认识楚国服装,提供了较为形象化的资料。这里对有关史料和文物进行一番分析、对比、整理,以期勾画出楚服的轮廓。

楚人始祖熊绎,立国之初,地僻民贫,势弱位卑,名虽为国,实则只是一个部落联盟。经过近300年的努力,楚国经济得到发展,文化也到达了鼎盛时期,而服装的丰富多彩,更是这种鼎盛的具体说明,也体现了楚人生活习俗的多样性和信仰的不同性。

(一)楚服形式

大量的文献记载以及铜器刻画、漆器彩绘、帛画形象、木俑实物等,为我们展现了一幅多姿多彩的楚人服装画卷。楚服装以形式分,大致可分为衣、袍、裳、袴(音 kù)4类。其中袍很时行,亦很有特色。有衬里的长衣为袍,分为直裾和曲裾两式。1982年,湖北江陵马山砖厂1号楚墓出土丝织物35件,品种之多、工艺之精湛、保存之完好,前所未有,且都很长大。有两件甚为突出,其袖展开长达3.45米,袍襟开口在中间偏右,这为以往所少见。然更值得研究的是,该墓出土11件长袍没有一件是曲裾,这可否把直裾看成为楚人的喜好之装呢!?

至于楚袍曲裾,最具特色的当推长沙陈家大山楚墓出土的帛画(图1-44)。画中女性袍身

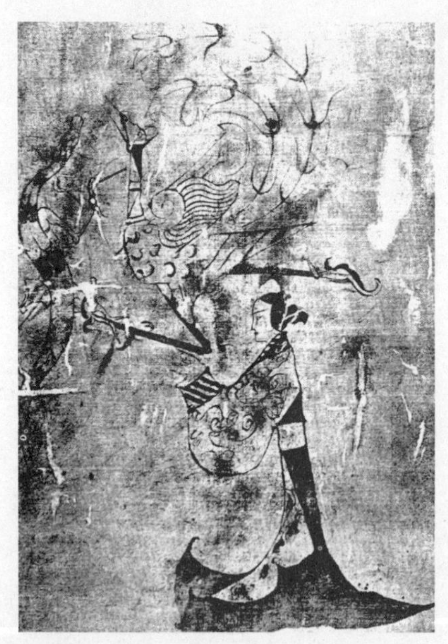

图1-44 楚帛画女性形象

图1-45 楚彩衣

瘦小，袍长曳地，上修卷曲纹，腰束宽带；衣领、襟边有宽而厚实之缘饰，袖口施袂，小口大袖，手弯垂胡，即"张袂成阴"，反映了楚人独特的审美情趣。此种形制对汉袍影响极为明显。

楚人还喜欢穿彩衣，这在江陵马山 1 号楚墓出土的木俑上可以见到（图 1-45）。此类木俑大多着有彩绘纹饰的服装，且面积较大，故称彩衣。

研究考察这些帛画还可知，楚人喜在袍外用大带束腰，且将腰束得极细。楚人好细腰，尤以灵王为甚。《韩非子 · 二柄篇》说："楚灵王好细腰，而国中多饿人。"河南信阳 2 号楚墓出土一些彩绘俑的束腰大带及绕襟而下的缘边是不同凡响的。服装面料为丝织物，花纹多样，图案精美，谨严规整。

发式冠戴。楚人的发式冠戴也较独特。女子发髻后倾，为后世仿效。男子发式，贵族多为高耸危冠（图 1-46），亦称"切云冠"。其名来自屈原"冠切云之崔嵬"（《涉江》）的诗句。此冠用极其轻薄的丝绢制成，上部卷曲，中部收束、下部前端有"T"形饰物。罩于发髻而结缨垂于颔下。平民、奴隶大多为椎发。楚国男子成年的标志就是冠，这与中原的礼俗一致。因其形制不同于其他地方，特称"楚冠""南冠"。如扁圆冠（图 1-47）、凸圆冠（图 1-48）等。

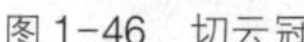

图 1-46 切云冠

图 1-47 扁圆冠

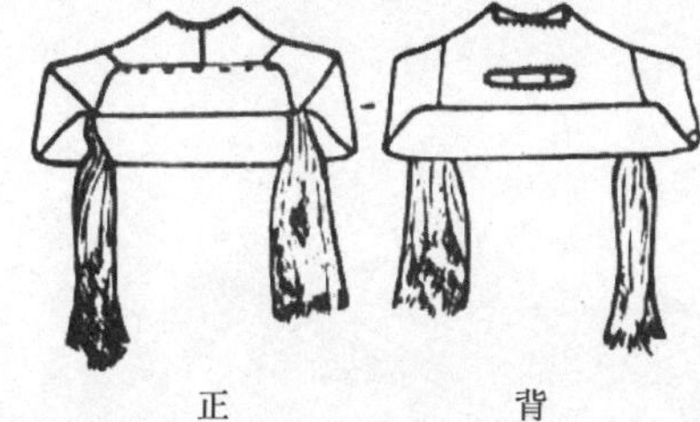

图 1-48 凸圆冠。据楚墓实物摹绘

资料显示，楚国女子还喜欢画眉之饰。如长沙楚墓出土的帛画中的妇女形象（图 1-44），其眉娟纤细长，上古之时皆以此种眉式为美；眉也有长而淡的（如长沙仰天湖楚墓出土女彩木俑）。《楚辞 · 大招》中"粉白黛黑"的描述，可谓出于对当时生活的忠实描绘。

（二）楚服纹样

楚服的纹样相当精美华丽，色调和谐。无论是帛画中的妇女形象，还是仰天湖出土妇女彩绘木俑，它们的服装均饰以各种纹样。仅以云纹为例，就有满地、散点的不同，甚至还有团团簇花的，结构规整。就纹样风格而论，大体有几何纹、植物纹、动物纹和人物纹 4 类（图 1-49）。从出土的织物看，又以几何纹为多，而见之丝织品的又多为菱形纹（图 1-50）。这种菱形纹变化多端，或曲折，或断续，或相套，或相错，或呈杯形，或与三角形纹、六角形纹、S 形纹、Z 形纹、八字

纹、十字纹、圆圈形纹、塔形纹、弓形纹以及其他不可名状的几何形纹，由此相配组合成的图案，恰似奇诡的迷宫，显示了楚人对折线运用的高超水平，简直到了无以复加的地步。

图1-49 舞蹈人物动物纹，湖北江陵楚墓出土

再从具象图纹进行欣赏。图1-51是一幅凤斗龙虎图。见之于江陵马山1号楚墓出土的贵妇直裾。面料以皂色罗为地，用朱红、金黄、银灰，及黑色丝线绣出凤、龙、虎的形象，色彩鲜艳。绣品的整体布局相当缜密严谨，每一单位图案有4个正反顺倒相合的纹样，做菱形配置，构图精巧细密，环环相扣，形成了龙飞凤舞、猛虎腾跃的生功景象，确有华丽神奇之感，实在是一件难得的艺术精品。

图1-50 菱形纹

图1-51 凤斗龙虎图，引自《楚文化史》

除龙凤主题之外，还有枝蔓、草叶、花卉和几何纹辅助纹样，构图生动奇特，充满神话色彩，纹样多呈二方连续和四方连续，且纹样单位面积较大，充分显示了楚国刺绣工艺的成就。图1-52、图1-53、图1-54等都可为参考。

图 1-52 三凤头纹

图 1-53 凤衔龙尾纹

图 1-54 凤鸟花卉纹

以上绚丽纷呈之楚服史料，尽管挂一漏万，然可窥楚服之大概。通过进一步的研究整理，还会丰富充实这一瑰丽的服装文化宝库，从而为我国古代服装增辉添彩。

三、赵武灵王变服

赵国地处今山西北部和中部及河北西部和南部的广大区域，是战国时期的一个大国，为"七雄"之一。公元前307年，武灵王赵雍，发动了一次变革服装的重大事件，这就是中国古代服装史上著名的"赵武灵王变服"。

（一）变服的原因

赵武灵王变革服装是社会发展的产物，并非偶然事件。它与当时的战争环境和战争方式有关。赵国与邻近的东胡（今内蒙南部、热河北部、辽宁一带）、楼烦（今山西西北）作战时，赵国传统的战车难以在崎岖的山路中发挥优势。每次战端一起，赵国往往因"兵车所不至"，不仅不能有效打击对方，反而连连遭致失利。究其原因，就是缺乏一支骑兵部队。而要组建这新兵种，就必须改变将士的装束。"骑射所以便山谷也，变服所以便骑射也。"（顾炎武，《日知录》）

（二）变服的经过

易服不是一件容易的事。《史记·赵世家》对此记载较详。赵武灵王虽然深知身穿长且过膝甚至曳地的深衣无法适应骑兵征战，但衣冠之制毕竟为先王、圣人所传，故易服难度很大。在老臣肥义的支持下，武灵王宣布易服："世有顺我者，胡服之功未可知也。"一时间反对者蜂起，指责他弃祖忘宗，不成礼仪，连他的叔父公子成也不理解，武灵王辩驳道："先王不同俗，何古之法？帝王不相袭，何礼之循？"坚持"法度制令各顺其宜，衣服器械各便其用"的主张，坚决实行服装改革。他一方面自己带头穿着胡服，另一方面下令"将军""大夫""戍吏"也都穿着胡服，并将胡服赐于骑者。胡服，衣袖短窄、紧身合体，下身为裤，足蹬革靴，腰系革带（如钩络带），带上可悬随身之物，便于骑射征战。图1-55为身着胡服的战国铜人（传世实物，现藏美国华府弗里尔美术馆）。

图 1-55　身着胡服的战国铜人，现藏美国华府弗里尔美术馆

赵武灵王易服中所主张的服装形制，以“便其用”为主的思想是值得重视的，它反映了上古之人的审美观念，已从纯礼制开始过渡到注重实用的阶段。

思考与练习

一、说说原始人的衣着及其服装实际存在的依据。
二、“垂衣裳而天下治”透露出怎样的思想意识。
三、青铜器与商代服装有关系吗？为什么？
四、冕服构成的几大部分。它们分别有什么含义？
五、深衣有哪些“深意”？赵武灵王为何要变服？
六、举例分析楚国服装图案的特别之处。

第二章 秦汉魏晋南北朝服饰

公元前221年，秦嬴政统一中国，自称始皇。公元前206年秦至二世胡亥而亡。秦统治中国虽只有短短的15年，然在中国历史上却占有极其重要的地位，它改变了诸侯割据造成的那种"田畴异亩，车涂异轨，律令异法，衣冠异制，言语异形"的局面。这是秦统一所带来的新景象。

秦末的农民大起义，推翻了秦王朝的统治。经过多年的楚汉相争，于公元前206年刘邦建立了西汉政权，至公元25年为东汉时期。在这漫长的400年中，社会曲折地向前发展，生产力也在最大范围里得到了解放。这正是汉代服装发展的大环境。

自东汉以后，社会进入群雄纷争的时代。先为魏、蜀、吴的三足鼎立，接着三国归晋（司马氏），全国统一，尔后分为西、东二晋。之后，又趋纷乱，东晋之后是宋、齐、梁、陈。北方则由北魏统一，后又分西魏、东魏、北齐、北周，统称南北朝。南北朝时期，尽管朝代多，但每个朝代实际存在的时间并不长，一般只有二三十年，最长的北魏达148年。因此，南北朝时期的服饰变化较快。《抱朴子·讥惑篇》这样描述："丧乱以来，事物屡变，冠履衣服，袖袂财制，日月改易，无复一定，乍长乍短，一广一狭，忽高忽卑，或粗或细，所饰无常，以同为快。"这既反映了该时期服饰的变化无定，也体现了当时随朝代更迭改变自己的审美方式，以同为美。

第一节　秦代服装

秦立国后，废除周“六冕制”的前5种，保留最低的玄冕。《中华古今注》载：“秦始皇三品以上绿袍、深衣，庶人白袍”，即以袍为礼服。其他“兼收六国车旗服御”，吸取各国之长，融合众家特色，创出融有秦精神风貌的特色之装。1974年3月，陕西临潼骊山村民在打井时，竟意外使秦始皇的兵马俑重见天日。这些外形高大、数量众多的秦俑和陶马，世所罕见，它所反映的史实是多方面的，包括秦代的政治、军事、文化和艺术等，因而赢得“世界第八大奇迹”的美誉。特别是秦兵俑，形如真人，平均高约1.8米，群体大气磅礴，虽静犹动，给人以巨大的感染。可以说，这里是最好的秦代艺术珍宝馆，也为研究秦代服饰乃至将士军服，开辟了新的天地。下面就这些稀世珍品来细细领略一下秦代服装。

一、秦俑之甲衣、襦衣、裤

（一）甲衣

甲衣是穿在外面的护身服装。军吏俑、御手俑、步兵俑、骑兵俑的甲衣均有区别，军吏俑中高、中、下三级也不同。甲衣若依甲片联缀方法分类，可分为两种基本类型：

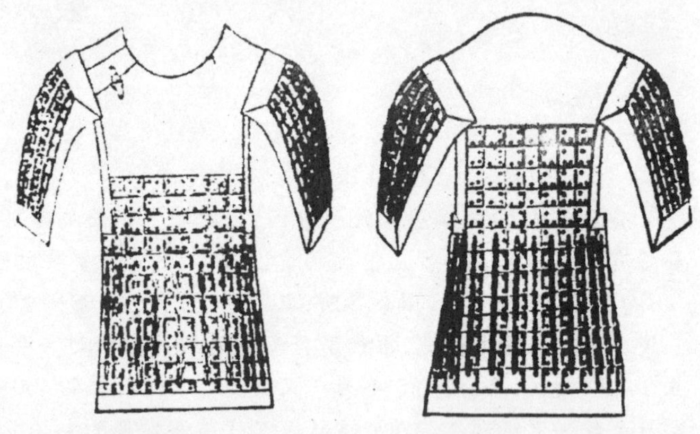

图2-1　甲衣

整块皮革制成，上面嵌缀金属片或犀皮作为甲片（图2-1）①，有的在前胸、后背及双肩饰有用彩带扎成的花结（图2-2），四周留有宽边，上绘精致的几何形图案，为中高级军吏俑所服。下级军吏俑的甲衣不用整块皮革嵌缀甲片，而是将甲片直接联缀而成，也没有宽边缘，更不饰彩边（图2-3）。

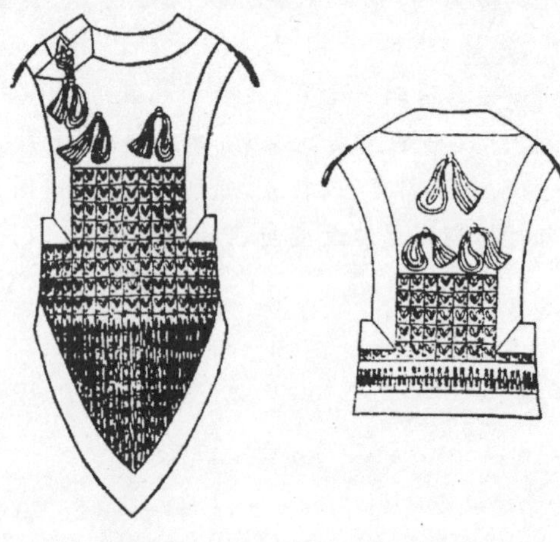

图2-2　甲衣

甲片联缀而成，但较下级军吏俑甲衣的甲片大，甲片的排数也少，为兵俑所穿。这种护甲依其护身部位的不同，大致有三种形式：一是在胸、腹、背、腰、肩、上臂等处结缀甲片，护身严实厚重；二是在胸、腹、背等要害处结缀甲片，此式轻便灵活；三是前胸钉缀甲片，后背用交叉斜

① 本节插图中的图2-1至图2-16引自袁仲一著《秦始皇陵兵马俑研究》

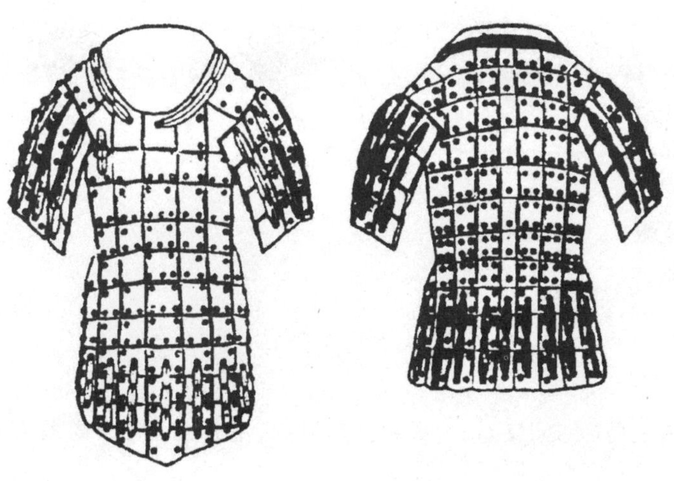

图2-3 甲衣

带系结在腰上，形似“抹胸”，较前式更为轻便。

（二）襦衣

襦衣有长襦和短襦之分，其样式基本相似，都是交领，双襟宽大，几乎可以把身体包裹两周，所不同的只是长短的区别。观察秦俑形象，可知高级军吏俑的长襦为双重襦（图2-4），中下级和一般武士的长襦则为单襦（图2-5）。需要说明的是，襦和袍的概念不能混淆，区别主要还是在长度上。《释名》指出：“袍，大夫著，下至跗（音 fū，脚背）者也。”即袍长及脚背。襦则不然，“衣的下摆齐膝者为长襦，位于膝以上者为短襦，齐腰者为腰襦。”（郭宝钧，《中国青铜时代》）

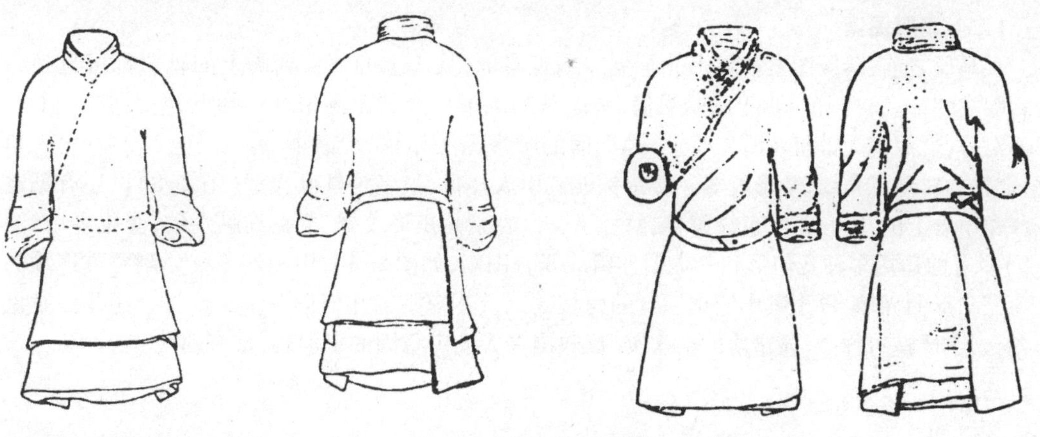

图2-4 双重襦衣

图2-5 单襦

秦俑襦衣的衣领较有特色，因其左右两片在胸前相交（左压右），故名交领。在1号兵马俑坑出土的武士俑中，可看到几款特殊的衣领形式，即交领的一边向外翻卷，呈各种形状，有长三角形、小三角形、窄长条形。还有在内外衣领之间饰有围领的（似今之围巾），其形状呈三角形、楔形等（图2-6）。

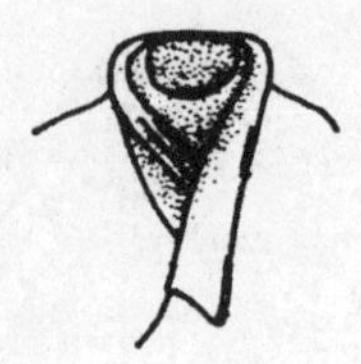
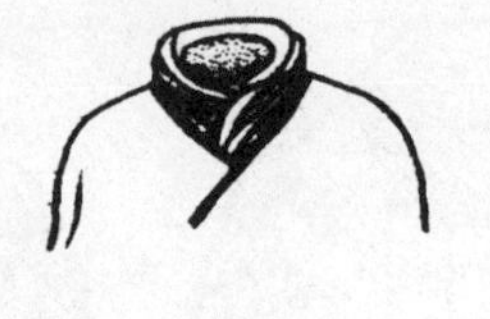

图2-6 围领

（三）裤

秦始皇陵兵马俑中的武士俑，穿裤分长、短两式。长裤主要见于中高级军吏俑，裤长至足踝，且紧紧收住踝部，似用带束扎。短裤多见于步兵俑和车兵俑，裤管较短，仅能盖住膝部，裤脚宽敞，形状多样，有喇叭形、圆筒形、折波形、六角形、八角形、四方形等。

二、秦服色彩与图案

史料记载，秦衣服旗帜皆以黑为主色（《史记》卷六《秦始皇本纪》），不分男女皆崇尚黑色，惟囚犯衣赭。秦俑问世，极大地丰富了人们对秦服色彩的认识。

（一）秦服色彩

就秦俑来看，除黑色之外，尚有好多其他色彩为当时人所采用。1 号兵马俑坑出土的 1 087 件武士俑中，277 件有颜色可辨，其中红色（包括朱红、枣红、粉红等）衣 88 件，粉绿 118 件，粉紫 52 件，天蓝 16 件，白色 2 件，赭色 1 件。如此看来，粉绿比重最高，依次为红、粉紫、天蓝等。色彩丰富，色调明快，堪为靡丽之服。

秦人也注重服装色彩的装饰性。秦俑服装的领、襟、袖等处都镶有彩色的衣缘，且色彩对比强烈。如红色的衣服，其袖缘多为绿或粉紫；绿色的衣服，其袖缘多为朱红、粉紫或白色；天蓝色的衣服，其袖缘多为粉紫、深绿或朱红；即如束发带，也是朱红色或桔红色。束发定型后，两带端所构成的各种形态也是很有情趣的，如扇形、折波形、春卷形、双歧形等，或翻卷，或飘动，多姿多彩。

（二）秦服图案

兵马俑之前，秦服图案资料十分罕见。综观秦俑，从头上的冠弁到脚上的靴履都可见到精美的图案装饰。2 号俑坑出土的骑兵俑，头上戴的圆形皮弁就布满朱红小圆点，左右成行，上下并不对称，恰似满天繁星（图 2-7）。武士俑的腰带图案亦精致、清晰，有两方连续的对角三角纹、交错的对角三角纹、菱形纹等。腰带钩尤其引人注目，很多是具像造型（图 2-8）。还有见之于各类甲衣上的几何图案，色泽鲜艳，纹样丰富。特别是矩形纹样，更是细腻别致，变化多端（图 2-9）。有的运用多种几何形和其他图形组成复合图案，如图 2-10，用矩形条纹分割两方连续的对角三角形的界域，再于其中绘出羽状的树枝纹以及不规则的几何形等多种纹样。这些图案色彩各异，于严整对称中，显错落的层次美，反映出秦人安定稳固的审美观，富有朝气。

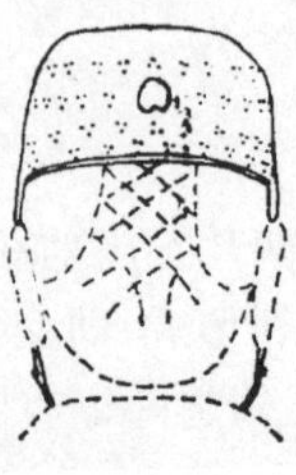

图2-7 皮弁

图 2-8 秦佣腰带钩拓片

图 2-9 秦佣甲衣

图 2-10 秦佣铠甲

三、秦人首服

秦人对头发非常重视，若故意损伤他人头发是要判刑的。观秦俑之头发，刻划整齐，一丝一发，发髻走向，皆缕缕刻出，令人称羡叫绝。秦俑发型大致有圆髻和扁髻两种。

（一）发型

圆髻为轻装步兵俑（即袍俑）和部分铠甲步兵俑。此类发式是在后脑及两鬓各梳一条 3 股小辫，互相交叉结于脑后，上扎发绳或发带，交结处戴白色方形发卡，最后在头顶部右侧绾髻。髻有单台圆髻、双台圆髻、3 台圆髻的变化。发辫交结形式也多种多样，有十字交叉形、丁字形、卜字形、大字形、一字形、枝桠形、倒丁字形等，尤以十字交叉形和枝桠形最为多见（图 2-11）。

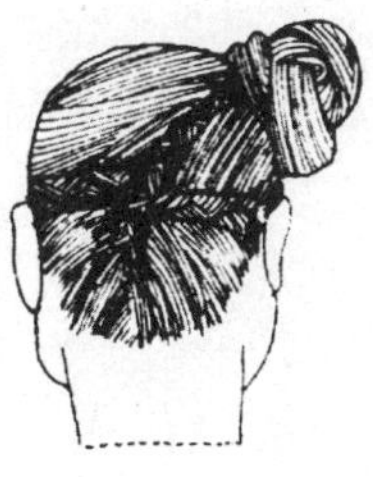

图 2-11 圆髻

圆髻是秦代发型的独特之处。秦后继续沿用，但发髻位置移至头顶正中，而秦俑在头顶右侧，这是我国古代以右为尚、而秦犹盛之故。《史记·陈涉世家》载："二世元年七月，发闾左，谪戍渔阳。"《索隐》注："凡居以富者为右，贫弱居左。"《汉书·循吏传》也说："文翁以为右职。"唐颜师古注："右职县中高职也。"由此可知，尚右是注入尊贵意识的一种审美倾向。所以，右髻作为秦朝军队中的一种流行发式，也可谓"事出有因"了。

扁髻大多见于军吏俑、御手俑、骑兵俑和部分铠甲武俑，它是在脑后绾结成扁形的髻式，有6股宽辫形扁髻（图2-12左）和不加辫饰的扁髻（图2-12右）两种。前者又可梳辫成多种形状，如长板形、上宽下窄的梯形、高而厚的方塔形、丰满的圆鼓形等等；后者梳理时不编成股，只将头发拢于脑后再往上翻折与头顶平齐，高出头顶的余发则盘结成圆椎状的小髻，再以笄横贯其内起固定作用。扁髻是为适合戴冠的需要而设计的发型。因为圆髻立于头顶，不便戴冠。秦军作战勇敢，往往“跿跔（音 tú jī，腾跳踊跃）科头”（《战国策·韩策》），“科头”即不戴头盔。这在秦军队中是较为普遍的。

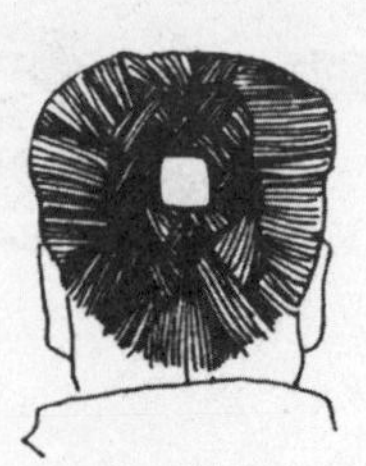

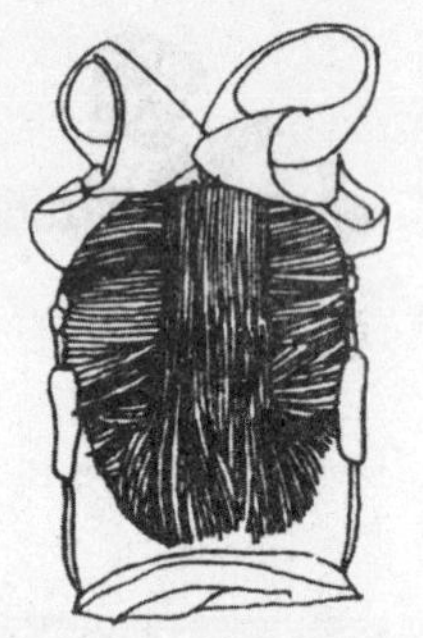

图2-12 扁髻

（二）冠戴

秦兵马俑坑出土的武士俑中，有不少戴冠的形象，所戴之冠有皮弁、长冠、鹖冠等。下面略加介绍。

皮弁见2号俑坑中的骑兵俑，所戴小冠，形如覆钵，前低及额，后长至脑，后中部绘有一朵较大的白色桃形花饰，两侧各有一长耳，下连接窄形带子，于颔下系结；冠体质硬，似为皮，满饰三点一组的朱绘梅花散点纹样（图2-7）。

长冠鹊尾形，是御手俑、部分车右俑和中下级军吏俑的首服，有单板和双板两式。单板长冠状如梯形板，长15.5厘米至23厘米，前端宽6.5厘米至10.5厘米，后端宽13.5厘米至20.3厘米。整个冠板分前后两个部分，后部平直，前部倾斜呈45度角，尾部下折似钩（图2-13）。而双板长冠的形状与单板长冠相似，所不同的仅是冠板正中有一条纵行线，表明长板系左右拼合而成（图2-14）。具有标识地位高低的作用。戴双板长冠的是中级军吏，戴单板的则属御手和下级军吏。

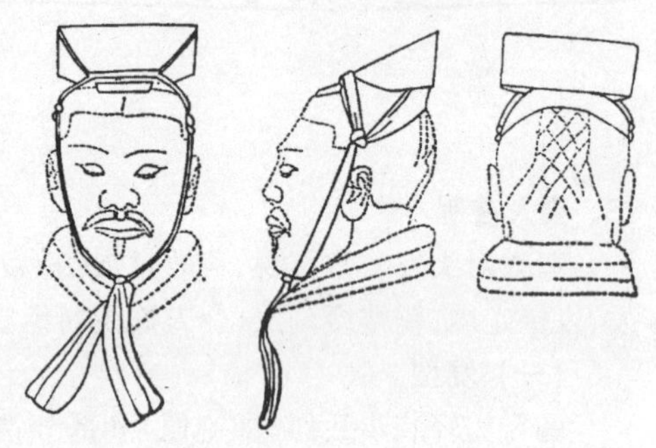

图2-13 单板长冠

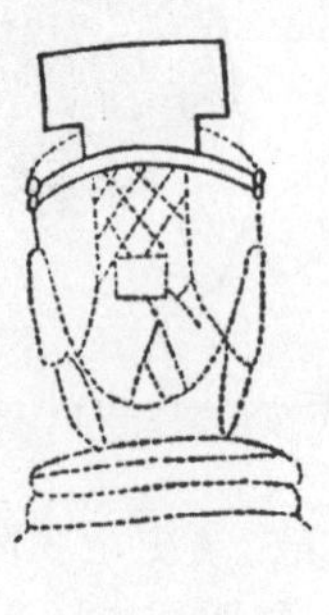

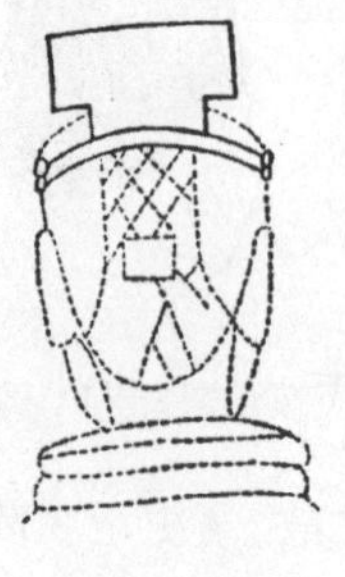

图2-14 双板长冠

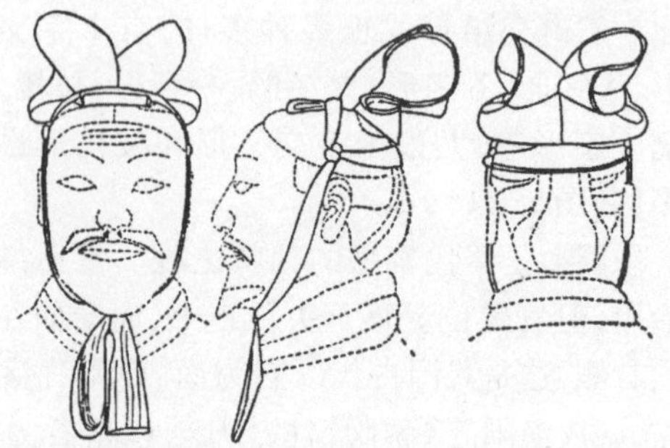

图2-15 鹖冠

鹖（音 hé）冠。鹖，一种善斗的鸟，见铜车马上的御官俑（亦称将军俑）。冠分前后两部分，前半部如方形板，后半部歧分为二，旋转成双卷的雉尾形（图 2-15）。鹖冠的颜色多为深赭色，个别的为红色，冠带为桔红色，冠质硬直，似为漆布叠合而成。该冠始于战国赵武灵王。源于鹖鸟勇斗，至死方休，引以激励武士。秦朝沿袭，至汉代仍在使用。需注意的是，鹖冠在秦朝虽是武士所戴，然文官也有戴的。

上述秦人对头发的梳理，可谓一丝不苟。而他们对胡须的修饰，也是讲究和珍视有加的。男子胡须，是成年的标志，更是美男子的象征，称"美髯公"，反映了秦人追求修饰美的非自然化审美情趣。秦俑除极个别外，普遍都饰有络腮胡须或八字胡须，尤以八字胡须为多。仔细观察，会发现八字胡须因"八"字两撇的形状不同，可分为自然下垂式、犄角式、矢状式、板状式等（图 2-16）。而犯罪之人，剃发之余，还可再罚剃须。

图 2-16　秦人八字胡须

需要补充的是，秦人头发梳理与其工具的配合离不开木梳和木篦。1975 年在湖北江陵县凤凰山秦墓中出土的梳篦不仅提供了实物资料，还见其漆绘人物画的装饰，梳的正反两面分别是进食和歌舞（图 2-17），篦两面则是送别场景和相扑比赛（图 2-18），更是弥补了秦兵马俑之外，其他生活场面，乃至竞技活动的服装形象。那广袖翻飞，翩翩起舞，直开汉服之先河。

图 2-17　秦梳燕饮宴食

图 2-18　秦篦送别、相扑

此外，秦始皇元年还以命令的形式规定，宫女穿着五色花罗裙，以提倡裙子的穿着。

第二节 汉代服饰

西汉初年,服饰简单、俭朴。文帝所穿不过“弋绨、革舄、赤带”而已,帝后也只是着下不及地之裙。随着社会经济的发展,对外交往的频繁,服饰开始趋于华丽。京城贵戚服饰“奢过王制”,贵及奴仆侍役人等都“文组綵牒,锦绣绮纨”,甚至连犬马也“衣文绣”。东汉厘定服制,以冠冕佩授分别官职高低。女装曲裾深衣、“梁氏新装”、延袖飘飞、冠饰步摇等,构成汉服的“穷极丽美”。

一、华美艳丽

汉初实施“与民休息”的国策,社会经济得以恢复。文帝起,更进一步奖励农业生产,减免税收;朝廷“府库充溢”,民间衣食富足,史称“文景之治”。在沟通外邦、内尊儒学、丝业精进等因素的促成下,汉服终于走向华丽的巅峰。

(一)广交外邦

早在战国时期,秦国就常以丝绸与西戎开展物物交换,并由西北少数民族运往西方。西方人从丝绸开始认识中国。至汉王朝,疆域扩大,由于时遭匈奴侵扰,除军事抗击,重兵扼守外,主动加强与其他国家和地区的联系、沟通,其中著名的当为张骞奉汉武帝之命两次通使西域的壮举。西域,即今玉门关以西至欧洲的广大地区,狭义指今甘肃敦煌西至新疆地区。《汉书》记载,张骞于公元前138年、前119年两次出使西域,加强了我国与西方各国和各地区在陆路上的交往。特别是他第二次出使时,携带了大量的丝织品,出玉门关,顺利到达乌孙国(今伊犁河、伊塞克湖一带)后,分遣副使继续西行,到大宛、康居、月氏、大夏(今阿富汗)等国。此后,武帝连年派遣使官到更远的波斯、印度、埃及及欧洲诸国,丝绸大量输入西方,传播了汉的丝绸文化,诸如养蚕、缫丝、丝织和印染等技术陆续传入中亚、西亚和欧洲各地。由于这条贸易通道主要是以运销我国的丝绸织物而闻名于世,所以,中外史学家们都称之为“丝绸之路”。

除陆路外,还有一条海上丝绸之路。当时的海船自福建、广东出发,向南可达东南亚各地区;绕过马来半岛,进入印度洋,可抵达南亚各国;向西北则可达阿拉伯半岛或北非地区。汉武帝亦曾派遣直属宫廷的“译长”(外交官),率领“应募者”(临时船工),带着大量黄金和丝织品,从雷州半岛乘船,驶过南海,入暹罗湾绕过印度支那半岛,再过孟加拉湾来到黄支国(今印度南部地区),最远到达斯里兰卡。换回的“明珠、璧流离(一种贵重的宝石装饰品)、奇石、异物”等,亦使汉庭眼界大开。这条海路很重要,尤其是当陆路交通不畅时,汉王朝还能借助海上的优势继续对外交流。这说明远在2 000多年前,我国已经通过陆路和海路将我国著名的丝绸等纺织品运销亚、欧、北非等广大地区,扩大了我国与西方世界的贸易往来,并推动了中国和世界服装的发展。

(二)染织工艺发展

汉代的纺织机和染织技术不断提高。纺织业成了民间最普通的手工业,致使丝绸产业空前丰富;随着官办织布机构的加入,改变了丝绸只为上层贵族专享的局限,从而扩大了使用面,以致富商们竟用丝绸来装饰墙壁。汉初重农抑商,规定“贾人毋得衣锦、绣、绮、縠(音hú,有皱纹的纱)、絺、苎、罽(音jì,用毛做成毡子一类的物品)”等丝织品,即商人不得穿丝织物。

当科技和人文融入丝织品后，出现名目繁多、令人眼花缭乱的织品。就丝绸名称按照组织结构划分，有平纹织物（纱、縠、绢）、绞丝织物（罗）、提花织物（绮、绫）、染色多层织物（锦）等。可见汉时丝绸织物的产量大，品种多，技术先进。这是上承战国传统工艺所取得的新成就。而长沙马王堆汉墓出土的大量丝织物，几乎印证了目前所知汉代丝织品的全部品种，织物精丽，那素纱衣重仅 49 克、薄如蝉翼、轻若烟雾（图2-19），令人惊叹！

图 2-19　素纱衣，长沙马王堆汉墓出土

而思想领域的尊儒，则使社会意识由多元朝向集中单一转变，服装就此担当有效之载体。儒家主张尊君、一统，以伦常之说支配人们的意识走向。汉武帝接受董仲舒提出的“罢黜百家，独尊儒术”的建议，儒家思想逐渐成为汉代封建社会的主流意识，儒学便一步步宗教化、神学化、正统化。服装就成了表现上层的统治秩序、享乐生活，宣扬忠、孝、节、义，祈求长生不老、得道成仙的内容，纹样为奇禽异兽在山云缭绕中奔驰，并织有“登高明望四海”“长乐明光”的字样（图 2-20 和图 2-21）。其他如祥瑞龙凤、孔雀、鹄（hú）鸟、虎、羊等动物纹和具有吉祥寓意的茱萸纹（图 2-22）等纹样，也是很常见。史游在其所撰《急就篇》中也有关于锦绣丝绸花色的描写：“锦绣缦纯离云爵，乘风县钟华洞乐，豹首落莫兔双鹤，春草鸡翘凫翁濯。”这首韵句根据唐代颜师古的解释，其图案以孔雀（爵）云中飞翔为主，海鸟、水鸭、白兔、双鹤穿插交错其间，色彩像春草初生时纤细鲜丽。汉代服装图案华美受当时社会意识的影响及其纺织技术的进步，于此可窥。

图 2-20　登高明望四海

图 2-21　长乐明光

二、男子服饰

汉初，臣庶服装无禁例。祭祀大典只以秦时的“黑衣大冠”为通用冠服。至高祖八年开始有所规定：爵非公乘以上，毋得服刘氏冠（汉爵分二十，公乘为第八）。而汉代完整的衣冠服饰制度

的订立为东汉永平二年(59)。孝明帝诏有司据《周官》《礼仪》《尚书》等典籍,制定了朝祭典章之服,并对冠冕、佩绶等也确定了等级。这既恢复了被秦始皇废止的古礼,又参考了秦法及西汉的礼仪。

图 2-22　茱萸纹

(一) 冠冕佩绶制

汉冠是区分等级地位的标志。上文所说刘氏冠,即高祖任亭长时所服,高 7 寸、宽 3 寸,黑质楚式,形如板,用竹皮(笋壳)制成(图 2-23)。戴这种冠是一种特殊的荣耀,服用者多为刘氏宗室或朝廷显贵,并"以为祭服,尊敬之至也",也称斋冠(《后汉书·舆服志下》)。民间称"鹊尾冠",所以,戴刘氏冠就不能没有规定。汉代的冠很多,据汉艺术品遗存看,就达 19 种之多。图 2-24 是《三才图会》中身着冕服的汉昭帝像,其冕板、冕旒和衮服上的章纹,皆可为参考。此为帝王祭祀之礼服,汉以后的各个朝代大体遵循不变。

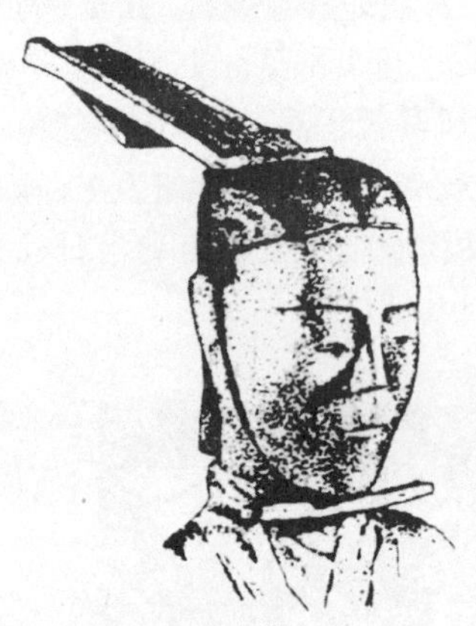
图 2-23　刘氏冠,据长沙马王堆出土木俑摹绘

图 2-24　汉昭帝像,据《三才图会》摹绘

图 2-25　佩绶,据山东沂南汉墓出土画像砖拓片摹绘

还有与阴阳五行对应的五时服色,即立春穿青,立夏着赤,立秋前 18 日着黄,立秋穿白,立冬着黑。因其随节气更换,也称"迎气服"。

佩绶,悬挂于腰间用来存放官印(玺)的绶带(图 2-25),它是汉代区别官位的又一标志。绶带与官印由朝廷同时颁发,"印绶"之称,即由此而来。汉律规定,官员退休、亡故或因其他原因解职,印与绶应缴还。绶带宽约 3 指、长短依官员的地位而定:地位越高,其绶越长;反之,就越短。绶的一端为双结,另一端则垂在身后。通过绶的尺寸、颜色、长短,可分辨佩主的身份、地位。

(二) 服装形式

袍:袍是加了衬里(或加絮)的长衣,为汉代男子所喜爱。汉代贵族男子的服装以袍为主。

图 2-26 汉袍，据望都汉墓壁画摹绘

汉朝大臣上朝见驾议事也穿袍，称“朝服”。湖北襄阳擂鼓台1号墓出土人俑90件，都穿大袖长袍，试可为证。汉袍的特点——交领，两襟相交垂直向下；袖身宽大成圆弧形，称“袂”，成语“张袂成阴”即缘于此，袖口明显收敛；且衣身宽博（图2-26），以袒领为主，裁成鸡心式，穿着时能露出里衣，使外袍里衣相互映衬，显出衣着的层次感。袍以素色为主，领和袖口饰以色彩素淡的菱纹与方格纹。沂南汉墓画像及望都汉墓壁画中所绘男子服装，就有不少这种形式。

两汉400年间，袍一直作为礼服。但周锡保先生所著《中国古代服饰史》认为袍自后汉始为朝服，此亦为一说，录此备考。

袍在汉代之所以受到如此重视，与汉之美学思想—崇尚宏大伟丽有关。《淮南子·泰族训》中有这样一段议论：“凡人之所以生者，衣与食也。今囚人冥室之中，虽养之以刍豢，衣之以绮绣，不能乐也。以目之无见，耳之无闻……见日月光，旷然而乐，又况登泰山，履石封，以望八荒，视天都若盖，江河若带，又况万物在其间者乎？其为乐岂不大哉！”这是一种种追求心胸旷达、宏伟阔大的天地之气魄，汉袍的宽博、肥大之造型，就正与之相匹配了。

曲裾和直裾：汉代男子襟裾式两种服装。曲裾是衣襟从领至腋下向后旋绕而成的一种战国深衣的遗制（图2-27）。此衣制作时使袍裾狭若燕尾，垂于侧后。《汉书》曾有江充穿此衣去见汉帝的记载：“充衣纱縠衣，曲裾后垂交输。”（《江充传》）湖北云梦大坟头1号西汉墓出土的男木俑和四川郫县东汉砖墓及白石棺所画的迎宾图等，其人物穿的都是绕襟曲裾袍。就南阳汉画馆藏画像石分析，汉代前期和中期人们多穿曲裾袍。由于曲裾穿着较复杂，又费布帛，所以东汉时已趋向直裾。

图 2-27 曲裾，咸阳出土汉陶俑

图 2-28 直裾，成都出土汉画像石拓片

所谓直裾，是指从领曲斜至腋，然后衣襟直下的一种样式（图2-28）。直裾在西汉时不作正服使用。武安侯田恬于元朔三年，穿此衣入宫，被认为“不敬”而遭免官的处罚（《史记·武安侯

传》)。至东汉,男子一般多服用此衣,尤受官吏人等的喜爱。

单衣:用单层布帛制作的一种无衬里长衣。它是周代以来穿着普遍的一种深衣之遗式,也有曲裾和直裾两种。单衣的穿着范围较广,仕宦作为礼服配套穿着,文者长及足,武士短至膝。士庶乡绅长者皆可服用,并为以后各朝袭用。

襦:是一种有夹里的短衣或短袄。《说文解字注·衣部》:"襦,若今袄之短者。"唐颜师古指出:"长衣曰袍,下至足跗;短衣为襦,自膝以上。"一般袍、衫、襦并称,只是长短、单夹不同而已。汉文帝时,立冬日赐给宫中传承和百官披袄子,这种袄也就是襦,它不是如平民穿的那种两边开的短袄,长都过膝,下身穿裤。显然,这样的袄(襦)不是为劳作而设计,而是为了突出一种礼仪的需要。

袴(裤)、褶:袴(音 kù),一般指无裆的"胫衣",即套住小腿;褶(音 zhě),有衬里的夹衣,袴褶连称。这里的"袴",已成合裆之裤。据王国维考证,袴褶是胡服衣式。"胡服之入中国,始于赵武灵王……其服上褶下袴。"

裈(音 kūn):一种有腰有裆的短裤,形似牛鼻,故称"犊鼻裈"(图 2-29)。《史记》中有这样的记载:"司马相如身自着犊鼻裈,与保庸杂作,涤器于市中"(《司马相如列传》)。这里说的是卓文君夜亡奔司马相如,两人买一酒舍酤酒,文君当垆、相如涤器的情景。"裈"推动了直裾的流行。因为汉以前穿在深衣内的裤(袴)皆无裆,所谓的裤只是套在小腿的"胫衣",为了礼仪和穿着的配套,外面须以他衣遮掩严实。否则,有碍观瞻,也很不恭敬。所以,穿着繁琐复杂的曲裾,也就逐步被淘汰。中国古代服装造型的美学价值,因"裈"的问世,又朝典雅实用的方向迈出了可喜的一步。

图 2-29 裈,据山东沂南汉墓出土画像砖拓片摹绘

(三)巾帻(音 zé)冠

巾:商周以前,社会地位低下的侍役人员及贫寒人等庶民,无力置冠,只能用布约发。后又演化为"苍头""黔首"等。东汉末年,更成为王公大臣的雅好,还成了"士"这个阶层时行的装束,并生出种种名目。"林宗巾""缣(音 jiān,细绢)巾(幅巾)",就是其中颇有名气者。林宗(东汉著名士人郭泰的字),他不争做官,以示对腐败朝政的抗议。林宗有弟子数千人,在名士中颇具声望,其言行举止成了名士们仿效的对象。

帻:是由古代武士的头巾演化而来。武士戴头盔时为保护头皮,故用布相衬。据载,秦时即有将巾帻赐于武士的事,武士以此做冠之衬里,或直接用于护发。秦俑中就有这类形象。汉元帝,因额部头发粗厚,戴通天冠时头发露在外面影响美观,故开始戴冠衬帻,一时仿效群起,其中不乏朝廷大臣。因此,冠帻也就成了朝服的组成部分。其颜色通常为黑色。至于官职品级、身份、年龄等,也可从所戴巾帻上反映出来。《后汉书·舆服志下》指出:"尚书帻收,方三寸,名曰纳言,示以忠正,显近职也。"武吏戴赤帻,以衬托他们的威严。有帻无屋(指以巾包头不产生高度,如有高度,则为有屋)者,表示尚未成年。帻做勾卷状的,为入学小童。

公元 9 年,王莽当政,因其秃,戴帻不能隆起,于是又在帻上加屋。当时民间有"王莽秃,帻加屋"的谚语。

冠:汉代冠的种类很多,冕冠之外,长冠、委貌冠、通天冠、远游冠、高山冠、进贤冠、法冠、武冠、方山冠、巧士冠、却敌冠、樊哙冠,等等,分别以冠的性质、作用、形状、人名等命名,同样作为区分官职和等级的外在标志。简要举例如下:

进贤冠(图2-30):古缁(音 zī,黑色)布冠遗式。这种冠前高7寸、后高3寸,长都是8寸,为文职人员所佩戴,也有称儒冠的。有三梁、二梁和一梁之分,分别为二、三梁公侯,二梁为中2 000石以下至博士,一梁为博士以下至小吏、私学弟子。

侧注(图2-31):亦为儒冠,系文职人员所佩戴。

图2-30 进贤冠

图2-31 侧注,据山东孔庙藏品摹绘

武冠(图2-32):又称武弁大冠,是各级武官之定式。侍中、中常侍加黄金珰(音 dāng),附蝉为纹,貂尾为饰。侍中插左貂,中常侍插右貂。因图像简略,不易见到。

法冠(图2-33):又名"獬豸冠",高5寸。獬豸,传说一种神兽,形似羊,能辨曲直,独角性忠,见人争斗就用角去顶恶人,听人争吵能咬理短仍狡辩之人,因而被视为执法公正的神兽。楚王曾获獬豸,制成独角冠。汉沿之作为御史常服冠戴。

图2-32 武冠,据成都出土汉画像砖摹绘

图2-33 法冠,据洛阳出土汉画像砖摹绘

三、女子服饰

汉代女装大致有两类:一是承古仪深衣;二是襦裙。形式看似不多,但和前代相比,确是提高了一大步。发式亦很丰富,堕马髻,以步摇影响最大。

(一) 女装

曲裾(图 2-34):女性礼服,仍承古仪,为曲裾深衣。它是汉代妇女最常见的一种服式。与战国时相比,汉代深衣的变化明显——衣襟转绕的层数明显增多,下摆向外扩展成喇叭状,且审美特征较强——长可曳地。穿着时行不露足,既符合儒家礼制规范,又具有贵妇人追求典雅富丽、雍容华贵的情态,更突出女性的形体美。再从衣袖局部分析,其有宽窄两式,袖口多有镶边;通常为交领,且领口很低,便于里衣的外显,有的甚至可显出 3 层里衣领,时称“三重衣”。这是汉代妇女穿着之装饰水平和衣着层次的变化美,以此证明汉妇服装的日趋华丽。长沙马王堆 1 号汉墓出土的 12 件完整的老妇服装中就有 9 件是曲裾深衣,可见此衣在当时受青睐的程度。

襦裙(图 2-35):汉代妇女服装的主要形式,上衣长度一般只到腰间,而裾长垂地,上短下长是其特点。汉末,穿着襦裙很普遍,且裙腰上提至胸部,而裙亦相应加长。贵妇们着此裙行走,须由两名婢女跟随提起裙摆。劳动妇女为便于劳作,裙长只至膝部,外面还罩一条围裙。襦裙配高髻,更能突出妇女的苗条和美态。

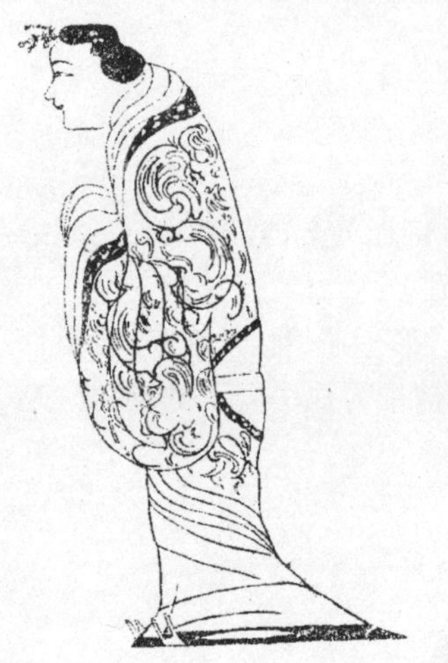

图 2-34　曲裾深衣,据长沙马王堆 1 号汉墓帛画摹绘

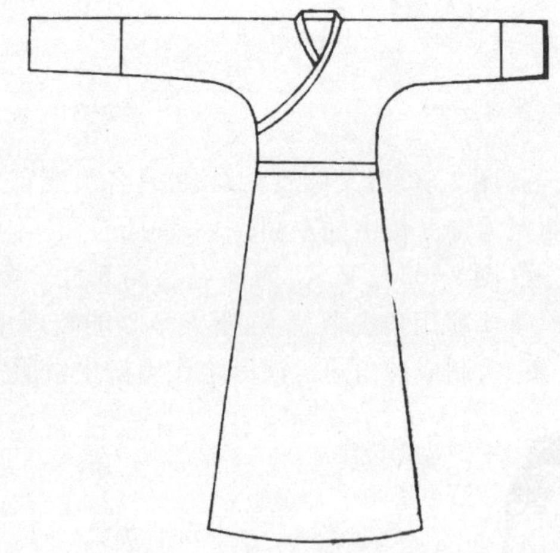

图 2-35　襦裙

袿衣(图 2-36):袿(音 guī)衣也是汉妇的华贵之衣。服式与深衣基本相似,惟衣襟旋转盘绕而形成两个尖角状的装饰。《释名》中称“其下垂者上广下狭如刀圭也。”徐州铜山出土汉陶女俑服饰就如此制。

狐尾衣(图 2-37):这种长衣前裾覆足,后裾着地,形如狐尾,故名。据史料称,大将军梁冀之妻孙寿好穿这种长衣,京师妇女多以仿效为时髦,人称“梁氏新装”。这是我国历史上关于时装的最早记载。

除穿裙外,汉时妇女还穿裤,初名袜裤。这种袜裤只有两只裤管,上端用带系于腰部,裤口较肥大。汉昭帝时,出现前后合裆的缚带裤。大将军霍光专权,其外孙女为皇后,为使外孙女能专宠后宫,生子继承皇位,昭帝患病时,医官迎合霍光心理,要昭帝不要亲近宫女。于是霍光即

图 2-36　汉袿衣，据江苏徐州铜山出土汉代陶俑摹绘

图 2-37　狐尾衣，引自《中国古代服饰简史》

令宫女都穿有前后裆的“穷裤”，前后还用不少带系住。《汉书・外戚传》记曰：“虽宫人使令皆好穷裤，多其带。”

（二）艺术作品中的女装

汉代的音乐舞蹈和杂技艺术的日益兴盛，也促进了女装的华美。古代文献和出土文物中多有反映。山东北寨出土的《盘舞》画，南阳汉画馆中的《廷鼓舞》画中的舞伎，不仅发髻高耸，满插珠翠花饰，而且衣长曳地，长袖细腰，衣襟左掩（左衽）。然特色之处却在袖子，窄而细长，时称“延袖”“假袖”（图 2-38 ~ 图 2-40）。这样的服饰简直像长了翅膀的羽人，飘飘欲飞，从而迎合汉人当时信仰神仙飘游翱翔的思想。汉乐府《娇女诗》中就有“衣被皆重地”“从容好起舞，延袖像飞翮（hé）”的描绘。后世戏装之水袖，疑由此发展而来。

图 2-38　延袖，据成都汉墓画像砖摹绘

图 2-39　延袖，汉艺术品

图2-40 延袖,取自汉画像砖

至于汉代杂技艺人的服装则更是异彩纷呈。南阳汉画馆藏有不少此类服饰的形象资料。如《单手倒立》中一女子,她头挽双髻,束腰,穿喇叭形长裤,一手托物、一手撑地。再如《冲狭》中的女伎,头梳高髻,身穿长袖衣,衣带很长,向后飘拂,做冲出火圈状。山东北寨画像石中的人物还有穿带翅膀的服装,其《高絙》(走绳索)就是如此装束。

这都极大地影响了汉代的服装造型。妇女衣裙在原有的基础上,更向长发展,款式造型讲究艺术美,使服装呈现出高博秀丽、柔媚飘逸的情态。

(三) 发式和首饰

发式:汉代妇女发式以挽髻为主,以形态分,有在头顶的、分向两边的、抛至脑后的等;以名称分,有堕马髻、瑶台髻、迎春髻、垂云髻、盘桓髻、百合髻、分霄髻、同心髻等,其中堕马髻最为有名,一直流传至清代。堕马髻(图2-41),同样由梁冀之妻孙寿所创。《后汉书·梁冀传》载:"寿色美而善为妖态,作愁眉、啼妆、堕马髻,折腰步,龋齿笑。"可见这种发式能增添女子妩媚之态。"堕马",恰似刚从马上摔下,故行走时步姿亦异于常态,曰"折腰步"。这里从发式到步姿都集中体现了女子的体态美,所以堕马髻能风靡京城,仿效者甚众,并逐渐取代辫发。

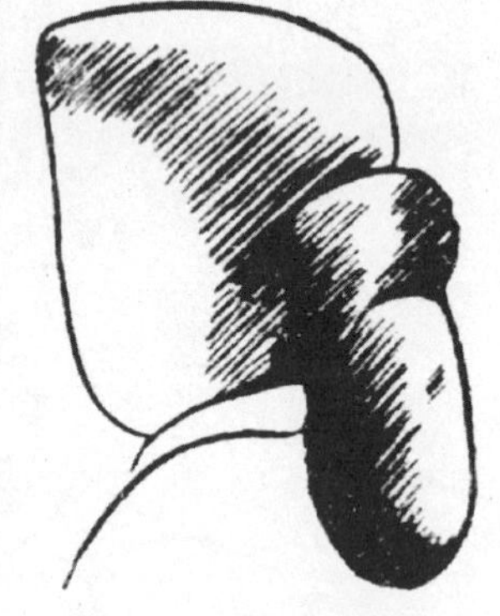

图2-41 堕马髻,据故宫博物院藏品摹绘

首饰:汉代妇女首饰有"副笄六珈"之制。副,即编发做假髻,上缀以玉,是古时皇后及诸侯夫人的一种首饰。笄,玉簪。用笄把副别在头上,笄上加玉饰,叫作珈。珈数多寡不一,"六珈"为侯伯夫人所用。据《后汉书》称,皇后插在簪钗上的饰物为金玉花兽,下垂五彩珠玉,举步则摇,故名"步摇"。古人有诗云:"珠华萦翡翠,宝叶间金琼,剪荷不似制,为花如自生。低枝拂绣领,微步动瑶琼"(《艺文类聚》)。这种头饰直到唐代仍为贵妇所喜爱,白居易有"云鬓花颜金步摇"的诗句(《长恨歌》),可见影响之大,审美价值之高。

敷粉描眉也是汉代妇女的脸上之饰。粉是将米汁沉淀澄清,晒干后用来供妆。此粉名为"粉英"。除了脸部敷粉,甚至还兼及胸背。"粉英"染色后可用来涂两颊,即"施朱于颊"。

另外,作为帝后们身后所穿的敛服,即"金缕玉衣"也是中国古代少有的形象资料,世所罕见。可参考《满城汉墓发掘报告》(文物出版社,1980)。1968年,在河北满城发现了西汉中山靖王刘胜与其妻窦绾的陵墓,墓中出土的贵族敛服即“金缕玉衣”。

第三节　魏晋南北朝服饰

魏晋南北朝是中国古代史上一个重大变化时期,社会动荡,战争连绵,朝代更迭频繁,民族迁徙融合,百姓生活痛苦。意识形态领域,主张清淡超然,脱俗放浪的玄学替代了占数百年统治地位的儒学,并直接影响到服装观念和服装风尚的形成。

一、魏晋服饰

三国魏晋时期,社会经济的恢复,促进了纺织业的发展。服制方面,承袭秦汉,服色尚黄。服装男服以袍、衫为主,女服基本保持深衣制。

(一)纺织业的发展

汉末战乱,社会经济遭到严重破坏。后三国鼎立,农业、手工业有所发展,其中纺织业之蜀锦的繁荣,最为突出。四川成都的蜀锦名冠一时。左思在《蜀都赋》中说:“阛阓(huán kuì)之里,伎巧之家,百室离房,机杼相和。贝锦斐成,濯色江波。”反映了蜀锦生产的繁荣和质量的优异。魏文帝曹丕面对富丽辉煌的蜀锦也感慨地说:“前后每得蜀锦殊不相似。”其实,四川蚕桑丝织生产历史悠久。早在原始时期就有蚕桑之业。相传蜀人的始祖就叫蚕丛,教民植桑养蚕。其“蜀”字的本意就是蚕(见《说文》)。而《魏都赋》所记:“锦绣襄邑,罗绮朝歌,纡纩房子,缣总清河”,则描绘了魏之中原地区纺织业的恢复。曹植《洛神赋》中“披罗衣之璀璨”“奇服旷世”等语句,就是对当时服装美的形象描绘。吴国因吸纳避乱的北方人员,使南方手工业发展迅速。如“鸡鸣布”“八蚕之锦”,更可视为其中之佳品。而一种叫“火烷布”的防火材料的问世,是当时纺织科技进步的表现。

三国归晋,出现了短暂的“太康之治”。纺织业已扩及河西走廊,丝绸生产进一步发展。《三国志·魏志·夏侯尚传》记载:“今科制自公侯以下、位从大将军以下,皆得服绫、锦、罗、绮、纨、素、金银缕饰之物。”《册府元龟》记晋惠帝宫中有锦帛400万匹,数量实在惊人!“八王之乱”,张方兵攻入内殿,见众多绸绢,每人取两匹,连续三天,竟还未取空一角。

两晋贵戚斗富,也可证纺织品生产之程度。王恺外出,必用绿色丝布做成步障置于路两边挡尘,长40里。而石崇则用彩色织锦花缎制成步障,长50里。更有甚者,石崇家厕所,四壁悬锦绣帷幄,还预备各式华丽衣服,客人如厕后,脱去所穿里外衣,由专人捧着香料轮番替客人擦洗,然后换上簇新衣装离去。这说明西晋豪强贵戚的腐朽侈靡。

(二)贵族服饰

魏晋服制基本承袭秦汉,服色尚黄。公元265年,司马炎逼魏元帝曹奂禅让,改国号为晋,即位之初,下诏俭约,禁乐府靡丽百戏杂技,后又禁彫文绮组之物,并申明律令:士卒百工衣服车乘不准违制。一县一年若有三人违禁,京都洛阳若有十人违禁,长官即被免职。应该说,这是很

严厉的规定。太医院医官程琚进献晋武帝一件用野雉头锦毛连缀制成的雉头裘,色彩炫目,可称稀世之宝。不料,司马炎当廷将它烧毁,还申诫大臣今后如再有人助长奢侈,一定从严治罪。

贵族男服以袍、衫为主,女服保持深衣制。观东晋画家顾恺之的《女史箴图》《列女图》《洛神赋图》等作品中的人物衣饰,清晰可辨。贵族男子、文吏等,一般都穿大袖衫(图2-42):右衽,交领,衣长至地,微露脚;袖根收窄,袖口肥宽,下垂过膝,袖口和领都缘以色边。嘉峪关魏晋墓室壁画中的贵族官吏和洛阳市博物馆所藏晋俑,及画迹中也可见到此类形象(图2-43)。

图2-42 大袖衫,据《洛神赋图》摹绘

图2-43 类衣衫形象,据《女史箴图卷》摹绘

贵妇服装也都肥衣大袖，衣长曳地，交领或圆领，腰束带，颇具线条美（图2-44），恰如曹植在《洛神赋》中所说："秾纤得衷，修短合度。肩若削成，腰如约素"。发式流行梳双髻和高髻，髻后垂有一髾（音 shào），即髻后垂下一撮头发（图2-45），称"垂髾"或"分髾"，为汉之遗式。与之相配的服装为"杂裾垂髾服"（图2-46）。此衣下摆裁成层层相叠的倒三角形，上宽下窄。加之围裳中伸出的长长的飘带，行走起来，牵动下摆如燕子飞舞，故有"华带飞髾""扬轻袿之猗靡"的赞语。魏乐府诗有更为精彩的描写："伸袖见素手，皓腕约金臂，头上金爵钗，腰佩翠琅玕（音 gān），明珠交玉体，珊瑚间木难，罗衣何飘飘，轻裾随风还。"顾恺之《列女图》和山西大同司马金龙墓出土的魏漆画屏风中的人物着装都有这种服式。到南北朝时，曳地的飘带被去掉，而尖状的"燕尾"则大大加长，使之更具有飘逸感。丫髻、环髻等，也为时行之发式（图2-47）。

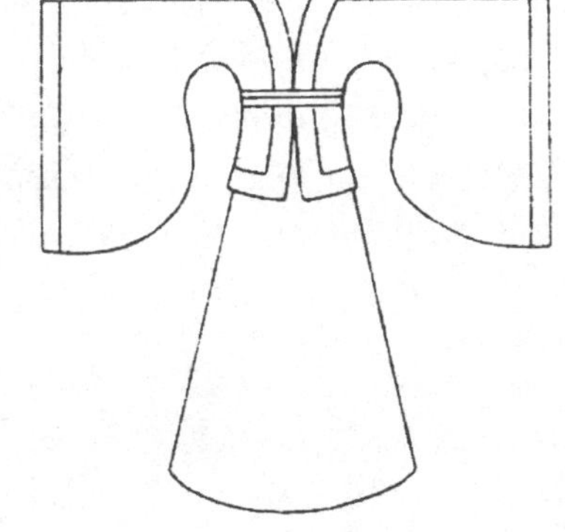

图2-44 贵妇宽袖衫，据《洛神赋图》摹绘

图2-45 垂髾髻，据《列女图》摹绘

图2-46 杂裾垂髾服，据《列女图》摹绘

图 2-47 丫髻、环髻等

（三）平民服装

为便于劳作，劳动群众服装以瘦、窄、短为特点。《嘉峪关魏晋墓室壁画》是集中表现魏晋时期下层民众的服饰资料。该书收图 55 幅，所绘 95 个人物除少数几个贵族外，其余大多为下层民众，有农夫、牧民、猎人、牵驼者、屠夫、炊事和驾车等杂役者，不论男女老少，都是窄袖短衫，袖长至腕、衣长多在膝盖上下（图 2-48）。另有 20 多人绘有裤的形象，想知当时下层民众穿裤已较普遍。武威雷台晋墓壁画，也有类似着装现象（图 2-49）。北京故宫博物院藏西晋男女陶俑、南京市博物馆藏板桥石闸湖出土的青瓷坐俑等，亦可参考。

图 2-48 平民窄袖衫，据嘉峪关晋墓壁画摹绘

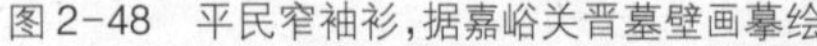

图 2-49 平民男裤，据武威雷台晋墓壁画摹绘

二、南北朝服饰

南朝开国皇帝宋武帝系武将出身，不太重视礼法，舆服制度大体因袭前朝，很少创新。天子祭祀时服通天冠，其余服饰皆如魏晋之制。官服为袍，朝祭服用。北朝社会发展较快。北魏实行封建均田制，规定单独桑田数，奖励种植桑麻，促进纺织业的发展。尤其是孝文帝的变服，促

进了北方少数民族与南方汉民族的服装文化的融合。

（一）南朝服制

整个南朝时期，都力戒社会奢侈之风。从宋到陈，先后颁布过各种服饰的禁令，尤以宋为最。南朝以前，皇帝死亡，太子居丧须戴白纱帽，由大臣在灵前宣读遗诏，太子继位称帝，算是合法继承。久而久之，白纱帽既是居丧服，也成了登基冠服。但至南朝，篡逆之臣已弃其居丧本意。如湘东王杀了宋废帝刘子业后，头戴白纱帽就升御座称帝。萧道成也以如此之法称帝即位。因此，白纱帽纯粹成了登基称帝的一种标志，完全失去了居丧敬孝的原意。

男女服装：

男子的主要服装是衫。衫袖口宽敞，衣身相应宽博（图2-50）。《宋书·周朗传》载："凡一袖之大，足断为二；一裾之长，可分为二。"可见其宽松的程度。在南朝，上至王公名士，下及黎庶百姓，均以宽衫大袖、褒衣博带为衣着时尚。江苏丹阳胡桥墓、南京西善桥墓出土的陶俑，均是如此装束。

女装有衫、襦，为秦汉遗俗。服式对襟，领和袖饰边缘，腰间着围裳，使腰部趋于内收。南京幕府出土的陶俑所着服装（图2-51）为南朝时女子的典型服式。

图2-50　南朝男衫，据《琴图》摹绘

图2-51　南朝女衫襦，据南京幕府山出土陶俑摹绘

（二）北朝服饰

北朝统一的时间比较长，长达近150年，这极大地促进了丝织技术的进步，绢帛的数量和质量都超过了魏晋时期。尤其是吐鲁番出土的北魏纹锦，有的纬线起花，在联珠套环的图案中，织出成对的鸟兽、人物等花纹（图2-52）；也有受汉文化影响织成莲花图案和"贵""同"等美好含义的字样。据说孝明帝时，河南荥阳有个郑云，用400匹紫色花纹的丝绸换了个安州刺史的官职，从而表明北魏丝织业的能量的确是相当大的，并促进了服装的发展。其时以"裤褶"和"裲裆"最为著名。

裤褶（图2-53和图2-54）：北朝的主要服装，其面料有布缣、兽皮、锦缎不拘，上朱下白。皮

革腰带，上有金银镂饰。有的还吸收了其他民族的服饰特点，如窄袖、长靴、蹀躞带等。

图 2-52 北魏纹锦，引自《中国染织史》

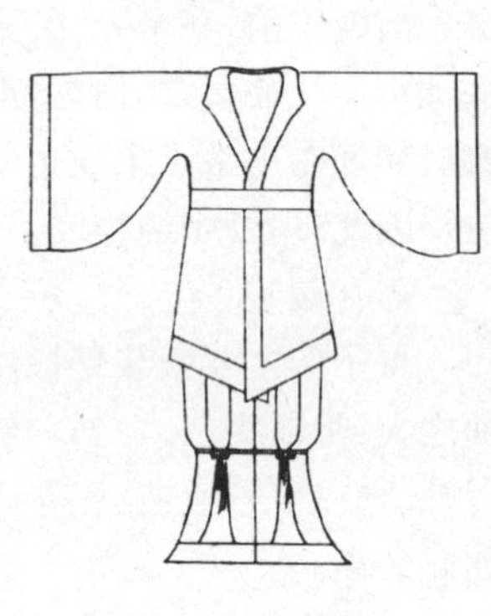

图 2-53 北朝裤褶，据出土陶俑摹绘

图 2-54 甲马画像砖衣饰

裲裆（图 2-55）：男女通用，以布帛为质，前后两片，一当胸，一当背，肩部用皮褡襻相连，腰间系皮带。裲裆延伸至军中成戎装，叫裲裆铠。这种服饰对后世影响较大，至唐宋时仍在服用。

（三）孝文帝改制

北魏，鲜卑族拓跋氏政权。北魏孝文帝于太和十八（494）由山西平城迁都河南洛阳，积极推行鲜卑人的汉化政策，与汉民族通婚，举凡官制、法律、礼仪、典章都实行汉族制度，废除鲜卑旧制，诸如胡语、胡装、胡姓等改从汉俗，首倡“元”为姓替代拓跋，称“元宏”，要求朝臣民众必须执行。次年十二月甲子举行了“班赐朝服”的易服仪式，“群臣皆服汉魏衣冠”。而孝文帝本人早在 8 年前就已服衮冕（汉人帝服）。品官服装皆沿袭汉制。后经北周的继承，所制定的三公九卿的冕服制度，即传统的冕服制被保留了下来，直传至明代。这是北方统治者对汉族文化重视和提倡的结果。就服装而论，北方少数统治者之所以看好汉袍，就在于它的严整、规范，蕴含着“威仪”的中和之美。北方统治者正是利用这“威仪”的审美特征所产生的秩序性，从服装上来体现尊卑高低的差别，增强人们安于其位的心理，从而有助于他们的统治。

而胡服的某些特点，也很受汉族百姓的喜欢。他们将胡服的长处，以汉人的审美情趣予以改造，如放宽袖口及裤脚，使之既适合汉人的服用习惯，又增强了实用价值。汉女取鲜卑族紧身上袄的优点，改上长下短为“上俭下丰”，变宽袍曳地为衣裙合体（图2-56），即衣装造型美得到了重视。

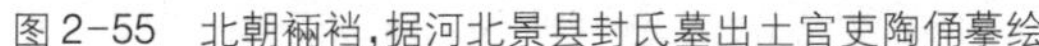

图2-55 北朝裲裆，据河北景县封氏墓出土官吏陶俑摹绘

图2-56 上俭下丰，南京砂石山出土陶俑

三、魏晋风采

这个时期，对服装文化建设做出贡献的还有其他方面的因素。如南北民族间的交融，思想界如哲学的新建树，文学艺术佳作多，美学上的形式美等方面，亦是值得叙述的。

（一）“竹林七贤”

他们是阮籍、嵇康、向秀、刘伶、王戎、阮咸、山涛等7个文人名士的总称。该名缘于他们的经常聚会和针砭时政。“竹林七贤”多穿宽衫（图2-57），自然下垂，直领开口大而深，有飘逸感，有助于展示自我：或袒胸露腹，或展露肩臂，或梳发童样，等等。潇洒、脱俗，不拘形迹，不拘俗礼，“以形写神”（顾恺之）。这种凝聚自我个性、颇具“怪异”的风姿神采，便是后世称作的“魏晋风度”。这是魏晋玄学在穿着上的反映。该学派认为“无”是世间一切事物的根本：“夫物之所以生，功之所以成，必生乎无形，由乎无名。无形无名者，事物之宗也”（《老子指略》）。在对社会人生的感叹中，“七贤”以老庄为师，使酒任性，衣着异于世俗，强烈地表现了对传统道德、传统价值的抗争。他们“非汤武而薄周礼”（嵇康）、“越名教而任自然”（阮籍），于服装就是崇尚“自然”、任情所为，不受拘束的神态。

图2-57 竹林七贤衣装,据南京西善桥出土砖画摹绘

魏晋名士还有讲求“美姿容”的。这些人崇尚女性的美态,要求男子容貌“面如凝脂,眼如点漆”(《世说新语·容止篇》),体态柔和。曹魏的何晏便是其中之典型,史传他“动静粉白不去手,行步顾影”“好服妇人之服”(《三国志·曹爽传注引魏略》)。流风所及,男子敷粉、熏香、服妇人衣等成为社会风尚。这与当时人物评价——“以貌取人”,关系密切。如果某人的风姿受到品评者的赏识,那他在仕途上的成功就奠定了基础。因此,姿容之美颇受重视。

(二)艺术造像服饰美

魏晋南北朝时期是我国古代艺术发展的重要时期。其成就当首推绘画和雕塑。这两种艺术继承和发展了汉代石刻艺术的优良传统,出现了顾恺之(东晋)、陆探微(宋)、张僧繇(梁)这三大著名画家,他们所描绘的对象都能达到服装造型和人物形象的完美统一。北朝画家曹仲达所绘人物,服装贴体适度,有“曹衣出水”之誉。而画像砖的人物造型,“丽服靓妆,随时改变;直眉曲鬓,与时竞新”,艺术作品中人物之衣装服饰,成了时人模仿的对象,并时时出新,促进了当时人衣着生活的发展,并对服装造型之局部特别是领、袖等部位的装饰,使之领型多样,开口趋深,便于衣着层次美的表现,即服装层次和装饰美的表达。洛阳邙山出土石棺画上的服装就是对此种领型的描画。

南北朝时,石窟寺艺术随着佛教东传也日益兴盛起来。中国境内石窟的开凿,最早在新疆地区,其中天山以南拜城的克孜尔就有石窟200多,至甘肃石窟最多,其著名者为敦煌的莫高窟、千佛洞等,再向东就是北魏都城地区的云冈石窟,及其迁都后的龙门石窟。这些都是享誉世界的石窟艺术，也对服装发展和变化产生了重大影响。特别是北魏后期，受中原文化的影响，佛教造像由粗犷雄健朝清癯秀美的方向发展，佛像的服装也摆脱贴身样式，开始宽博长大。图2-58为龙门石窟中的菩萨雕像，其衣纹折叠规则而又稠密，其他造像也都褒衣宽袖，带裾飘舞，婀娜多姿，明显受北魏孝文帝服装汉化政策的影响。

图 2-58 “一佛二菩萨”雕像，引自龙门石窟宾阳中洞南壁

思考与练习

一、秦统一六国在服装上采取了什么措施？对后世的影响如何。
二、试分析汉代女装所取得的成就。
三、犊鼻裈的问世对男装的发展意义何在。
四、什么面料代表了魏晋纺织科技的成果。
五、说说孝文帝易服汉袍的审美优势。
六、竹林七贤的衣着透露出怎样的心理追求。

第三章 隋唐服饰

隋唐是我国古代服装发展的重要时期。隋统治时间虽短,但却具有承上启下的意义。至唐初,车服制度皆因隋旧,到唐高祖武德四年(621)冠服制度才正式确定,大唐风采至此开始发端。从面料、款式、色彩、纹样、饰物等,都是绚丽多彩,达到了全新的高度,是前代所无法比拟的。时至今日,中国东邻某些国家的正式礼服仍见隋唐之遗韵,可见华夏服装文化的影响之深远。

唐代,是中国封建社会发展的鼎盛时期,其衣装服饰之风采,亦充分显示了大唐帝国的精神风貌。

第一节 隋唐服饰之精彩

公元581年,“隋国公”杨坚即位称帝,改国号为“隋”,至618年,隋代虽然只有短暂的37年的统治,可对中国社会的发展却颇有建树:结束东汉以来近400年的战乱和南北割据分裂的局面;出台巩固中央集权的措施;设立州、县学选拔人才。统计户口、实行“输籍法”,促使农民归附土地;统一货币、更铸五铢钱,便利商品流通;开凿大运河,“商旅往还,船乘不绝”,促进商业发展,从而使隋王朝的社会经济得到很大的发展。隋文帝时,“强宗富室,家道有余”。国家更是“中外仓库,无不盈积”。当时的五大官仓储存的米粟多的达千万石,少的也有数百万石。长安、洛阳和太原储存的布帛,也各有几千万匹。隋代规定,凡年满15岁女孩,都要开始学习种植桑树和养蚕的技能。况且还有各地的储积,史载可供隋统治者支用五六十年。这些均对后世极具影响。而唐代服装的绚丽夺目,那更是大唐史诗般的文化的结晶。

一、隋朝服饰

隋朝立国之始,文帝衣着较简,崇尚俭朴,只是在衣带上比大臣多加了13个金环。其他男子不穿绮缕,不饰金玉,只以铜、铁等作为装饰。《隋书·高祖本纪》记载,文帝“居处服玩,务存节俭,令行禁止,上下化之。开皇、仁寿之间,丈夫不衣缕绮,而无金玉之饰,常服率多布帛,装带不过以铜铁骨角而已”,即是帝后宫妃也“咸服瀚濯之衣”。

(一)奉行五行说

穿着虽是简朴,但服制还须整顿,即改用周制。摄太常少卿裴政奏道:“后魏已来,制度咸阙。天兴之岁,草创缮修,所造车服,多参胡制……周民因袭,将为故事;大象承统,咸取用之,舆辇衣冠,甚多迂怪。今皇隋革命,宪章前代,其魏、周辇辂不合制者,已勅有司尽令除废。”(《隋书·礼仪七》)这段论述集中在隋到底应该继承哪个朝代的法统。在这种情况下,隋文帝遂发布诏令,推论前朝五行色德,认为隋是姬周王室复归,应从火德,服色当为赤。其他戎装、祭祀礼服,规定各有颜色,从而使秦汉以来的五行色德得以传继。

到隋炀帝时代,服饰制度完善之余尚有创新。杨广继位之后,更命吏部尚书牛弘、工部尚书宇文恺及内史侍郎虞世基等人考证古今法物衣冠,并参酌魏、晋、梁、陈、后周的舆服,“宪章古制,创造衣冠,自天子逮于胥皂,服章皆有等差”(《隋书·礼仪志》)。历时1年,制订出一套冠服礼制,即西周的冕服制,恢复了汉魏以来帝王章服所缺的日、月、星辰3章纹,置日、月于两肩,星辰列于背后。这就是天子之服“肩挑日月,背负星辰”的由来。这是很有创意的,寓意很深。祭服为冕冠玄衣纁裳,帝后礼服由6种精简为4种,即祎衣、鞠衣、青服、朱服。文武官员首服进贤冠,依官位品级定冠的梁数;有佩绶制,即汉制的承续;朝服为绛纱单衣,白纱内单,绛纱蔽膝,白袜,乌履。隋炀帝于大业三年元旦朝令,举行文武百官均穿着新制服装上朝见驾的仪式,可谓朝仪初试,冠冕堂皇。

此时的染织技术又有新的提高,创造出木板雕出花纹,然后将布夹入加以染色的技术,并能用多套镂空板印花,既使隋织染品空前发展,又为唐宋染织品开拓新的空间奠定了基础,确具承上启下的历史功绩。

隋王朝服装制度,服饰的配合也很重要。官员重视束带之饰,就是其中之一。将其视作“腰领”,即“以腰保领”。还可将束带作为馈赠礼品。如帝王曾赐大臣9环金带。武将也可以自己制造金带,分赠有功之人。隋朝官服有“曲领”之饰,通常以白色布帛为之,就是“曲领在内,所以禁中衣领上横壅颈,其状曲也”(刘熙,《释名·释衣服》),这是一种半圆形的硬衬领。《隋书·礼仪志》:“七品以上有内单者则服之,从省服及八品以下皆无。”就是说七品以上著朝服皆可用之,著常服时可不用。这种曲领颈饰亦为后朝服装款式的创新,有助推之功。

(二)宫装时行

大业年间,宫人时行穿着裸露半臂的服装,称“半臂”。这是女子服饰较前朝的创新。贵族妇女受齐梁风气的影响,多穿大袖衫,外加小袖式披风,一时成风气。这种披风一般为翻领,内外颜色不同,无饰物。画迹中多有反映(图3-1)。地位低者看重小袖襦衣的实用为时行。还有喜欢穿青裙、外出戴幂䍠(音 mì lí)的。隋炀帝对裙子的穿着也着力予以提倡,是他扩大了裙的穿着范围,将宫廷缝制的五色夹缬花罗裙,赏给宫女和百官的母亲以及官员的夫人。

图3-1 披风,据敦煌壁画隋供养人像摹绘

幂䍠:是一种面纱,头、颈可完全遮蔽。隋军将士有戴幂䍠扮成妇女从事军事行动的。隋炀帝时,汉王杨谅谋反,他就让士兵穿上妇女服装、借幂䍠以掩护,混入城中,打败蒲州刺史丘和(《旧唐书·丘和传》)。

隋炀帝以纵情享乐、奢侈淫逸著称。服饰靡费,难出其右,“盛冠服以售其奸,除谏官以掩其过”。史载颇多:“自大业二年……于端门外建国门内绵亘八里,列为戏场,百官赴棚夹路,以昏达曙,以纵观之,至晦而罢。伎人皆衣锦绣缯彩。其歌者多为妇人服,鸣环佩饰以花髦者殆三万人”“盛饰衣服,皆用珠翠、金银、锦蜀、絺绣、其营费钜亿万……大列炬火,光烛天地,百戏之盛,振古无匹。”(《通典》一百四十六)可见铺陈之盛,靡费之巨。民间也有隋炀帝下江南的传说,以彩绸为纤索,命数百宫女着彩绸衣,上岸拉纤,以观她们行走滑跌之状而取乐。当然,宫女的装扮也由宫内流向宫外,流向社会,成为百姓平民的时行之装。

隋炀帝的广选民女，亦开选女之先例。宫女邀宠，专事妆饰，争奇斗艳，珠光映鬓，彩锦绕身，促进服饰的日趋华丽奇艳，人称"宫装"。惹得时人纷纷仿效。王涯有诗描绘其盛："一丛高鬟绿云光，宫样轻轻淡淡黄。为看九天公主贵，外边争学内家装。"(《宫词》)其他如女子发式也是名目多样，有翻荷髻、坐愁髻、九真髻、侧髻、双角髻等。

二、唐服繁盛的社会物质条件

至唐代，中国古代服装的发展进入繁盛期。国家稳定、经济繁荣、文化昌明、纺织印染技术空前发展、对外交往频繁等因素，促使服装业空前繁荣。

(一) 对外交往频繁

公元618年唐王朝建立后，采取了一系列措施(如均田令、租庸调法等)，恢复和发展封建经济，国力日见恢复，出现了为史家所称颂的"贞观之治"，及至"开元盛世"，唐王朝成了国强民富的政治经济强国。其势力范围相当广：东北至朝鲜半岛，西达中亚，北至蒙古，南达印度，是当时世界上最为富强繁荣和文化昌盛的封建帝国之一。唐代京城长安占地84公里。由宫城、皇城和外郭城3个部分组成。宫城为宫殿区、皇城为中央衙署区，外郭城是王侯勋贵和大小官员的住宅区。由11条南北大街和14条东西大街分割而成，且道路有百米之宽，这在当时是罕见的。"邸店"(旅店)、"商肆"(店铺)众多，经济空前繁荣，水陆交通便利，有5条大道直达各地。这规模在当时屈指可数的。对外开放政策，吸引了各方友好的往来不绝，最多时交往的国家与地区达300多，最少时也有60多。自公元651年之后的140余年中，大食(阿拉伯)与唐通使达36次。唐王朝与东罗马帝国通使7次。日本派遣唐使18次，每次人数多达五六百人。新罗留学生一次回国者达105人。而外国商船、商人也纷纷来唐。有44个国家的客商，保持与长安的联系。武则天时期，阿拉伯人旅居广州、泉州、杭州者，数以万计。安史之乱后，到广州的商船还达4 000余艘。德宗时，中亚来的客商有4 000人，居长安达40多年。据阿拉伯航海家苏来曼的论述，唐末在广州的阿拉伯商人和其他从事贸易活动的外国人，有时竟达12万人。长安的茶楼酒肆、学馆书院、山林寺院等，云集了大量域外的商人、学者、僧人、艺术家和外交使节等各式人等。他们穿着各异，恰似"街头时装表演"。这些丰富的域外服饰文化是促进唐代服装繁盛的外部因素。初唐诗人王维"万国衣冠拜冕旒"(《和贾至舍人早朝大明宫之作》)的诗句，描绘的就是各国使者、商人和留学生来长安朝会的空前盛况。长安成了政治、经济和文化的中心，成了国际交流的大都市。

(二) 面料精丽无比

1987年4月，古都西安法门寺地宫出土的千余件丝织物，令人眼花缭乱，品种有锦、绫、罗、绢、缣、纱、绮、绣等，制作工艺看有印花、贴金、捻金、描金、织金等品类，都体现了唐代丝绸的新工艺。尤其是绫纹织金锦，达到了唐代的最高水平。金饰以捻金线夹织，纹成菱格形，整体为莲花形。捻金线又称圆金线，加工非常复杂，平均直径0.1毫米，最细仅0.06毫米，比头发丝还细，堪称古今一绝。其中最名贵的应属5件蹙金绣织品，分别是绛红罗地蹙金绣半臂、蹙金绣袈裟、蹙金绣拜垫、蹙金绣案裙、蹙金绣襕，图案是与佛教相关的莲花纹、忍冬纹、流云纹、山岳纹等，这些绣品针法精细纤巧，色彩绚丽炫目，风格华美凝重。虽沉封地宫千载，现在依旧流光溢彩，是唐代规格最高、保存最好的宫廷丝绸。可以说，法门寺地宫的丝织物囊括了唐代丝绸的精华。

以上的考古实物，证明唐代丝绸工艺的成就。下面从历史角度展开叙述。唐王朝建立，国家重又复归统一，这对手工业发展大为有益。北方织绢、南方织布，南北的民间交流极有利于发展纺织业的生产。丝绢和布帛已成为社会的基本财富。除民间纺织业外，朝廷设有专门的机构、由官府管理丝织业少府监下设染织署组织生产，下辖25个作坊，《唐六典》载曰："织衽之作有十（布、绢、施、纱、綾、间、罗、锦、绮、褐）"、组绶作有五（组、绶、绦、绳、缨）、紬线作有四（紬、线、弦、网）、炼染作有六（青、绛、黄、白、皂、紫），分工可谓精细，织造水平高超：面料精彩、质轻、薄透。甘肃敦煌千佛洞曾经发现过一件透明的薄绢，绢上装饰图案绣工十分精细，是件高贵的上等织物。还有一种印花薄纱，十分美丽，几乎没有重量，如果穿着在身上恰如薄雾一般，因此称"轻容"。更有一种轻绢，一匹有四丈，重仅半两(25克)。

古阿拉伯游记载曰："有个阿拉伯商人在广州拜会唐朝官员时，居然能透过五件丝绸衣服看到这位官员胸口的一粒黑痣"（吴淑生，田自秉.《中国染织史》）。唐代丝绸的精薄异常，于此可见一斑。

且丝织品的图案和品种，丰富多彩。其名品有盘龙、对凤、麒麟、狮子、天马、孔雀、仙鹤、万字、双胜、透背等。《新唐书·地理志》更有明确记载，仅江南的浙江、江苏所产之綾，就有水纹绫、方纹绫、鱼口绫、绣叶绫、乌眼绫、吴绫、缭绫等，不下一二十种，而其中的缭绫则更为精美。中唐诗人白居易本借《缭绫》反映封建社会当权者与平民百姓的矛盾，观诗人自注"念女工之劳"，题意自明，笔意讽刺，可人们又从侧面形象地看到了缭绫的精美绝伦之所在：

"缭绫缭绫何所似？不似罗绡与纨绮。
应似天台山上明月前，四十五尺瀑布泉。
中有文章又奇绝，地铺白烟花簇雪。
织为云外秋雁行，染作江南春水色。
异彩奇文相隐映，转侧看花花不定。
春衣一对直千金，汗沾粉污不再着。"

罗，织纹稀疏；绡，精细的生丝绸；纨，细绡；绮，有花纹的绸。这些被公认的丝绸上品，也不能与缭绫相比。首先，是缭绫的光泽美，如天台山月光下那直泻飞瀑、银浪奔涌，织物光泽素雅、柔和、璀璨，是形象、美妙、逼真的描摹，色彩、形状，寒光耀目，巧夺天工。这时的缭绫当为银白色，冷色，即如滚滚"白烟"的底色上，还簇拥着如"雪花"般的图案。其实，这缭綾是底、花俱白的一种织品，属同色系，不易分辨。可白居易却把它描摹得不仅清晰可见，甚至可以触摸，感受得到它那轻柔的质感、半透明的光感，及其闪烁不定的色调，皆表现得活灵活现。这其中的"文章"真是"奇绝"。

可当转换欣赏位置时，图案又幻化成"云外秋雁"，这自然使人联想到唐初王勃"落霞与孤骛齐飞"的名句，其色彩当为金光粼粼一片，即秋景之灿烂，却颇具暖意，而有"染作江南春水色"，湛蓝春水，彤彤霞光，暖意融融。描绘了另一角度的不同的视觉效果。同一面料的多样观感，是缭绫的非凡工艺所织就。这冷暖相间，正是"金碧辉煌"那种色彩效果。"异彩奇文相隐映，转侧看花花不定"。通过缭绫的光泽奇异无常、图案精美无比、彩色柔素典雅，品质轻盈华美，可见唐代丝织品的精美异常，可谓窥一斑而见全豹。

缭绫的织造非常不易。朱启钤《丝绣笔记》："《唐书·李德裕传》：'德裕为浙西观察使，敬宗下诏向他索要缭绫千匹，遭到婉拒，说，缭绫织造不易，图案文彩怪异，惟乘舆当御……愿陛下

更赐节减,则海隅苍生受赐矣。优诏为停。'"

(三)唐锦构成示例

锦,用彩色经、纬线织出各种图案的织物。其始不晚于周。织锦的织饰工艺复杂,费工费时,其价如金(《释名·释采帛》)。周、汉之际主要是经线显花的"经锦",隋、唐多为"纬经",用多梭多采纬向显花,并多至八梭八色。唐锦色彩丰富,图案精美。内容以植物、动物、飞禽等为主,其中茱萸纹、联珠图巢纹较为常见。新疆阿斯塔那古墓出土的花鸟纹锦(图3-2),以大红、粉红、白、墨绿、葱绿、黄、宝蓝、墨紫等八色丝线织成的纬锦,构图繁杂,配色华丽。新疆的拜城克孜尔石窟都有唐锦出土,日本正仓院还保存大量唐锦藏品。现据吴淑生等著《中国染织史》转录于后:

图3-2 联珠孔雀纹锦

新疆阿斯塔那古墓出土唐锦

锦名	特征
几何瑞花锦	蓝地、六角、圆点组成大红、湖绿、纯白花朵纹
兽头纹锦	黄、蓝、湖绿、白4色、大白珠圈内饰以兽头
大吉锦	黄地、暗红色瑞花,间以倒正"吉"字
菱纹锦	香色绫地,红色菱纹
规矩纹锦	朱红色菱地,妃色规矩纹
对马纹锦	珠圈内饰以有翼双马,一只前蹄腾起,马头各有一"五"字。橙黄地,显蓝、浅绿、粉红色花纹。另有一件除有昂首对马外,还有似在低头吃草的马,每4组圆形之间饰以对称的四叶纹,中心有一朵小花
鸳鸯纹锦 大鹿纹锦	大红、正黄相间为地,白珠圈内显蓝色相向的鸳鸯图案黄、白、翠绿、茶绿4色,大珠圈内饰以伫立的鹿纹。另一件为黄、白、蓝、绿4色,大珠圈内饰以奔走的鹿纹
小团花纹锦	橘红地、蓝、白、绿色花纹,外圈为白色圆点,中圈为蓝地红点,内圈为红点,中心为蓝地白圈。在4个团花之间饰以向四面伸展的绿叶,4叶中心用8个白点组成圆圈
猪头纹锦	黄、白、蓝、湖绿4色,大珠圈内饰以张口露牙的猪头纹
骑士纹锦	黄、白、蓝、绿4色,大珠圈内饰以高鼻多须、回着顾盼的骑士图案
双鸟纹锦	大红、宝蓝、纯白3色,红地白色小圆珠,内饰双鸟图案
龟背纹锦	黄、淡黄、金黄3色,黄色地,金黄色龟背纹,内饰卷叶图案
鸾鸟纹锦	黄、白、蓝、绿4色,黄色地,珠圈内饰以鸾鸟纹
对鹿纹锦	黄、白、蓝、绿4色,小珠圈内饰1对伫立的鹿纹
瑞花遍地锦	蓝地、遍饰以浅绿色的花朵图案

新疆拜城克孜克尔石窟中唐锦

锦名	特　征
双鱼纹锦	紫绛地，中间组成团花，蓝色作地，用红黄二色组成双鱼纹
云纹锦	浅黄地，与蓝黄线交织成黄金色，透出蓝黄色云锦
花纹锦	黄地，绿色花纹
波纹锦	黄红线交织作地，透出皂绿双重波纹

日本正仓院所藏唐锦

锦名	特　征
狮子唐草奏乐纹锦	紫地，织出狮子纹，左右配饰牡丹唐草，并有琵琶、笛、鼓等奏乐者
莲花大纹锦	浅缥地，莲花图案，色彩用晕裥方法，以绿、黄2色为主调，间以朱色正中的莲花为正有型，围绕中心莲花，饰以8朵侧面的莲花
唐花山羊纹锦	茶地，以相对2山羊为图案，间饰牡丹花
鸳鸯唐草纹锦	绯地，蓝、黄色为主调，以相对鸳鸯为图案，配以唐草纹
狮子华纹锦	赤地，花纹为茶黄色，大团花之外，饰以4头奔驰的狮子
狩猎纹锦	绿地，饰骑士、狮子、山羊及唐草纹
鹿唐花纹锦	黄地，用鹿及唐花圆纹做装饰
莲花纹锦	赤地
唐花纹锦	绯地
双凤纹锦	珠圈内饰以双凤，茶地
宝相花纹锦	蓝地
花鸟纹锦	赤地，用飞鹤、瑞云等做装饰
狮啮纹长斑锦	所谓长斑锦，系指几种色彩并行的条纹，此锦为赤、茶、绿、浓绿等色，饰深茶色及黄色的狮纹
花鸟纹晕裥锦	深浅的色条纹，上饰花鸟图案

上表所列，唐锦色彩确实相当丰富，表明唐代染织技术的高超，反映了刺绣工艺的空前发展。唐时刺绣不仅针法多样，还新创贴绢、堆绫和缀珠等技术。在绫罗上用金银两色刺绣和描花已是流行装饰，撮金线和金片的工艺技术已达到很高的水平。铺绒绣技法已经能表现颜色的退晕和晕染的敷彩效果。实物表明，其针法细腻精巧，色彩华美富艳。

第二节　唐代男子服饰

唐初，车服制度，皆因隋旧。稍后完备，定官品服、袍衫、配饰、幞头等制，并强调了黄颜色属

一人所用，即天子之色，从此，成为专人之色，直至清朝。

一、服装制度

由隋入唐，服装制度逐步定立，确定以颜色分辨百官品级，并把黄色上升为天子之色。

（一）厘定服制

唐初，车服制度，皆因隋旧。《旧唐书·舆服志》载："武德初，因隋旧制，天子燕服，亦名常服，惟以黄袍及衫，后渐用赤黄，遂禁士庶不得以赤黄为衣服杂饰。"这是初唐时天子百官的服制简况，惟把黄色提为至尊。后历高祖、太宗、高宗三朝，唐朝厘定服制礼仪。从皇帝、皇后、太子、太子妃，及群臣、命妇等各官定服装，逐一定妥。分祭服、朝服（具服）、公服（省服）、常服（宴服）四种，并对质料、纹饰、色彩等方面都一一做出规定，使之系列化。

（二）品色服

颜色作为区分官员的外部标识。以紫、绯、绿、青等颜色区分官员等级的高下：三品以上服紫，四品服深绯，五品服浅绯，六品服深绿，七品服浅绿，八品服深青，九品服浅青。"唐百官服色，视阶官之品。"（《唐音癸 》）永泰公主墓线刻画《步行仪仗队图》中有人物30，全着色袍，从服色就可推知官员的品级。这种制度是唐代官服的一大特色，史称"品色服"。官员的品位、等级可随升迁而变动，但服色的标识作用却是不变的。后朝也将此引以为制。用颜色做官服的外在标志，隋已见端倪。史载："用紫、青、绿为命服，昉于隋炀帝而其制遂定于唐。"（《文献通考》，马端临语）

（三）天子专色

黄色成为至尊之色，上文已有所透露，即赤黄其他人一概不可用，连饰物都不可以。至此，黄色从唐代开始成为一人专用，即天子之色。所谓"黄袍加身"，意指登上皇帝宝座。此制千年不变，一直沿用至清亡。黄色之所以成为帝王之色，除了色彩本身亮丽尊贵的特性之外，据说还与县尉被殴有关。入唐后，匹庶皆黄袍，百姓仍保留着这种尚黄的穿着习惯。官员虽有"品色服"制度，但也常随俗民穿黄色衣。由于洛阳县尉柳延穿黄色衣夜间巡案，村民误以为贼将其殴打致伤，而改变其色彩的普通性。高宗闻说，即下令自此以后一切官员、百姓人等都不准穿黄色衣服。黄色由此走上独尊的地位。

二、服装式样

唐代男子服式主要是袍衫、图案、佩饰鱼符、腰带等组成。

（一）袍衫

袍，最初是交领、直裾，下至跗（脚背）衫、圆领，此初承隋制，后经中书马周提议，据深衣制式，于局部加襕（音 lán）、袖褾（音 biǎo）等饰物，成为士人上服。加襕，又称横襕，就是以白细布施于袍的腰下、膝盖部位，有襕袍（举子服）、襕衫等样式（图3-3）。观阎立本《步辇图》可见时男官服之具体（图3-4），除吐番丞相禄东赞外，所有汉员，包括唐太宗李世民，袍服下均是一道横襕。而袖褾是指在袖口处加一段硬衬，便于折叠伸缩。长孙无忌（文德皇后的哥哥，唐代服饰改革的贡献者）提议，袍加襕之颜色应与品服色一致。他还对隋炀帝时期的围帽进行了改制，将羊皮衬于帽

图3-3 襕衫，据敦煌壁画摹绘

内,似皮帽,增强防寒能力。

图 3-4 《步辇图》图中男官服

唐代士庶百姓的服装,太宗时规定,“士服短褐,庶人以白”“庶人不服绫、罗、縠、五色靴、履”。以后各个时期虽有变化,但总不离穿粗、穿白的范围,服式多为窄袖、紧身、短衣等(图 3-5)。陕西三原唐初李寿墓壁画《牛耕图》中的农夫也穿圆领、窄袖、贴身、束腰、长仅至臀部的短衣。

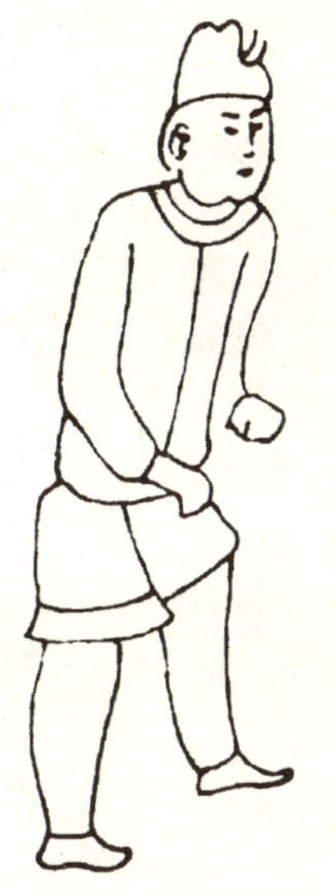

图 3-5 士庶服装,据敦煌壁画摹绘

(二)纹样

纹样是唐王朝区别官员地位尊卑高下的又一标志。武则天延载元年(694)颁赐新装,用狮、麒麟、虎、豹、鹰、豸、龙、鹿、雁等为图案,绣在袍的前襟后背,称“绣袍”,从而构成官员新的识别体系。《太平御览》卷 693 引《唐书》:“武后出绯紫单罗铭襟背袍,以赐文武臣,其袍文……宰相饰以凤池,尚书饰以对雁,左右卫将军饰以麒麟,左右武卫饰以对虎。”即文官饰禽纹,武官饰兽纹。这种以禽兽纹样区别文武官品的做法,实为明清补服之滥觞。

(三)佩饰

唐王朝五品以上文武官员腰间还有佩饰之制,称鱼符、鱼袋(武则天朝改鱼符为龟符,中宗时又恢复鱼符)。鱼袋是用来盛放鱼符的。《新唐书·车服志》载曰:“随身鱼符者,以明贵贱,应召命……皆盛以鱼袋;三品以上饰以金,五品以上饰以银。”鱼符为鲤鱼形,“鲤”与唐王朝李姓之音相谐,借以维护李唐王朝的统治。符作为中央政府与地方官吏之间联络的一种凭证,长 3 寸、左右两半,字刻于符阴,上端刻有一“同”字。侧刻“合同”两半字,首有孔,用以系佩(图 3-6)。左半存朝廷,右半装入鱼袋,官吏随身佩带(图 3-7)。如遇升迁即须合符为证。官吏面君或入殿,必须交验佩鱼,左鱼勘合,方得入内。白居易有诗描绘:“紫袍新秘监,白首旧书生。鬓雪人间寿,腰金世上荣。”

(《初授秘监并赐金紫闲吟小酌偶写所怀》)写出了诗人初授秘书监的喜悦之情,上赐紫袍、金带、金鱼袋等。

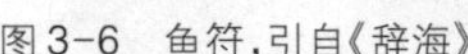
图3-6 鱼符,引自《辞海》

图3-7 佩鱼,据唐《凌烟阁功臣画像》摹绘

金带,唐代品官又一重要腰饰。史书常见金带、玉带,其实,并非真是金、玉之质,而只是革带上所饰之不同材料而已。这种带饰就叫銙,銙饰就有了金、玉、犀、银、铁等材质。三品以上束金玉带,四、五品金带,六、七品银带,八、九品石带,庶人则束铜铁带。可见白居易初授秘监,至少官居四品。

二、首服

由幞、巾组成首服。服用范围较广,名目多样。

(1) 幞(音 fú),一种包头用的黑色巾帛,又称"幞头",也叫"唐巾"。幞头四角裁剪后成带状,裹发时将前面两带包过前额,绕至脑后系结,自然下垂,远看似飘带。因其两角朝前反曲折上系结于顶,又称"折上巾"。后因幞质地太软,裹头有伤观瞻,故内加巾作衬托。新疆吐鲁番阿斯塔那唐墓有其实物出土。幞头之制,自东汉幅巾演变而来,盛于隋唐至宋。其间多有改制,形式不一,名目繁多,大多因人因时而异。尤其在武德至开元的 100 多年间,幞头贵贱通服,特别是名人的服用,相效为雅制,造成流行风气。《唐会要》对此记载较详:"巾子,武德初始用之,初尚平头小样者。天授二年,则天内宴,赐群臣高头巾子,呼为武家诸王样。景龙四年三月内宴,赐宰臣以下内样巾子,其样高而踣,皇帝在藩时所冠,故时人号为英王踣样。开元十九年十月,赐供奉官及诸司长官罗头巾子及官样巾子。"这段文字将各式巾子产生的时间、背景、形式等,做了形象的介绍。而类似的记载,还见于《旧唐书·舆服志》《通典》《封氏闻见记》等史籍。结合图像资料,可知时行于盛唐幞头之内巾有以下 4 种样式:

平头小样:形制简单,多扁平形状,顶上较为低平。兴于武德至贞观年间。阎立本《步辇图》、陕西唐墓石雕人物,即为此式(图 3-8)。

武家诸王样:这种巾式,很明显与武则天有关系,即发生在武则天当朝时期,这位中国历史上惟一女皇帝的特色,喜欢革旧创新。形象资料显示,巾子高而前倾,带有明显分瓣痕迹(图3-9)。陕西乾县章怀太子、懿德太子及永泰公主墓出土的壁画,其男女所戴幞头,皆为此式。

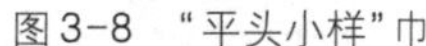

图3-8 “平头小样”巾

图3-9 “武家诸王样”巾

英王踣样:该巾式“高而踣”(踣,跌倒、倾覆的意思),顶部大而圆、左右分瓣成球状,明显前倾,比武家诸王样更高(图3-10)。陕西咸阳底张湾唐墓出土陶俑所饰即是此巾。流行于唐中宗景龙四年至开元初。因“踣”前倾含凶兆,被认为不祥,开元后此巾式渐为人弃。

官样巾子:该巾式早期因“供奉官及诸司长官”所服,而得名。巾子高突、顶呈小而尖圆状,比英王踣样还要高,但无前倾之状(图3-11)。其式见陕西西安东郊唐章令信墓出土之陶俑。因流行于唐玄宗开元年间,故又称“开元内样”。

巾除上述各种形式外,其两脚亦有不同的形制:初似两带垂于脑后(图3-12),其后反曲向上插于髻内(图3-13),以轻薄柔软之纱罗为骨,称“软脚幞头”。中唐后,以丝弦为骨,微微上翘,犹如翅翼,因称“硬脚幞头”。甘肃敦煌莫高窟156窟晚唐壁画就有此式幞头。

图3-10 “英王踣样”巾

图3-11 “官样巾子”

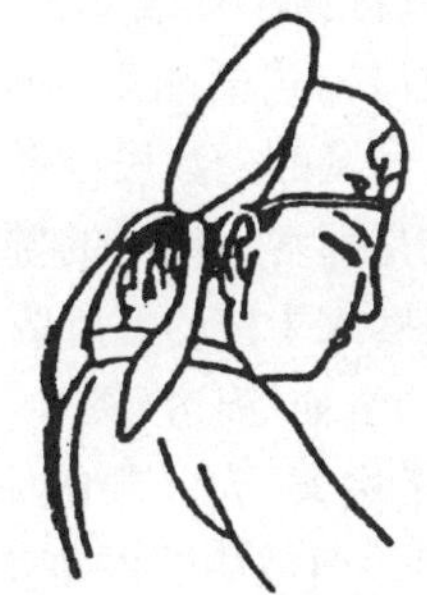

图3-12 垂脚幞

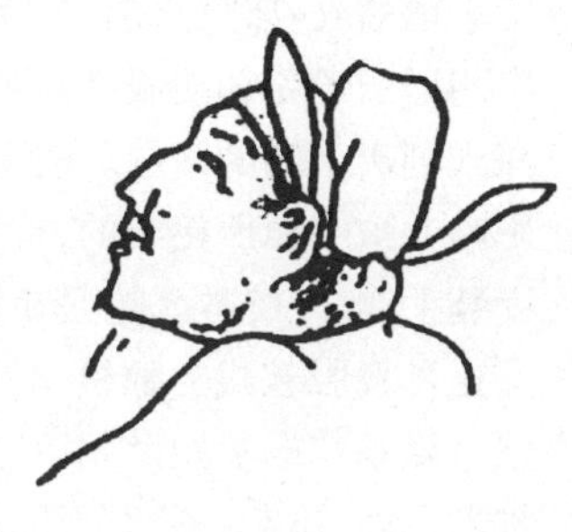

图3-13 反折脚幞

(2)冠,朝臣公服加冠。文官进贤冠(图3-14),以冠梁之多寡判别官位高低,分三种:三品以上三梁、五品以上二梁、九品以上一梁。杜甫曾有“良相头上进贤冠,猛将腰间大羽箭”(《丹青引》)的诗句咏此。武官、卫官,冠平巾帻,御史大夫、中丞御史戴法冠(图3-15)。这些皆可看出汉代进贤冠、獬豸冠等的遗迹。

图 3-14 文官进贤冠

图 3-15 法冠,与前图同为敦煌盛唐壁画摹绘

第三节 唐朝女子服饰

唐朝社会开放,对外来文化兼收并蓄,使汉魏以来的女装至唐大变:样式新奇多彩丰富,面料时尚轻盈薄透,妆饰独特继往开来,形象华美异彩纷呈,至今乃大放光彩。

一、女装形式

唐代女子服式丰富多彩,美不胜收。以小袖襦衣、宽袖衫、半臂、袒胸等样式为多。

(一) 衣衫类(包括小袖襦衣、宽袖衫、半臂等)

小袖襦衣:盛唐之前,妇女流行穿小袖襦衣,当时称之为胡服。太子宫有个近百人的团队,专事胡语的学习和胡服的穿戴打扮,包括胡乐和胡舞等(《新唐书·常山王传》)。胡人的文化已深入到唐王朝的高层。胡人,西域的少数民族及印度、波斯等域外人的统称。这域外礼俗、文化影响并被中原所接纳的,首先是那赏心悦目的舞蹈服装,令大唐君臣士庶民众眼界大开,乃至在女装上融合、绽放。这是胡服羼入中原的意外收获。

这种舞服款式为翻领、对襟、窄袖、锦边(图 3-16),穿着时能表现妇女丰腴的体态之美。唐玄宗李隆基与杨贵妃及朝臣时常宴舞,为此服的流行起了示范、推动作用,宫人争相仿效,并迅速推向民间,掀起一股“胡服热”。西域胡服的审美特征与华夏服装固有的稳重、厚实的审美趣味相融合,以致达到新的突破,从而表明唐代审美心理结构的突变:既是自信的,又是外向的、开放的、进取的。

宽袖衫:盛唐之后,胡服影响趋弱,女装亦随之出现新的变化,其典型之处就是衣衫加宽、袖子放大。陕西乾县懿德太子墓石刻中的妇女衣着衣袖宽大,袖宽几可垂足(图 3-17),就是这一特点的形象反映。至中晚唐,朝廷欲加禁止,规定衣袖不得超过 1 尺 5 寸,但“诏下,人多怨者”。可见当时人喜好宽袖已成风气,形成审美定势,难以逆转。至唐后期则愈演愈烈,衣袖之长竟达 4 尺(周昉《簪花仕女图》),禁令不仅未能收到丝毫效果,反而促其更加扩大,足见此风之盛。

图3-16 胡舞服，据西安出土石刻摹绘　　图3-17 宽袖衫，陕西乾县懿德太子墓石刻摹绘

半臂：一种短袖、长与腰齐的衣式（或称半袖），也是唐代妇女极为喜欢的装束。其制起自汉魏，因其长度为长袖衣的一半，所以称之为"半袖"，也叫"半臂"，穿着者并不多见。隋唐开始逐渐增多。所见多内宫及女史供奉。陕西乾县永泰公主墓中不少艺术形象之妇女有此衣式。若此式装束与襦裙配套穿着，称"半袖襦裙"（图3-18），尽展女性手臂的肌肤之美。半臂通常以质地厚实的织锦制作，可有御寒之功。扬州土贡物产就有"半臂锦"（《新唐书·地理志》）。盛唐年间，半臂已成时髦装束，连男子服装也受影响。天宝七载，唐玄宗赐安禄山物品中，就有"紫绫衣十副，内三副袄子并半臂"（姚汝能，《安禄山事迹》）。

图3-18 半臂，西安出土三彩俑

图3-19 袒胸式服装，据敦煌壁画供养人像摹绘

（二）袒胸式

除"半臂"外，极具突破性的当推袒胸式女装（图3-19）。此式服装衣领阔而低，领口开敞，

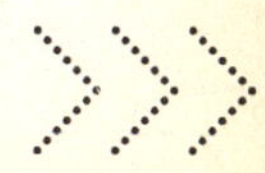

几乎裸露半胸。古诗“粉胸半掩疑暗雪”(方干,《赠美人》)、“胸前如雪脸如花。”(欧阳询,《南乡子》)“长留白雪占胸前”(施肩吾)、“慢束罗裙半露胸”(周濆,《逢邻女》)的题咏,就是对这种装束的形象描绘。如此大胆、率真的装束,这于我国的封建社会来说,是难以接受的,更是绝无仅有的。评论袒胸服装,不能简单地将其看作是领式的变化,而应从社会审美心理的角度寻求其深层的奥秘,它从侧面反映了当时人思想的开发、自我意识的解放:大胆勇敢、蔑视传统礼法的精神。

(三)裙

妇女下裳为裙,始行于汉代。由于生产技术的提高、社会风尚的变化,也带动了裙式的不断更新。裙的质料、色彩和样式均超越前代,可谓芳名迭出、群芳争艳,目不暇接、瑰丽多姿。裙式有“翠霞裙”“荷叶罗裙”“隐花裙”“竹叶裙”“碧纱裙”“月色裙”(据唐诗)。最流行的是石榴裙,即红裙,以茜草染就,也称“茜裙”。“郁金香汗裛(音 yi,香气侵袭)歌巾,山石榴花染舞裙”(白居易,《卢侍御四妓乞诗》),“眉黛夺得萱草色,红裙妒杀石榴花”(万楚,《五日观妓》)等诗句,说的就是该裙。此裙特别受中青年女性的喜欢,视作最时髦的裙装。“石榴花发街欲焚,蟠枝屈朵皆崩云。千门万户买不尽,剩将儿女染红裙”(蒋一葵,《长安客话·燕京五月歌》),就是记其流行之盛况。

石榴裙最大的特点就是裙束较高,上为短小襦衣,两者宽窄长短形成鲜明、强烈的对比(图 3-20)。这种上衣下裙、上短下长的“唐装”,是对前代服装的继承和发展,是中国古代女装的创新之作,使体态显得苗条、悦目、修长。这种短小的衣式,已为当今设计师所发掘,并使之复活,成为女装审美的焦点之一。

图 3-20 石榴裙,据唐永泰公主墓壁画石摹绘

百鸟裙和花笼裙是唐代最精美华贵者。此种裙式据说和唐中宗的女儿安乐公主有关。安乐公主衣着奢靡,空前绝后。宫廷为其特制的百鸟裙是用多种飞禽的羽毛加丝、罗捻线织成的,视觉效果绝佳:“正视为一色,旁视为一色,日中为一色,影中为一色,而百鸟之状皆见”(《新唐书》卷 34)。因百鸟裙色泽非凡,工艺精湛,引得权贵富室纷纷仿效,形成百鸟裙热。一时间,“山林奇珍异兽,搜山荡谷,扫地无遗。”生态遭受严重破坏,于开元中期被禁。至于花笼裙,它是安乐公主再嫁武延秀(前夫武崇训)时,四川所献礼品,亦称单丝碧罗笼裙,用细如发丝的金线绣成各种花鸟,米粒般大的鸟,眼、喙、爪、甲等一应俱全;腰部还重重叠叠地装饰着金、银线所绣的花,可谓纤丽、豪华、精细之极。

唐裙大多 6 幅,褶裥也多。至五代还出现百褶裙。裙色也不仅是单色之红,还有两色以上面料拼合而成的,异色相间,别有情趣,因而得名,称“间色裙”“间裙”。

女著男装:唐代女性穿男装很普遍。《旧唐书·舆服志》说:“或有著丈夫衣服、靴衫,而尊卑内外斯一贯矣。”《新唐书·诸帝公主传》记载,武则天之女太平公主也“衣紫袍玉带,折上巾,具纷砺,歌舞帝前”。女着男装,于开元、天宝年间最为兴盛,“ 士人之妻,著丈夫靴、衫、鞭帽,内外一体也”(《中华古今注》)。画迹和地下发掘多有这方面的实例,且汉、胡衣饰杂混一体。韦洞墓石刻侍女形象即是如此。头戴幞头、上穿折领窄袖胡服,下为小口裤,足是软锦靴。其他如张萱《虢国夫人游春图》及敦煌莫高窟壁画(图 3-21)等,对此都有反映。

图 3-21 女着男装,据敦煌莫高窟第五窟壁画摹绘

图 3-22 幂䍦,引自《朝鲜服饰图鉴》

二、服饰、披帛

唐代妇女主要服饰当为披帛,还有配合性的巾帽,变化较多,依次为幂䍦(图 3-22)、帷帽(图 3-23)胡帽(图 3-24)。《新唐书·车服志》记:"初妇人施幂䍦以蔽身,自永徽中始用帷帽,施裙及颈。武后时帷帽益盛,中宗后乃无幂䍦矣……至露髻驰骋而帷帽亦废。"

图 3-23 帷帽,据新疆古墓陶俑摹绘

图 3-24 胡帽,据西安韦项墓石刻摹绘

(一) 幂䍦

大幅方巾,以薄透纱罗制成。用时依体而下,障蔽全身。本是西域少数民族的装束,用来遮挡风沙,与汉女"出门掩面"之俗异曲同工。遂被唐代妇女引用,作为出门之必要装备,以防"途路窥之"。至唐,贵妇(含宫女) 盛行骑马,以幂䍦蔽身,王公之家,亦同此制。

(二) 帽式

高宗(650—683)永徽年间,帷帽逐渐取代了幂䍦。帷帽,帽檐有一周网状面纱复颈,较幂䍦简便许多,故又称"席帽"。

开元年间(713—742),胡帽盛行,靓妆露面,无复障蔽。中国封建礼教对妇女的束缚,即“笑不露齿”“站不得依门”“行不得露面”,从幂篱的障蔽全身到帷帽复颈,直至脸庞全露,一览无余,反映了唐代妇女追求个人美态的心理要求。研究这种状况,可探知唐代政治、经济、外交等,对人们思想观念的影响,以及促使衣生活的巨变,是很有意义的。

(三)披帛

是披搭于妇女两肩间的轻薄罗纱帛巾,长2米(有的超过此限),因上面印有图纹,故又称“画帛”(图3-25),唐代很时行的一件饰品。披帛流行的年代,当在盛唐。《中华古今注》曰:“女人披帛,古无其制。开元中,诏令二十七世妇及宝林、御女、良人等,寻常宴参侍令,披画披帛,至今然矣。”披帛的流行反映了唐代女子装扮水平的提高,乃至生活的富足和安逸。唐以女性丰腴、肥胖为美,披帛流畅、轻柔、飘逸的线条能增强体态之美,助其身体轻盈婀娜。以长大的披帛为饰,表明唐人已注重通过服饰线条来美化人体。

图3-25 披帛,据《纨扇仕女图》摹绘

臂饰,也是唐代流行的饰品,即用镯子装饰手臂。

三、首饰

主要阐述首部的发型及其面部妆饰。

(一)发髻

唐代是发髻发展的鼎盛时期。《妆台记》《髻鬟品》《炙毂子》《新唐书》《中华古今注》等书籍所提到的发髻名称,就多达十几种,还不包括唐人诗文作品。主要有倭堕髻、高髻、低髻、风髻、螺髻、抛家髻等(图3-26)。

倭堕髻源自汉代堕马髻。总发头顶,于中挽髻,偏向一侧,用簪固定。高髻、低髻,说的是发髻的高低,用以弥补身材不足。《捣练图》中的妇女就梳高髻。由于高髻的流行,导致假发的出现,时称“义髻”。乐史《杨太真外传》记有杨贵妃梳“义髻”之事:“贵妃……常以假髻为首饰,而好黄袍。天宝末,京师童谣曰:‘义髻抛河里,黄袍逐水流。’”可见,杨玉环处马嵬坡时,所戴应确是假髻。如假髻再涂上黑漆,就叫“漆髻”。盛唐时,妇女还喜欢用木梳装饰发髻,考究的梳用金、银、犀、玉等材料制成,插在发上,梳背呈半月形,真是“斜插犀梳云半吐”“满头行小梳”(元稹,《恨妆成》)。此装饰直至中晚唐还在流行,所用数量逐渐减少,梳的

图3-26 各种发髻,引自《中国古代服饰简史》

尺寸相应加大,至北宋梳形竟大及1尺。

(二)画眉

唐代妇女喜画眉。经历了阔、浓(“轻鬓丛梳阔扫眉”《说海·霏雪录》;“狼藉画眉阔”,杜甫,《北征》);浓、长(“髻鬟狼藉黛眉长”,韦相庄,《江城子》);细、淡(“淡扫蛾眉朝玉尊”,《虢国夫人集灵台》)。中唐以后则尚细长:“青黛点眉眉细长,天宝末年时世妆”(《上阳白发人》)。白居易的《时世妆》更做了较大的补充,从面饰的脂粉、画眉、画钿、斜红、点唇、发髻等,都做了仔细的描绘。

(三)花钿

一种额间的特色妆饰(图3-27)。诗人王建《题花子赠滑州陈判官》描写得极为细致:“腻如云母轻如粉,艳胜香黄薄胜蝉。占绿斜蒿新叶嫩,添红石竹晚花鲜。鸳鸯双翼人初贴,蛱蝶重飞样未传。”其实,简单的花钿只是一个小圆点。复杂的如金箔片、螺钿壳、云母片等材料剪成花朵形的,还有各式画出的图案花钿贴于额间的。以“寿阳妆”“梅花妆”最为常见。

唐代作为中国封建社会的鼎盛时期,是当时世界上少有的强大帝国。其在政治、经济、军事、外交、文化等方面所取得的成就,令世人瞩目。作为衣生活的服装更让人们在千百年后,还能清晰地感受到的它的辉煌(图3-28~图3-30),其衣衫至今还成为时尚之话题,并复活为今人服务,这是今人的骄傲,值得研究,推陈出新。

图3-27 花钿,据新疆吐鲁番文物摹绘

图3-28 图案丽美

图 3-29　款式华美，据《虢国夫人游春图》摹绘

图 3-30　冠饰精美，图 3-17 局部

思考与练习

一、隋朝服制的承前启后表现在哪些地方？

二、唐代服装的辉煌是如何成就的？

三、分析唐代女装的精彩之处。

四、唐代服装给我们今人有何启示？

第四章 宋辽金元服饰

五代十国，封建军阀割据，战乱不已，政权更迭频繁。至后周，公元960年，赵匡胤陈桥兵变，"黄袍加身"，建都汴梁（今开封），称国号宋。"黄袍"成为帝王之尊地位的物质象征正式确立。

辽、金是东北、西北等地区，继五代十国之后与宋并存的少数民族政权。民族间的交往使服饰互为促进，他们的服饰同样是中华服饰的组成部分。元代特色是服饰中加金技术的运用，产生了"纳石失"这一著名品种，为华夏服装文化增添异彩。

第一节 宋代服饰

一、宋代社会风尚

宋代边境不宁、理学成统、城市扩大、人口增加，服装需求增长，纺织业发展很快。宋代的丝织设备技术，如丝织提花机，已成为当时最先进的织机。

（一）程朱理学对宋服发展的影响

宋代，边患不断，积贫积弱，财力匮乏。程朱理学束缚思想，服饰趋于简朴、拘谨。男子服饰可为代表。宋王朝一再主张衣着"务从简朴""不得奢僭"。南宋高宗曾这样训诫："金翠为人服饰，不惟靡货害物，而侈靡之习，实关风化"。并下令，收缴宫中妇女的金银首饰，置于闹市地段，当众焚毁，以切实严禁社会着装靡费之习。

宋思想界以继承孔孟之道，强调封建的伦理纲常为主，时称理学，以二程（程颢、程颐）、朱熹为代表。他们认为天地之大，惟有一"理"，人们的思想行为、穿着打扮都必须以"理"为中心，即符合"理"的规范，主张"存天理，灭人欲""言理而不言情"作为道德修养的最高准则。人们的审美观念即依此为转移，服装崇尚简朴，屏弃豪奢，尤其认为妇女应俭朴，"惟务洁净，不可异从"（袁采，《世范》），即使宫嫔，也须尊从。"女子学恭俭超千古，风化宫嫔只淡妆"（《宫词》）。朱熹本人则身体力行，言行纳入"尊卑上下"这个"天理"的轨道，衣着以紧为上，即"颈紧、腰紧、脚紧"，引导人们的着装倾向。因而简朴、拘谨、质朴、淡雅，就成了宋代服饰审美的总的倾向。

不过，服饰禁令，难以贯彻到底。而纺织业的发展，也为服饰的华丽提供了基础。宋代服饰一方面是简朴俭约，另一方面又是艳丽多彩的。所以，对宋代服饰的评价不能一概而论，还应注意到它的多层次性。

（二）纺织业的鼎盛

北宋和南宋棉花种植和桑蚕业遍及各地，织机相对集中。当时，棉织品已达100多种。丝织生产也有较大的发展，纱、罗、绢、绮、绫、绉等出现了许多名品。如定州织刻丝，作花鸟禽兽状；单州出的一种薄缣，望之若雾；亳州所出轻纱更是有名，陆游《老学庵笔记》对之有如下的描绘："亳州出轻纱，举之若无，裁以为衣，真若烟霞。一州唯两家能织，相与世世的婚姻，惧他人家其法也。云自唐以来名家，今三百年矣。"且管理机构超过唐代，有文思院、绫绵院、裁造长、内染院、文绣院等，宋代的织锦名品也达100多种，大多以产地命名。锦绣丝织业进入全盛期，锦的品种多达100余种，形成区域特色，苏州宋锦、南京云锦、四川蜀锦等，最为著名。各地织锦，花色繁多艳丽，鸟兽花纹精美（图4-1）。刺绣中的名品——缂丝，色谱齐备，取得了新成就。

城市规模的扩大，促进商业的繁荣，服装业开始成行成市。汴京有衣行、帽行、穿珠行、接绦行、领抹行、钗朵行、纽扣行及修冠子、染梳行、洗衣行等几十种之多。临安（今杭州）有丝锦市、生帛市、枕冠市、故衣市、衣绢市、洗衣行等400余行，还有那彩帛铺、绒线铺等店铺。真是"人山人海""衣山衣海"（《西湖老人繁胜录》）。

宋代的剪刀、熨斗和制针等缝纫工具也都形成行业。宋代缝针的发展水平达到空前。上海博物馆收藏一块白兔商标的铜牌，即济南刘家铺制造的很精致的细针，"认门前白兔儿为记"（图4-2），既是招揽用户的招牌，更是推广质量的保证。汴京、临安均有制针作坊，产品远销南洋各地，成为宋代对外贸易中的主要商品。

图 4-1 宋锦，据新疆阿拉尔出土实物摹绘

图 4-2 白兔针商标铜牌，现藏上海博物馆

（三）民族交往促进服装发展

宋代先后与契丹族、女真族长期对垒争战，但边地贸易、交往等却从未间断，一直互通有无，以致民族间服装互相影响。如契丹的圆领长袖套头装在北宋年间，士庶男女仿效甚众。这种服装的造型很适合宋代女子的审美心态——追求瘦、窄、长。因而成为女性的常服。宋代帝王虽颇多干预，屡屡诏禁，可就是难以禁绝——契丹装已成风气。

女真族也把汉式服装，如袍服和长裙引为己用。济南市区金墓所出土的桌椅上的绘画和砖雕上的人物形象，男子长袍，女子长裙，这是女真族服装汉化的历史见证。

二、男子服饰

宋立国后，进行过三次规模较大的服制修订。分别为太祖建隆二年(961)、仁宗景祐、康定年间(1034—1040)、徽宗大观、政和年间(1110—1111)，形成一套完整的宋代冠冕服制。且设定制作程序，官服须事先画出样稿，交司礼局监制。

（一）官服

宋代男子官服以袍、衫为主，有朝服和公服两种。圆领，下施横襕、腰束革带，分宽袖广身和窄袖紧身两式，以质料、颜色、饰物等辨别官职高低等差。

朝服：宋从火德，朝服朱衣朱裳，按品级穿戴。图 4-3 为帝王朝服，图 4-4 为官员朝服。朝服衣领上饰“方心曲领”，佩一个上圆下方、形似缨络锁片的饰物(见图 4-3、图 4-4)，作压贴内衣之用。此饰至明代还在使用。

公服：又名从省服、常服。受唐代影响，以服色区分品级。衣式盘领大袖，颈两侧饰护领，腰束金带，饰佩鱼，有时袍下加襕，头戴方顶展角幞头(图 4-5)。

图4-3 宋代皇帝朝服，据南薰殿旧藏《历代帝王像》摹绘

图4-4 宋官员朝服，据宋人《郤（音 què）坐图》摹绘

首服：有幞头、重戴、幅巾等。幞头又称"漆纱幞头"，以藤织草巾子为里，纱为表涂以漆，后因质硬去藤里。宋代之"幞"与唐代明显不同，它已脱离了巾帕的形式，而演变为一种帽，有曲脚、直脚、交脚、顺风、朝天等式。官宦所戴一般以直脚为多。仆从、差役等以交脚、曲脚为之。其长度起初不过尺余，后逐渐加长（图4-6）。据说，直脚意在防范官员上朝议事交头接耳，提高注意力。

图4-5 宋公服，引自《中国古代人物服饰与画法》

图4-6 展角幞头，据南薰殿旧藏《历代帝王像》摹绘

重戴：幞头之外再加戴大帽或罗帽，称为“重戴”。其帽檐下垂，内衬紫色里子，颔下系带固定。御史台官员必须重戴，否则，外出省职，便要罚薪一月。其他五品以上官员也要重戴。

幅巾：宋代儒生文士以恢复古之幅巾为儒雅。社会名流、饱学才士的幅巾就成风气之源，诸如东坡巾、山谷巾、逍遥巾等，体现了当时的社会风尚。还有以质地定名的，如软巾、葛巾等。

佩鱼：区别官职的又一标识。上写姓名、官职、品级、佩于腰际的鱼形饰物。宋代佩鱼不同于唐代。宋代只用其形，而弃其内里之鱼，成为一种纯粹的装饰物，是一种荣誉凭证。《宋史·舆服志五》说：“鱼袋，其制自唐始……宋因之。其制以金银饰为鱼形，公服则系于带而垂于后，以明贵贱，非复如唐之符契也。”只有穿紫、绯色官(公)服的人，才能佩挂以金、银为质的鱼袋。其他人若因公务需要(如出使)而佩挂此饰时，须先借服紫、绯色之装，称作“借紫”“借绯”。如同时能得到金佩鱼和金腰带这一殊荣，则称之谓“重金”。苏东坡《谢学士表》中的“宝带重金”，说的就是这件事。

（二）士子服装

褴衫：士人服装以褴衫为主。其形式是在衫的下摆加接一横襕，即“品官绿袍，举子白襕”。举子指一般读书人，即“士”，所穿均为白色布衫，“头乌身上白”。这讥讽缘自民间对米蛀虫的称呼，可见士这个阶层处当时社会的窘态。特别是遭外族的不断侵扰，宋胜反而纳贡，这极大地刺伤了宋朝的士大夫，他们愤愤不平，无处诉说，只能凭高空抒壮怀，导致他们心理结构的内向化，服装则是简朴、雅净，不事装饰。加上禅学的讲究内心省察和修炼的学说，亦阻碍了士人服装朝艳丽方向的发展。

宋代士大夫的服装实物，南宋金坛周瑀墓出土至多。对襟衫、圆领衫、丝锦袄、合裆裤、开裆裤、抹胸、蔽膝、裤袜、绮履、幞头等10多种类型，以对襟衫最多(图4-7)。其中一件素纱圆领单衫衣襟左右对称，领边钉有纽扣。这是迄今发现最早的有纽扣的服装形象。据此可知，《宋史·舆服志》中的“纽约”实系由此而言。

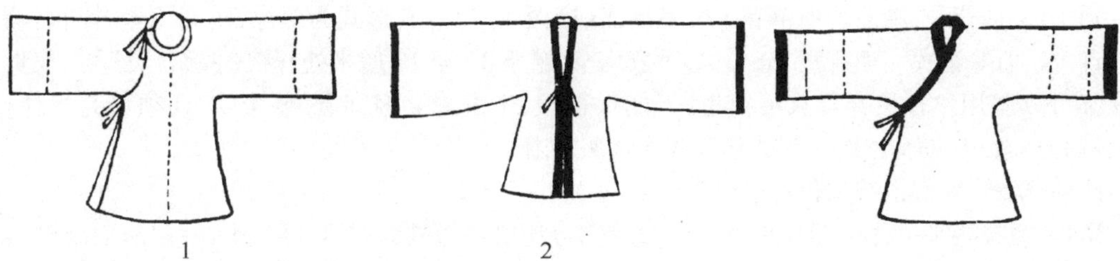

图4-7 对襟衫，据金坛周瑀墓出土实物摹绘

（三）百姓服装

宋代服制，把庶民百姓也规范在内。只能穿布衫、短裤、麻(草)鞋，而绝不能像富人那样“满头珠翠，遍体绫罗”。《梦粱录》记载：“士农工商、诸行百户衣巾装著，皆有等差。香铺人顶帽披背子，质库掌事裹巾著皂衫、角带。街市买卖人，各有服色头巾，各可辨认是何目人。”具体穿着形式，观张择端的《清明上河图》可互为印证(图4-8)。图中仕、农、商、卜、僧、道、胥吏、篙师、缆夫、车夫、船工等人物，穿戴不一，各人各样。仅首服就有不同的装饰法：科头的、梳髻的、戴幞

的、裹巾的、顶席帽的等等。服装的长短也分别代表不同的身份：地位高的穿戴整齐，袍长掩足；地位低的劳动者大多衣襟敞开、下摆开衩、挽袖、系腰带、裹绑腿等。

图 4-8 宋庶民服饰，据《清明上河图》摹绘

三、女子服饰

宋代命妇服饰，多依西周礼仪，后妃命妇袆（音 huī）衣、褕翟、鞠衣、朱衣等，辅以凤冠、霞帔等组合。褙子是宋代服装的新推之衣式，命妇礼服的重要服饰。其他妇女服装为襦袄、裙等等，颜色亦较为丰富。

（一）服装形式

命妇服装与男服相比，显得稍艳一些。除上述礼服外，常服由真红大袖衣、红罗长裙、红霞帔、红褙子等。服装形美质贵，时戴龙凤翚翟（音 huī dí，一种五彩羽毛长尾野鸡）冠，发髻高大，上饰多种簪钗珠玉，身穿锦绣衣，肥阔长裙曳地。总的倾向以“窄、瘦、长、奇”四字可概括。这从褙子、襦袄、衫、及裙、裤等服装上得以反映。

褙子：又称背子，融前代中单和半臂发展而成（图 4-9）。其形式为对襟，中间不施衿纽。领型有直、盘、曲等诸式。袖有宽、窄二式，居家用窄，腋下 11 至 13 厘米处开衩（古称“契”）。权贵士庶都可以服用。官员穿着只可衬里，不能作正服，士大夫会客穿着，要带帽，还须讲究得体。宋《舆服志》规定，妇女作次一等的礼服或作常服穿着。

此外，半臂、背心也是宋代女子所常穿的。

襦袄：襦与袄是一种相近似的短衣。《急就篇》注曰：“短衣为襦，自膝以上，一曰短而施腰者襦。”襦有两式，单者近衫，复者为袄。袄为夹衣，或内里填有棉絮的，也称“旋袄”，对襟，侧缝下摆开衩。襦袄均为上衣，服式较短，色调清淡，以质朴、清秀为雅（图 4-10）。

贵妇襦袄尚红、紫色，以锦、罗或加刺绣制成。“紫襦叶叶绣重重，金雀银凤各一丛，汗湿时装行渐困，横塘水影同春送”（庞元英，《老妇吟》）。

衫：短袖单衣。贵妇之衫质地轻薄，大多用罗、纱、绫、缣等轻软面料制成，色泽浅淡，多在夏季服用。宋人诗文中时有“轻衫罩体秀罗碧”“轻衫不碍琼肤白”的描写。

裙：宋代女裙颜色较鲜艳，唐代盛行的石榴裙颇为引人注目。流行“八幅大裙”，最多达 34 幅（图 4-11）。裙上饰褶裥，又称“百裥裙”。宋女以短襦、多裥长裙为美。福州黄昇墓出土服装实物200多件,有百裥裙形象,其形如扇,上窄下宽,通长78公分,腰宽69公分,以透明的细罗为质,上缀密裥,饰以金色团花(图4-12)。

图4-9 褙子,据仇英《萧照中兴图》摹绘

图4-10 襦袄,据南宋陶俑摹绘

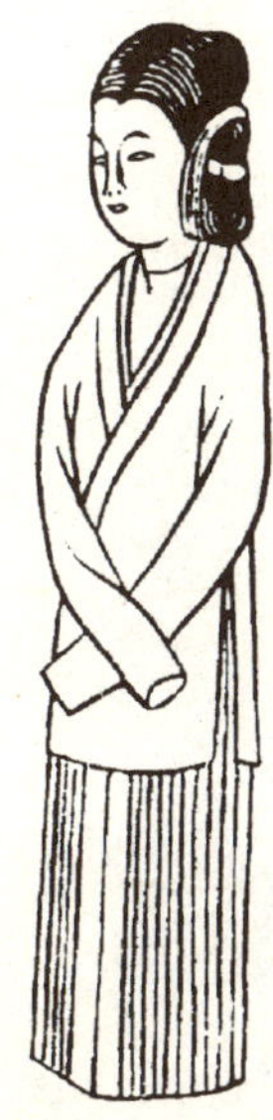

图4-11 多幅大裙,据宋盐店疆氏出土明器摹绘

图4-12 百裥裙,福州黄昇墓出土服装实物

(二)首服

头饰:宋代女子冠式名目繁多,有白角冠、珠冠、团冠、高冠、花冠(图4-13)等等。宋以高髻为时尚,有"门前一尺春风髻"之说,即发髻高逾1尺,山西太原晋祠彩塑宫女的发髻就是此式。当然梳成此式,还须借助假发,这就出现了专门出售"假髻"的店铺。宋代最有特色的头饰是北宋年间流行的高冠式"冠梳"。它以漆纱、金银、珠玉等做成,两鬓垂肩,以白角木梳插在左右(图4-14),故人在进轿时只能侧身而入。这种冠式,考敦煌壁画可知其具体形象。

簪花:宋代男女人人爱花,头上喜簪花。皇帝外出,随从侍卫人人簪花。南宋妇女还从"一年景"(桃、梅、荷、菊)绣衣上,引发出"一年景"花冠,装扮盛极。民间相亲花钗插入女方花冠,表示亲事有望,若留下匹缎则预示相亲作罢。据说,成亲之日,洞房花烛,还要把花冠与合卺(音jǐn)酒杯放在床下,以取吉祥之意。

图4-13 花冠，南薰殿旧藏《历代帝王图》局部

图4-14 饰"冠梳"妇女，宋人《娘子张氏图》

第二节 辽金服饰

辽为耶律阿保机建立的契丹族政权，地处我国东北，有200余年历史，后为金所灭。阿保机称帝时，服制尚未完备，惟用甲胄。阿保机推崇汉人，特别尊崇汉高祖刘邦，并将契丹姓"耶律"改作"刘"。后得燕云十六州，大量汉民涌入及手工业技术的传播，加速了契丹族的汉化。

一、辽代服饰

朝廷管理设北官与南官分治。"北班国制（辽制）；南班汉制，各以其便。"服装也分为两制，辽主与南官汉制（后晋之遗制），妃后与北官则为契丹服。圣宗以后，又规定北官三品以上，凡大礼皆用汉服，至兴宗，则全体官员均汉服。

（一）辽制服制

辽以祭山为大礼，相传辽始祖就诞生于木叶山，所以，其祭服最为讲究。大祀时，皇帝金文金冠，白绫袍，红带悬鱼，貉皮乌靴。小祀时，戴硬帽，着红龟纹袍。皇后戴红帕，着红袍，佩黑玉，穿貉皮乌靴。余者臣僚、命妇服饰无品级差别，各依本部旗帜之色。其他如朝服、公服、常服等，各有定制。

（二）汉制服装

辽代汉服采用后晋遗制，也有祭服、朝服、公服和常服之分。汉传统礼仪明显，祭服玄衣纁裳、章纹12、衣襟及领饰升龙纹样等；朝服，皇帝通天冠、白缎带方心曲领；其他如进贤冠（以梁数区分等级），帝后服饰，仅定小祀之制：头戴红帕，着红袍，腰饰玉佩，脚着乌皮靴。

这些都是汉仪显示：借鉴汉唐以来汉民族的服装制度，建立辽式服制。

（三）普通服装

辽代普通服装男女同制，垂膝长袍，圆领左衽、窄袖（图4-15）。腰间饰皮围，其外束带，利于佩挂弓、箭等物品，减少对袍的磨损。袍色较暗，常见为灰绿、灰蓝、赭黄、墨绿等。男女下裳为套裤，于腰际系结固定，裤脚塞于靴筒内。辽女也有穿裙的，裙摆曳地，前面用红黄丝带系成双垂，几可与裙长齐，明显透露出汉文化的影响。出土实物上留有印记。图4-16为辽宁昭乌达地区辽墓壁画女子所穿团衫，其领口之低与腹前垂饰，颇具唐宋余韵。辽宁法库叶茂台辽朝北宰相萧义墓出土的棉袍，领、肩、腰、腹处分别绣有龙、簪花骑凤羽人及桃花、蓼花、水鸟、蝴蝶等平绣纹样。该墓甬道东壁所绘武士图，画面上有击鼓者两人和武士一人（已残损），击鼓者均穿束腰长袍，其中一人髡发，而武士身穿铠甲，系丝绦，足登毡靴，靴面所绣图案就是汉式的云纹，鼓壁纹样更是汉民族常见的牡丹图案（图4-17）。

图4-15　辽普通服装，据《卓歇图》摹绘

图4-16　辽女汉化团衫，据辽宁昭乌达地区辽墓壁画摹绘

二、金代服饰

金建于公元1115年，属女真族，居住在混同江（黑龙江）、长白山一带，即所谓“白山黑水”之间，服饰基本为本民族形制，以皮质为主，后承辽制，直到得宋北庭后才开始草创服制。自公元1139至1163年，用了近30年时间，历经几朝努力，才把帝、后、臣僚的服饰一一详定，终成一代服制。

（一）金代服制

公元1125年金灭辽后，所录用的辽代汉官，对太宗思想影响很大。实际上在灭辽之前，金在服装上已开始使用辽、宋之仪，金太宗继位时穿的就是赭黄袍。后来，金“兀术（宗弼）来到中国，

图 4-17 武士图,据辽宁法库叶茂台辽朝北宰相萧义墓壁画摹绘

掠得士大夫,教以立制度,定公陛”,特别是汴京破后宋徽、钦二帝等 470 多人被掳,这一方面在金传播了中原的文化,另一方面引进了汉民族先进的生产力,客观上却极大地促进了金代社会的发展和进步。

金熙宗主持朝政后,不仅崇尚汉人文教礼仪,亲祭孔子,而且还研读过不少儒家经典,如《论语》《尚书》及其他史籍,使他认识到“太平之世,应讲究文物礼仪”。天眷三年(1140 年)进入燕京后,参酌汉、唐、宋等朝的服制,制定了金朝服制:

祭服为通天冠、绛纱袍、腰束带、乌皮靴,皆为汉式传统之制,所用章纹的分布及章数均虽很别致,却使唐宋服制得以传承。至世宗继位,较为重视保持女真的纯朴风尚,但也不盲目反对、排斥汉文化。他所制定的百官公服,就颇有特色,是唐宋图案艺术在金代的超常发挥。公服以服装上所绣花型的种类和大小来区分官员的尊卑高下,并借鉴宋代束带、佩鱼等装饰,形成一套完整的公服制度。

中国封建社会区别百官职位高低,在金之前,通常以冠梁、颜色、佩饰等组合成套,形成完整的官职标志体系。可是,以花的类型和花径的长度作为又一种区别标志,在金之前的史籍中尚不见记载,但在《金史·舆服志》中却有明确的记述。这在中国古代服装史上是颇具独创的,它扩大了中国古代百官服装的识别范围,使官职识别标志更加丰富。这是金代官制对中国古代服装制度的特殊贡献,更是明代公服标志的滥觞。如男子常服由 4 部分组成,即头裹皂罗巾、身穿盘领衣、腰系吐鹘带、脚着乌皮靴(图 4-18)。

(二)服装形式

金建国之初,服装较朴素,短窄、左衽。史载:“至于衣服,尚如旧俗,土产无蚕桑,惟多织布,贵贱以布之粗细为别。又以化外不毛之地,非皮不可御寒,所以无贫富皆服之。富人春夏多以纻丝、锦衲为衫裳,亦间用细皮、布;秋冬以貂鼠、青鼠、狐貉或羔皮,或作纻丝绸绢。贫者春秋并衣衫裳,秋冬亦衣牛、马、猪、羊、猫、犬、鱼、蛇之皮,或獐鹿麋皮为衫。裤袜皆以皮。”(《大金国志》)这段文字说明了金人服装以皮类为主,不论贫富,否则不能御寒。区别地位、等级的标志是皮的质地。富者以优质上等的皮革为主,而贫者只能用劣等皮缝制服装,甚至连猫、蛇之皮也用来联缀成衣,可见贫富差别之大,同时也反映了金人社会生产的落后状况。

金代女服大多承袭辽制,着直领、左衽袍衫,时称"团衫"(图 4-19),有黑、紫、绀诸色;下穿襜裙,为黑紫色,上绣全枝花纹,腰以红黄(也有红绿)巾带系扎,垂至足下。据《大金国志》载:"妇人衣曰大袄子,大如男子道袍。裳曰锦裙,去左右各厥二尺许,以铁丝为圈,裹以绣帛,上以单裙笼之。"这段记载在介绍金国妇女服装的同时,还道出了一个有趣的事实,即用铁丝圈作衬将裙摆撑大,增强服装的立体感,而欧洲使用鲸鱼骨为裙撑,那已是文艺复兴时期的事了。

另外,许嫁女子则着绰子,与宋代之褙子近似,又略有不同,为对襟彩领,前长拂地,后长曳地 5 寸余(图 4-20)。

图 4-18 金男子常服,据山西繁峙岩上寺壁画摹绘

图 4-19 团衫,据河南焦作金墓壁画摹绘

图 4-20 绰子,据山西介休金墓砖雕摹绘

(三)服装色彩与纹样

金人的服色崇尚白色,冬装尤为明显。女真属游牧民族,冬季是狩猎的大好时机。白色服装和周围的环境浑为一体,可以起到保护自身、迷惑野兽的作用,从而提高狩猎效果。服装纹饰也是如此。金人根据不同的季节从自然界中撷取养料、创造纹饰。他们的春装纹饰以鹘、鹅等禽类和花卉为主,以显示春季的生机盎然和精神状态的轻松活泼;秋装纹样以熊、鹿等兽类和茂密的森林为主,用以表达猎人宽广的胸怀和对兽类的特殊情感。而这些纹饰也都具有麻痹猎物、保护猎者自身的作用。

三、辽金首服

(一)男子髡发

根据辽制,男子除皇帝及官吏可戴冠外,其余一律不准戴冠巾,不论寒暑只得科头露顶。如果有些富裕之人想戴巾,则必须缴纳牛和骆驼各十头、马百匹,契丹人称此为"舍利"。戴一方头

巾须缴纳数额如此巨大的税金，这在历史上怕是罕见的。

男子发式为髡发，即把顶发剃去，在额前留一排短发，或在耳边留一缕鬓发作为装饰。此为契丹习俗。辽宁昭乌达地区辽墓壁画中有此发式形象（图4-21），在《胡笳十八拍图》《卓歇图》中也有类似反映。

图4-21　髡发，据辽宁昭乌达地区辽墓壁画摹绘

（二）女子发饰

辽代女子发式较为简单，常见的有高髻、双髻、螺髻等（图4-22），额间时以一巾帕裹扎，连皇后参加小祀活动也是此饰。贵族女子出嫁前，也要髡发，至受聘后再蓄发。

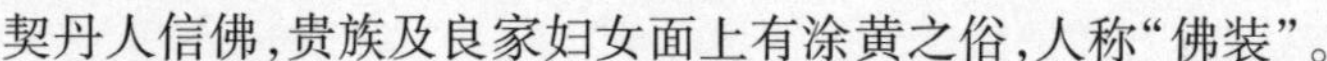

契丹人信佛，贵族及良家妇女面上有涂黄之俗，人称“佛装”。

（三）金首服

金代男子皆以辫发为尚，区别只是男垂肩（图4-23），而女则盘髻（图4-24）。《大金国志》对此载之较详：“金俗好衣白，辫发垂肩，与契丹异。垂金环，留颅后发系以色丝，富人用金球饰。妇人辫发盘髻，亦无冠。”这里，也可见汉式首服对金人的影响。女子头发梳理成辫后盘髻，上面不再加冠。而老年妇女以黑纱笼髻，上散饰玉钿，称“玉逍遥巾”，想必受宋代风俗影响所致。

图4-22　辽女发髻，据辽宁昭乌达地区辽墓壁画摹绘

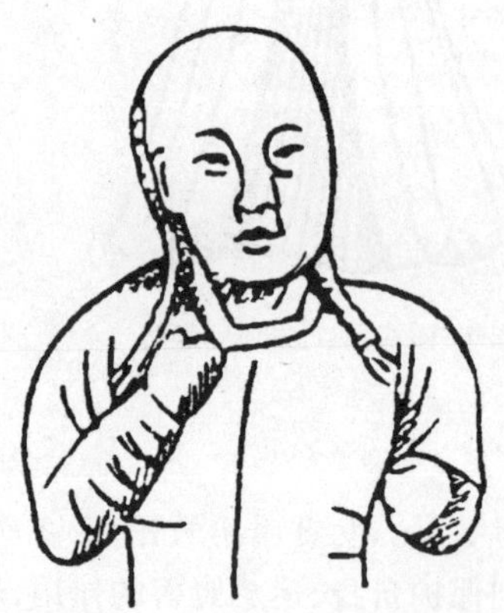

图4-23　男发垂肩，据河南焦作金墓出土男俑摹绘

图4-24　女发盘髻，据山西介休金墓砖雕摹绘

第三节　元代服饰

铁木真于公元1206年建蒙古帝国，1234年灭金，1271年元世祖忽必烈改国号为元，1272年

定都大都(今北京市),1279 年灭南宋,完成统一。元初没有确定服装制度。从世祖忽必烈起,感于服装的威仪,及其具有分辨上下尊卑的功用,乃诏定服仪。

一、元代服制

从仁宗至英宗,"参酌古今,随时损益,兼存国制,用备仪文"(《元史·舆服志》),历时近 10 年服制才臻于完善:"粲然其有章,秩然其有序"。上至帝后、下至百官均据仪服用。

(一)官服形制

皇帝祭祀冕服,衮冕用漆纱制作,前后冕旒各 12,至于 12 章纹的运用,仅用其内容,具体到某个图形,其数量大为超过周制,但 12 章纹的运用,既不多也不少。这是对汉民族古代帝王祭服的沿续。皇帝冬夏的礼服为质孙服(详后)。

品官公服,用罗制作,款式都是盘领、大袖、右衽,头戴展角漆纱幞头(图 4-25)),颜色紫、绯、绿。以花型(大小)、花径尺寸、颜色等区别等级,这是元服装制度的创新之处。

图 4-25　品官公服,引自《中国古代人物服饰与画法》

<table>
<tr><th>品级</th><th>花型</th><th>花径长度</th><th>服色</th><th>束带</th></tr>
<tr><td>一品</td><td>大独科花</td><td>5 寸</td><td rowspan="5">紫</td><td>玉带</td></tr>
<tr><td>二品</td><td>小独科花</td><td>3 寸</td><td>花犀带</td></tr>
<tr><td>三品</td><td>散搭花</td><td>2 寸</td><td>荔枝金带</td></tr>
<tr><td>四品</td><td rowspan="2">小杂花</td><td rowspan="2">1.5 寸</td><td>乌犀带</td></tr>
<tr><td>五品</td><td>乌犀带</td></tr>
<tr><td>六品</td><td rowspan="2">小杂花</td><td rowspan="2">1 寸</td><td rowspan="2">绯</td><td rowspan="2">乌犀带</td></tr>
<tr><td>七品</td></tr>
<tr><td>八品</td><td rowspan="2"></td><td rowspan="2"></td><td rowspan="2">绿</td><td rowspan="2">乌犀带</td></tr>
<tr><td>九品</td></tr>
</table>

(二)质孙服

蒙语音译,汉语的意思即为"一色衣""单色服",是蒙古早已存在的一种传统服装,建国后更趋华丽,并讲究配套穿着。服装面料是一种掺合金丝织成的金锦(又称"纳石失"),色彩艳丽,多为青、红诸色,服式与古代深衣相近,上衣下裳,衣袖紧窄,裳部较短,并有众多的褶裥,形如现在的百褶裙,腰有横襕,领多为右衽交领或方领、盘领等,肩、背、胸等处缀以大珠作为装饰(图 4-26)。

质孙服是帝王、百官的重要礼服。天子所穿的质孙服(图 4-27)有 26 种(冬服 11、夏服 15),穿着时讲究面料与色彩、装饰的协调统一,注重整体化。如冬服,穿金锦剪茸服时戴金锦暖帽;穿大红、桃红、紫、蓝、绿的宝里服,则戴七宝重顶冠;穿白粉皮服时,戴白金答子暖帽(帔后有帔者为答子,即一种帽式);穿红、黄粉皮服,则戴红金答子暖帽。其他官员服用的质孙服(图 4-28),也有 23 种之多(冬服 9 种、夏服 14),百官的质孙服也注重服色、服饰的合理搭配。

图 4-26 质孙服,据河南焦作出土陶俑摹绘

图 4-27 天子质孙服

图 4-28 品官质孙服

帝王百官外,一般的宿卫大臣乃至乐工也可服用。意大利旅行家马可·波罗在其游记中还对质孙宴有过记载。元统治者每年都要举行 10 余次盛大的朝廷宴庆,每次都必须按不同节令穿着统一颜色的质孙服,约有万人之众。元代画家柯九思在作画之余曾写诗对质孙宴上的服装进行描绘,诗中说:"千官一色真珠袄,宝带攒穿稳称腰。"这些对了解元代质孙服的穿着盛况不无参考价值。

二、服装形式

以袍为主,男女同款。种类有衬袍、士卒袍等。燕居窄袖袍,士庶圆领袍(图 4-29),唐宋制式。平民短衣、蓑衣、窄裤(图 4-30)等。

图 4-29　士庶圆领袍,据山西平定东回村元墓壁画摹绘

图 4-30　平民服饰,据赵孟頫《斗茶图》摹绘

（一）袍服

元代男女均以袍服为主，衣身较辽制为大。穿交领、长过膝之袍、腰束带、戴笠帽、披云肩，是蒙古贵族的典型装束。袍服色彩有严格规定。社会低层之娼妓、卖酒、当差等人，不许穿好颜色衣。元贞元年又具体规定："明柳芳绿、红白闪色、迎霜合、鸡冠紫、橘子红、胭脂红六种颜色不许使用，不许织造。"

女子袍服袖口紧窄（图 4-31），下裳套裤着于袍内，其上端有带于腰际系扎，裆腰皆无，惟有裤管而已。

（二）对襟衣

普通服装（图 4-32）形式简练，极大地方便和丰富了人们的衣着生活。它与传统的深衣不同，也与胡服相区别。江苏无锡元墓出土 20 多件服饰对襟衣就有 7 件，分镶阔边、无边缘两类，造型长而宽大，也有短至成襦衣式的，酷似今日所流行的短而小的上衣，只是袖管长大而已。

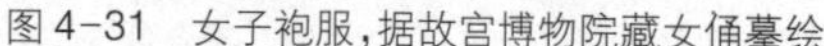

图 4-31 女子袍服，据故宫博物院藏女俑摹绘

图 4-32 对襟衣，据西安曲江池西村元墓女俑摹绘

对襟衣的产生与元代新型服装辅料有内在联系。我国古衣之着法，大多依体缠绕后以帛带于腰部系扎固定。这种帛带古代称"绅"，具有社会地位的人，才配享用。"绅士"一词由此而生。宋至元代，帛带逐渐被纽扣替代（图 4-33）。纽扣的问世影响了当时乃至近、现代服装的发展变化，使服装的造型设计和穿着审美进入一个新的领域。

图 4-33 饰纽扣服装，据太原小井峪元墓壁画摹绘

（三）服色与纹样

元代喜暗如棕褐色。据北京、山东等地出土的元代织物并参考文献资料可知，元代褐色品名繁多，有金茶褐、沉香褐、秋茶褐、葱白褐、藕丝褐、葡萄褐、枯竹褐、橡子竹褐、驼褐等 20 多种名目，上下通

用，男女皆宜。这是元统治集团禁令所造成的，促使民间对此类颜色的开发和运用，仅褐色的配色法就有20种之多（陶宗仪，《南村辍耕录》）。褐色品种的不断开发，吸引了元代上层人士的垂爱，从而使这种民间之常用色跃升为贵族的喜用色。

元代服装中纹样汉民族的影响明显。1976年，元集宁故城出土窑藏丝织品中有一件绣花夹衫，上有99只大小不同的禽鸟、水族、花卉等图案，如仙鹤、凤凰、双鲤、牡丹、兰灵、百叶、百合等。这些纹样在汉服中是常见的，女性如皇后就饰以凤纹。且龙纹特别受重视，使用范围广泛，但禁止他人使用，并以法典的形式做了明确的规定。元刑律和《舆服志》载曰：蒙古人及其他诸色人等的服装礼仪可以不受限制，但龙凤纹样决不能使用。

三、首服

元首服，男女分别是“婆焦”和“顾姑冠”，男贵族“瓦楞帽”。

（一）男子首服

元代男子发式统称“婆焦”。头顶先剃交叉两刀，呈“⊗”状，再将颅后头发全部剃去，余则依各自的意愿修剪成各种形状，自然覆于两侧及额间（图4-34）。“上至成吉思汗，下及国人，皆剃‘婆焦’，如中国小儿留三搭头”（孟珙，《蒙鞑备录》）。其他发式还有，“一答头、二答头、三答头、一字额、大开门、花钵椒、大圆额、小圆额、银锭、打辫绾角儿、三川钵浪、七川钵浪”（《大元新话》）这些形式各异的发式，虽时代久远，难考其形，但据绘画、雕塑等当时遗存至今的形象资料，还是能够弄清其部分的。“三搭头”即“婆焦”，大、小圆额就是额前圆形发型的大小，而三川、七川则如现今的波浪式发型，至于“银锭”，那是如银锭状的发型，常出现在孩子头上。这种发型，唐代侍女常梳此式。

图4-34　元男子“三搭头”“瓦楞帽”，据南薰殿旧藏《历代帝王像》摹绘

元代男子的巾幞笠帽也是有制度的。公服幞头，形制与宋代相仿。士庶则类唐巾，百姓裹巾，如果戴帽，帽上不准装饰金玉。蒙古贵族男子戴笠，也叫“瓦楞帽”（图4-34），有方、圆两式。这种帽除冬季，其余季节都很需要，能遮阳防暑，又能挡雨御寒。笠的材料、造型、装饰追求奢侈靡费，金锦和珍贵的皮毛之外，还要加上金珠宝石才算高贵。诸如宝顶凤钹笠、金凤顶笠等的纷纷问世，冠顶装饰日趋繁丽。而劳作之人所戴之笠，大都以竹、蒲草、毡子等为材料，现今我国南方农村所见笠帽，就是这种笠的沿用。

（二）女子首服

元代女子戴顾姑冠（也有译姑姑、罟罟、固姑、故故的，是蒙语对冠的称呼），形如细而高大的花瓶（图4-35）。《长春真人西游记》记载：“妇人冠以桦皮，高二尺许，往往以皂褐笼之，富者以红绡……大忌人触，出入庐帐须低回。”可见此冠之高。《元宫词》描绘的“罟罟珠冠高尺五，暖风轻袅鶡鸡翎”，这是贵族女冠的一大特色。关于顾姑冠的制作，《黑鞑事略》载曰：姑姑之制，用桦木为骨，包以红绢，金帛顶之。上用长柳枝或铁打成枝，包以青毡。上层人用翠花或五彩帛饰之，令其飞动。平民则用野鸡毛。甘肃莫高窟和榆林窟等元代壁画，也可见顾姑冠的具体形象。聂碧牕（音chuāng）诗说：“双抑垂鬟别样梳，醉来马上倩人扶。江南有眼何曾见，争卷珠帘看固

姑”,表明此冠在南方很是少见。

尽管这种冠式在中原区域受欢迎程度不高,但她却是蒙族的一大特色,同样是灿烂中华服饰的重要组成部分。不仅如此,他们更是有所创造,那就是元代对织金锦这种服装面料的发扬光大。由于赏赐和制作官服的需要,元时织金锦的需求量相当大(《元史·舆服志》),并在海外亦多有实物流传、存世。日本存有“大鸡头金襕”“花兔金襕”“团龙金襕”等珍品。西亚更珍藏着元代织有阿拉伯文字的鹦鹉金襕。可以说,元代金锦的织造及应用是其时文化水准、审美情趣、艺术理解的综合结晶(图4-36),更是用于显示国力、显示权威和华贵的物质手段。

图4-35 顾姑冠,据敦煌壁画元供养人摹绘

图4-36 元龙凤团花纳石失,据北京故宫博物院藏品摹绘

思考与练习

一、程朱理学对服装有何影响,为什么?

二、辽金汉化在服装上是如何体现的?

三、举例分析元代服装的特色。

第五章 明代服饰

1368年，朱元璋依靠农民起义的强大力量，推翻了元朝的统治，在应天府（今南京）建立了明王朝后，即着手整顿服制，以周汉唐宋为基础，独创较前代等级秩序更为严密的服饰制度。奖励垦荒、推广种桑植棉等利于经济发展的措施，促进纺织业的发展。加上对外贸易的频繁和都市经济的发展，遂使明代纺织服装呈现出空前繁荣的局面。

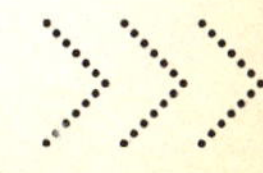

第一节 明代服制

明初,统治者为了巩固封建政权,采取奖励垦荒、推广种桑植棉等措施,并辅以律令进行规范,加之新型生产关系的萌芽,织机拥有数日益增多。《天工开物》记曰:"十室之内,必有一机。"江南某些城镇甚至出现"以机为田,以梭为米"的局面。而明王朝从中央到地方所设立的有关纺织业的管理机构,正是满足朝廷对纺织品巨大需求的有力保证。

朱元璋登基之后,在加强中央集权的同时,下诏宣布"恢复汉官之威仪",对社会风俗、穿着习惯进行整顿,凡是元蒙留下的种种习俗,如辫发、胡服、裤褶、窄袖等,一律禁止,并着手制定服装仪制。

一、整顿服制

明朝推崇周、汉、唐、宋之礼制,用了近30年的时间定出明朝服制。主要是对六冕的繁缛礼服进行简化,做出"祭天地、宗庙、服衮冕。社稷等祀,服通天冠、绛纱袍。余不用"的决定,增加补子、牙牌作为官员的识别标志,以增强明朝服装制度的特色性和细密性。

明朝是我国封建社会高度发展的时代,其统治手段的完备、严密皆为前朝历代所不及,服装制度也是其具体组成部分。以补服、佩绶、颜色、牙牌等搭配组合成系列,以区别官员品级。所谓牙牌,就是以象牙为质料,上刻官职,并配以文字,分成5个等级:公、侯、伯刻"勋"字,驸马、都尉刻"亲"字,文武分别刻"文""武"二字,教坊官刻"乐"字。牙牌作为出入宫禁的一种凭证,随身悬挂,代替了唐宋的鱼袋。这是不同于前代的品官饰物,也是朱明王朝加强统治的一种方式,显示了明统治者对服饰审美价值的独特见解和极其重视的态度。

(一) 男服仪制

帝王冕服:衮冕和十二章纹,依五德说,色尚赤。皇帝礼服为盘领袍,因袍的前胸后背、两肩及裳的正面饰以团龙纹,故又称:"黄龙袍"。上绣饰十二章纹(图5-1),并饰之内衣,这在明之前是很少见的。头戴翼善冠,腰系玉带,足着靴。衣袖宽如蝙蝠造型。常服是乌纱折角向上巾,盘领窄袖袍,束带用金、琥珀、透犀等。

图5-1 黄龙袍,南薰殿旧藏《历代帝王像》

朝服:大祀(祭天地)、庆礼、正旦 、冬至等重大场合穿着的服装,文武官员不分职位高低均戴梁冠,服赤罗裳,青缘青饰,以冠梁数目、革带、佩绶,笏板等区分等级。公、侯、伯、驸马也以冠梁数目分辨高低,公为八梁,其余人等与一品相同。

公服:百官上朝奏事、谢恩、辞见,及地方文武官员处理事务时所穿的袍服。其式右衽盘领,以纻(音 zhū)罗丝或罗绢为质。袍服宽大,仅袖宽就有3尺。袍的长度文武不同——文官袍长离地1寸,武官5寸。头戴展角幞头(乌纱帽),角长1.2尺。以所饰花纹(花型、花径)及其大小、服色、腰带等,辨其职位高下。

常服:较之公服的形制简便一些,由乌纱帽、盘领袍、腰带组成,是朝臣官吏常朝执事时所服,四季通服,日常亦可服用。以服装上的补子纹样(胸前背后)和腰带饰物区分等序。详见下表:

<table>
<tr><th rowspan="2">品级</th><th colspan="2">补子纹样</th><th rowspan="2">腰带</th></tr>
<tr><th>文官</th><th>武官</th></tr>
<tr><td>一品</td><td>仙鹤</td><td rowspan="2">狮子</td><td>玉</td></tr>
<tr><td>二品</td><td>锦鸡</td><td>花犀</td></tr>
<tr><td>三品</td><td>孔雀</td><td>虎</td><td>金钑花</td></tr>
<tr><td>四品</td><td>云雁</td><td>豹</td><td>素金</td></tr>
<tr><td>五品</td><td>白鹇</td><td>熊罴</td><td>素银钑花</td></tr>
<tr><td>六品</td><td>鹭鸶</td><td rowspan="2">彪</td><td rowspan="2">素银花</td></tr>
<tr><td>七品</td><td>鸂鶒(xī chì)</td></tr>
<tr><td>八品</td><td>黄鹂</td><td>犀牛</td><td rowspan="2">乌角</td></tr>
<tr><td>九品</td><td>鹌鹑</td><td>海马</td></tr>
<tr><td>杂职</td><td colspan="2">练鹊</td><td></td></tr>
<tr><td>法官</td><td colspan="2">獬豸(zhì)</td><td></td></tr>
</table>

公、侯、伯、驸马等人的补子纹样是麒麟、白泽(一种兽,形如狮,独角)。饰有补子纹样的袍服又称补服。

补子就是绣在袍前胸后背的一种方形纹饰,边长大约40厘米,文官禽纹(图5-2),武官兽纹(图5-3)。以玄色为底,纹样素色为主,且四周一般不用边饰。这是具有明代特点的官服,也是最富于文化意义的符号,是汉传统文化的凝聚体,民间吉祥图案上升为宫廷的表现,借以寄托帝王对任职官员的希望,以不同的禽兽来象征官阶和为官要求,把理念和标志统一于不同的符号。这是明朝品官服装管理的高度概括,也是清王朝改令易服保留补子的一大原因。补服的长度与公服相同,但袖长略有区别:文官袖长过手折回与肘齐;武官袖口长仅出拳。

(二)恩赐服

包括蟒衣、飞鱼服、麒麟服等,这类服装地位极其尊贵,只有蒙皇帝恩赐,才可服用。

蟒衣(图5-4):蟒,无毒的大蛇,过去归于龙类。蟒衣是饰以蟒纹的服装。形与龙似而少一爪,又称蟒龙服。原仅赏给来朝的外国高级使节,如永乐十五年(1417)八月,苏禄国东王巴都葛叭答剌、西王麻哈剌吒葛剌麻丁率310余人来华朝贡,明成祖在其辞行时所赏赐的大量珍品中就有金绣蟒衣一袭。英宗时尚书王骥,军功受赏穿蟒衣,阁臣也有蒙赏,以后连司礼太监也穿上了蟒衣。孝宗时,御史边镛就为此专门上书,要求依制赏赐,违者治罪,可难以实行,形同儿戏。到武宗时,更是赏蟒成灾,尽失本意。

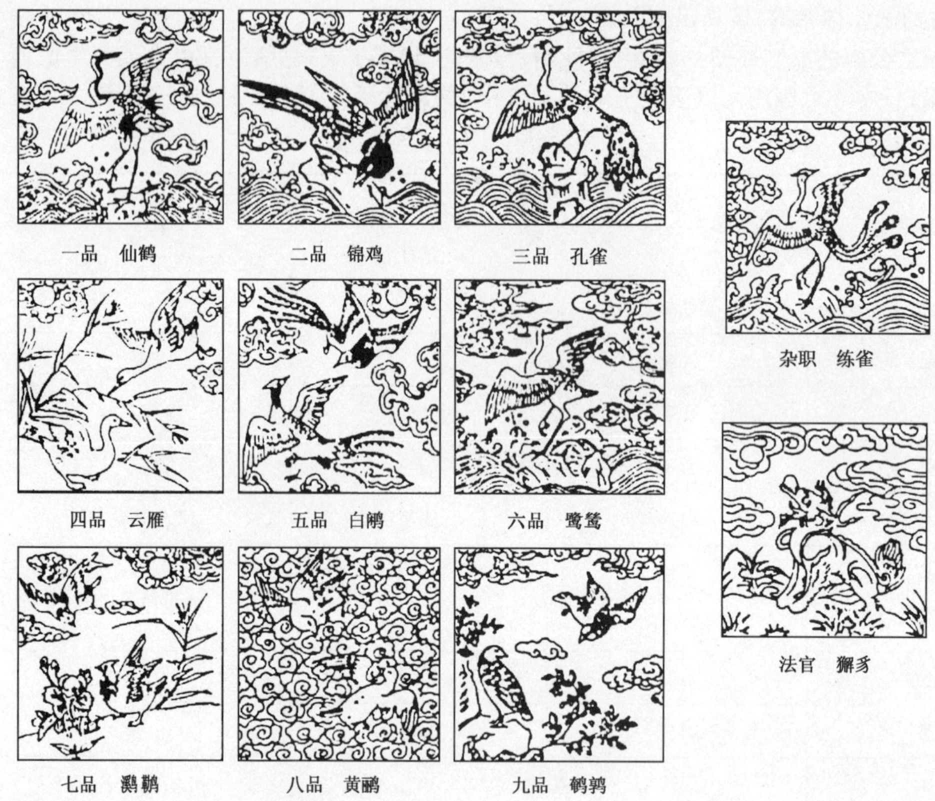

图 5-2 文官补子图案

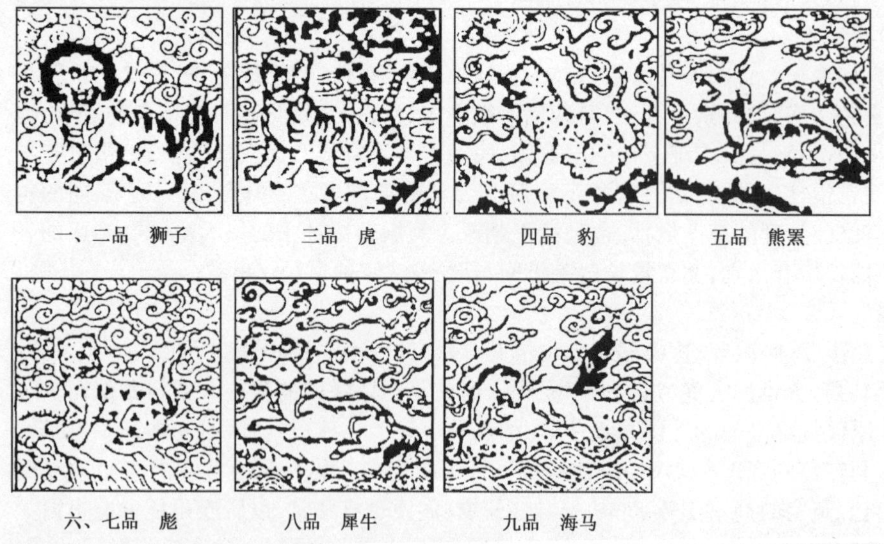

图 5-3 武官补子图案

飞鱼服(图5-5):服装饰飞鱼图案,正面和背面排列相同。飞鱼服惟皇帝心腹可穿,荣耀标志仅次于蟒衣。飞鱼图案头如龙,身似鱼,蟒形加鱼鳍、鱼尾等变化而成(图10-6)。山西省博物馆收藏有飞鱼服实物。飞鱼图案极易与蟒纹相混淆,史书就曾有明嘉靖皇帝把飞鱼服错看作蟒衣的记载(《明史·舆服志》)。自从宦官王振受宠蒙赏飞鱼服后,就不断有大臣乞赏。至武宗时,已呈泛滥之势,连普通的武弁也赏到了。

图5-4　蟒衣,据山东省博物馆藏戚继光像摹绘

图5-5　飞鱼服,据山西省博物馆藏实物摹绘

图5-6　飞鱼图案,据山西省博物馆藏实物摹绘

麒麟服:饰麒麟图案为主的服装,本只赏一品官员穿用,但正三品锦衣卫最高指挥也穿上了麒麟服。那是皇帝的恩宠所致。代宗时,锦衣卫同知(从三品)毕旺向皇帝建议,说皇帝的近侍应比一般官员享受稍为特殊的待遇,代宗准奏。于是,锦衣卫人员都穿上了麒麟服。礼仪服制统统成为一纸空文,完全凭个人的好恶为转移。

二、命妇仪制

明代女子服装及饰物较为丰富,服装大多依唐宋为体,所见多为右衽制式,有衫、袄、裙、褙子及饰物霞帔等。这里着重介绍命妇的礼服和常服。

(一)礼服

皇后头饰精美龙凤冠。该冠以金属丝网为胎,四周饰以翡翠,上饰九龙四凤,口衔珠翠,呈飞翔跃动之姿,并饰大花、小花及钿各十二,冠后左右有形似翅膀的“博鬓”作装饰(图5-7)。北京定陵曾出土三龙双凤冠,正中一龙口衔珠滴,左右各一龙,则衔珠桃排子,三博鬓。而皇妃则是凤冠,缀九翚四凤。后、妃身穿深青色袍衫,上饰龙、团凤、鸾凤、蟒等纹样。上红下绿,青色纽绊,玉带、金饰。内衬素纱中单,描金云龙。

命妇服饰一般由凤冠、霞帔、大袖衫及褙子组成,以颜色、纹样配合区别等级。凤冠也以金属丝网为胎,上缀点翠凤凰与珠宝流苏,并以“花钗”区分品级。霞帔(图5-8)则是明代命妇、贵妇礼服的专用佩饰。它虽由前朝的披帛演化而来,但它的形制、结构、装饰、服用对象都发生了较大的变更。明代披子经头颈垂于胸前,像两条彩练,左右各长5尺7寸,宽3寸2分,上面绣花和禽纹样各7个,两端缀有圆形金、银、玉等材料制成的坠子。命妇们依据各自丈夫的品级分别服用各种不同纹饰的霞帔。

图5-7 明太宗孝文皇后的龙凤冠,据南薰殿旧藏《历代帝王像》摹绘

图5-8 霞帔

现依洪武年间的规定,列表如下:

<table>
<tr><th>品级</th><th>冠服</th><th>耳坠</th><th>首饰</th><th>服色</th><th>霞帔纹饰</th></tr>
<tr><td>一品夫人</td><td>花钗9树冠、9钿、两博鬓</td><td>玉</td><td rowspan="2">金玉珠翠</td><td rowspan="5">紫</td><td rowspan="2">蹙金绣云霞翟纹</td></tr>
<tr><td>二品夫人</td><td>花钗8树冠</td><td rowspan="4">金</td></tr>
<tr><td>三品夫人</td><td>花钗7树冠</td><td rowspan="2">金珠翠</td><td rowspan="2">金绣云霞孔雀纹</td></tr>
<tr><td>四品夫人</td><td>花钗6树冠</td></tr>
<tr><td>五品夫人</td><td>花钗5树冠</td><td>金翠</td><td>绣云霞鸳纹</td></tr>
<tr><td>六品夫人</td><td>花钗4树冠</td><td rowspan="2">镀金银</td><td rowspan="4">金银镀间珠</td><td rowspan="2">绯</td><td rowspan="2">绣云霞练鹊纹</td></tr>
<tr><td>七品夫人</td><td>花钗3树冠</td></tr>
<tr><td>八品夫人</td><td rowspan="2"></td><td rowspan="2">银</td><td rowspan="2"></td><td rowspan="2">绣缠枝花纹</td></tr>
<tr><td>九品夫人</td></tr>
</table>

上表之“蹙金”，就是用捻紧的金线进行刺绣，使绣品纹路皱缩，而产生一种别样的美感。这种刺绣工艺唐代就已使用，杜甫“绣罗衣裳照暮春，蹙金孔雀银麒麟”的诗句，就是对蹙金绣工艺水平和审美观感的描写。

明代命妇还穿褙子（图5-9），它同样是命妇礼服的组成部分，服用范围较广。民间亦有将褙子用作礼服的。袖为宽、窄二式，均是宽身造型。凡合领、对襟、大袖，是贵妇的礼服；而直领、对襟、窄袖为普通妇女的着装。

大袖衫也是明代贵妇礼服的一种形式（图5-10）。该衣为对襟式，襟宽3寸，用纽扣扣合。就外观而论，其特点有二：一在袖上，其袖长达3尺2寸2分，袖襕围1尺，袖口竟宽3尺5分，确是大袖衫了；二在衫的长度上，后长5尺1寸，较前长9寸8分。

图5-9 明代褙子，唐寅《簪花仕女图》

图5-10 明代大袖衫，据山西省博物馆侍女俑摹绘

图5-11 命妇常服，据《百美图》摹绘

（二）常服

皇后冠饰较之礼服为简，戴双凤翔龙冠，龙口衔大珠，而两金凤和翠凤则口衔小珠，前后镶有牡丹花、翡翠叶36片。首饰为金玉珠宝等，服真红大袖衫，上面织绣龙凤纹，加霞帔和红褙子，下穿红罗长裙。皇妃冠饰有珠宝座，翠顶云座各一，牡丹花、翡翠叶26片。比皇后少10叶。其他人如皇太子妃冠服与皇妃相同，用犀冠、刻花凤，首饰、衫带也与皇妃相同。

命妇常服由长袄、长裙组成（图5-11）。长袄是一种用罗、缎制成的便服，衣长过膝，有盘领、交领和对襟诸式，领上以金属扣固定，袖窄，领、袖均饰缘边。服色多为紫、绿二色。下裳多穿裙，穿裤者少见。裙色起初流行浅淡，至崇祯初年，多为素色。裙子造型和制作简便，即使有装饰，也只是在裙摆边沿1至2寸的地方绣上花边，作压脚。裙幅起初多为6幅，这也是明代恢复、推崇古仪的具体表现，所谓“裙拖六幅湘江水”。到了明末，开始出现8幅甚至幅数更多的裙，腰褶趋向繁密、细巧，裙上有精致艳丽的纹样。如“月华裙”即为10幅，色泽淡雅，风动裙色如月华，故而得名。还有一种“凤尾裙”也很知名，此裙外观如凤之尾那样秀丽，那样优雅。它是将大小规整的碎绸缎（丝绦）用金线镶饰联缀而成的一种裙，每一块丝绦上都绣有花鸟等精致的

图案，工艺高超而非凡，赢得人们的普遍推崇。“百褶裙”也是明朝裙子的精品，它是将整段面料折细褶而制成，从中可推知明朝整烫技术的成就及其对后世的影响。

第二节　士庶男女服装

崇祯末年，天下混乱，皇帝曾命太子、王子穿上青布棉袄、紫花布袷（音 jiá，通“夹”）衣、白布裤、蓝布裙、白布袜、青布鞋、戴皂布巾，作百姓装束以避难，从中却可窥知当时民间服装的概貌。明代士庶百姓的服装禁令较多：不准用黄颜色，禁用锦、绮、绫、罗、纻丝等，只可穿绢和素纱，首饰禁金玉珠翠，只以银为饰。惟结婚当天，准借九品官服举行典礼，算是“开恩”。男子以袍类衣装为主，女性常用的衣着是长袄、长裙等。而吉祥纹样的系列化，也是明朝服饰文化的一大特色。

一、男子服装

士庶男子日常多以直裰、道袍、曳撒、褶子、直身、程子衣等为主要形式。

（一）僧服俗化

从僧道服装演变而来的士庶之装，有直裰、道袍等。

直裰：本为僧人、道士之服，素布制成，对襟大袖，衣缘镶有黑边。明朝直裰形式有所改变，以纱縠、绫罗、绸缎及苎麻织成制作，大襟交领，下长过膝，多为士庶男子所服。

道袍：本为释道之服，元明时士庶用之较多，以白、灰、褐色的绫罗绸缎制作，衣式为对襟、交领，两袖宽大，长过膝盖。有单、夹、绒、棉等适应季节变化。

（二）居家便服

士庶居家服装，也有多种，曳撒、褶子、直身等为代表者。

曳撒：以纱罗苎麻为质之大襟长袖袍衫。衣式前后不一，后片整齐一式，前以腰分为二，上与后片一致，下两侧饰细裥（即褶子）。明初用于官吏和内侍，职官着红色缀补，无官着青无补。明代晚期，成为士庶男子居家时的便服，外出访友也合适。

褶子：明代男子常见便服，无地位尊卑高下之分。领型有交、圆诸式，腰部以下饰细裥如女裙，两袖宽大，衣长过膝，穿着甚众。权相严嵩被抄家时，金银细软中，各色褶子竟达 16 件（油绿绢褶子 3 件、绿褶子 3 件、玉色罗褶子 2 件、蓝纱褶子 4 件、蓝细褶子 4 件）之多（明无名氏，《天水冰山录》），褶子几成时尚之装了。

直身：一种大襟宽袖过膝长衣，纱罗苎丝制作，腰部以下饰状如女裙的细裥，类古深衣之遗式。闲居、礼见等场合的好衣装。

（三）程子衣

因宋儒程颐常着此服而得名。明初作燕居之服，纱罗苎丝为质，大襟宽袖，衣长过膝，腰间饰横线中分为二，意在说明上衣下裳之制。

其他如衙门杂役皂隶的衣着为青布长衣，下截有密褶，腰束红布织带，头戴漆布冠。这自然要比一般百姓好多了，恐怕也是出于官府门面的需要吧。而富裕之民的穿着，为了与奴仆皂役人等相区别,允许在领上以白绫布绢相衬,这也可以说是高于下层之民的一种小小的标志。

举人等知识阶层,一般穿斜领大襟宽袖衫,呈宽边直身形(5-12)。这种服装的变化大多体现在袖身的长短大小上。对此,《阅世篇》有较详细的记载:"公私之服……长垂及履,袖小不过尺许。其后,衣渐短而袖渐大,短才过膝,裙拖袍外,袖至三尺,拱手而袖底及靴,揖则堆于靴上,表里皆然。"

图5-12 士人宽袖衫,据《曾鲸肖像画》摹绘

二、女子服装

明代,长袄、长裙非贵妇专有,也是一般女性常用的衣着对象。早在洪武五年就规定:"凡婢使,高顶髻,绢布狭领长袄、长裙。小婢使,双髻,长袖短衣、长裙"(《明史·舆服志(三)》)。不仅面料美不胜收,就是色彩搭配和图案选择,也是十分讲究的。还有新作的问世,更为这个王朝的平民女装增添了风采,从而反映了明代社会审美能力的提高。

(一)比甲

最早产生于元代,《元史》载:"……前有裳无衽,后长倍于前,亦无领袖,缀以两襻,名曰比甲。"这就是说,比甲是一种无领、无袖的对襟马甲(图5-13),只是长些而已。比对形象资料,元代妇女穿着比甲似不太多,至明代才形成风气,且以青年女性居多。就造型而言,比甲的门襟往往镶有醒目的图案缘边,具有较强的装饰性;从穿着效果而论,因其无袖又穿着在外,方便而又实用。比甲集装饰美和实用美于一体,倍受女性的喜爱,即讲究服装穿着的形式美。这表明明代对于服饰美的理解,已进入了一个新的发展阶段。

图5-13 比甲,据《燕寝怡情图》摹绘

图5-14 水田衣

(二)水田衣

这是服装形式美的典型。水田衣是以各色形状不一的零料拼合而成的(图5-14),似僧人

的“百衲衣”。因其色块交错，形如分割成一块块的水田，故名。这种镶拼别致，随心所欲，成几何图形连缀，有三角形、方形、长方形、多边形等，很不规则，装饰效果极强，因此很受当时女性的欢迎，成为一种时髦的服装。当时的文学作品描绘颇多：“那船上女客在那里换衣裳，一个脱去元色外套，换了一件水田披风”（吴敬梓，《儒林外史》）。水田衣因其形式的新奇出众，最终步入上层社会，成为大家闺秀的爱物。这里，民间平民承担了一次服装演绎的主角，一种由下而上的推动，下层的穿着情趣照样能够造成流行风气。

扣身衫，是明代妇女衣饰中的时髦款。衣身狭窄、衣袖窄小，穿时紧裹其身。利用衣式的紧窄，来美化身材和体现穿着之美。

其他劳作之人（图5-15和图5-16）和富有童稚的装扮（图5-17），也很吸引人。

图5-15　网巾、笠帽农人

图5-16　裹巾、穿窄袖衫男子和衣襦裙妇女

图5-17　穿斜襟短衣、饰桃型发儿童

（三）吉祥图案

除补子外，明朝还有一种表达某种祝愿和希冀的图案——吉祥图案。这种官场和民间都有市场的现象，尤其是后者更具有广泛的民众性，以祈求生存和生活的吉祥。这种现象早在两汉时期就已开始，以文字形式用于工艺装饰，如“昌乐”“如意”“延年万寿”等。而将图案用作具有象征性寓意的，却始于两宋。如唐代取法莲花经而创绘的“太子玩莲花”图案，即图案发展为莲枝缠绕胖娃娃的图案（莲花化佛），至宋代则取“莲”与“连”的谐音，进而创“连生贵子”的吉祥图案。“连生贵子”图案所引发的新的审美含义，与莲花经已完全是两种形态了，已尽失莲花经之本意。至明代，人们“事必求吉祥”的心态已成一种思潮，理想主义色彩较浓，体现在图案装饰方面即力求样样如意、个个吉祥，“吉祥”成了一种装饰主题。种种饶有意味的吉祥图案，纷纷出现，蔚成风气。大致有以下几种类形：

把具有象征意义的动植物构成会意图案。如把耐寒的松、竹、梅合在一起组成图案，称作“岁寒三友”；梅花树梢立喜鹊，寓意“喜上眉梢”；同样还有“榴开百子”“鹤鹿同春”“龙凤呈祥”等。有注重谐音，即运用同音借假构成谐和的图案。如把芙蓉、桂花和万年青组合在一起，名为“富贵万年”；以荷、盒、玉组合，以示“和合如意”；以蜂、猴组合，以示“封侯”；以瓶插三戟，以示“平升三级”；以莲花与鱼组合，以示“连年有余”。还有用音意结合的。如以鹭鸶、芙蓉组成的图案，称“一路荣华”，以麦穗、花瓶、鹌鹑组成“岁岁平安”，牡丹、猫、蝴蝶构成“富贵耄耋”的寓意。而祥云、万字、如意、龙凤、百花、百兽等为明代常用之吉祥图案。“八仙”“八宝”“八吉祥”等图案的使用也很普遍（图 5-18）。吉祥图案的构思方式多种多样，大多数以风俗习惯、历史掌故、民间传说、男女爱情等原素为依据，以表现安居乐业、夫妻好合、多子多孙、延年益寿、官运亨通、五谷丰登等为内容。它反映了当时人对美好生活的热烈向往和执著追求，从而增添了服装的装饰性、趣味性和审美性。

图 5-18 八宝吉祥

由于明代资本主义生产关系的萌发和思想领域的活跃，这就为下层民众服装的发展提供了一个宽松的氛围，从而使人们有了一个借助服装显示自己、美化自己的空间。如水田衣、比甲皆侧重表现服装的装饰美，以形式取胜，色彩丰富、生动，穿着活泼、轻松。它反映了明代后期人们

思想意识的醒悟,即自觉地通过服装来表现自身的美。总之,明代后期的服装——款式繁盛、色彩艳丽,在中国古代服装史上形成一个新的繁荣、活跃的局面。

第三节　男女首服

明代首服,除官定外,男子常用巾和帽,而重新开发的款式,多注入某些统治意识。女子喜梳"高髻","假髻"也很普遍,"额帕"时行。下面简要介绍:

一、男子首服

明朝男子的巾,已成固定形状,用时按需选戴即可,无系带之累。江南地区有专营盔帽的店铺出售成品。据记载,整个明朝,前后出现过几十种巾帽。其中时行者为网巾、四方平定巾、六合一统帽等,多寓意性。

(一) 寓意性巾帽

网巾(图5-19):以黑丝绳、马尾或棕丝编成的网状物,用以包裹发髻。相传因明太祖推崇而兴。某天,朱元璋微行至神乐观,见道士灯下结网,忙问何物,道士答:"网巾,用以裹头,万发皆齐"(郎英,《七修类稿》)。这触动了太祖的治国之心,他由"发齐"想到了朝政管理的划一。遂颁式天下,无分贵贱皆用之,以取其象征之义。又名"一统山河""一统天和"。并规定,凡戴笼巾、纱帽者,必先戴网巾约法。因其约发完整,轻便透气,也颇受劳作之民众的欢迎。

四方平定巾(图5-20):用黑纱罗制成,可以折叠,展开四角皆方而得名。又称"方巾"。因形制简便,戴着适宜,为职官和士人之便帽。《明会要》记曰:"洪武三年,士庶戴四带巾,改四方平定巾,杂色盘领衣,不许用黄。"此巾的时兴,据说还与名儒杨维祯有关。杨维祯,号铁涯,诗作在当时很有名,称"铁涯体"。他进见太祖时就戴此巾,太祖问其巾名,杨维祯随口奏道"四方平定巾",寓江山一统。这使朱元璋大为高兴,诏命全国仿戴。

图5-19　网巾,据《天工开物》插图摹绘

图5-20　四方平定巾,据万历《御世人风》插图摹绘

图5-21　六合一统帽,据南京中华门外出土仪仗俑摹绘

六合一统帽(图5-21):以罗缎、马尾或人发制作,上部或平或圆,由6瓣或8瓣缝合,下有1寸左右宽的帽沿。亦称"小帽""圆帽"。此帽原本为役吏卒厮人等所服,因其含"六方一统、国家安定"的寓意,故明王朝颁行全国。至清代又称"瓜皮帽",成为士庶吏民都可戴之帽。

(二)乌纱帽(图5-22)

用乌纱制作的官帽。圆顶,前高后低,两旁各展一角为饰,宽1寸多,长5寸余,后垂两根飘带。戴帽前先用网巾约发,使之挺实。乌纱帽系百官处理政务时所戴,是官服的组成部分。洪武三年:"凡常朝视事,以乌纱帽、团领衫、束带为公服。"状元、进士也可戴此帽。至于奏事、谢恩等重大场合,则用漆纱幞头。明代的乌纱帽也就成为官员的代名词,直至今日也说"别丢了乌纱帽"。可见明朝创制的乌纱帽的历史影响力。

忠靖冠(图5-23):这是明世宗嘉靖皇帝仿照古玄冠样式,亲自绘图制定的冠式。从嘉靖七年至明末崇祯这一段时期,规定文武百官都须戴。这种冠以乌纱为面料,中部隆起呈方形,为3梁,梁缘用金线压边,冠后排列两山形,似两耳。以饰纹区分等级:三品以上饰纹样,四品以下用素地,边缘为蓝青色。该冠之所以取名为"忠靖冠",是要大臣居家常想尽忠之义。嘉靖皇帝对此曾做过解释,即"进思尽忠,退思补过"。在此基础上,他还命礼部制作忠靖冠服,令七品以上文官和八品以上翰林及都督以上武官都必须穿戴这种冠服。

图5-22 乌纱帽,据南京工部郎中像摹绘

图5-23 忠靖冠,南京博物馆藏品

二、女子首服

明代女子首服贵者龙凤冠,上节已作介绍。"高髻""假髻""额帕"等,也是很有特色的妇女发饰。

(一)高髻

明初依宋元样式,后变化渐多,以梳高髻为尚,远望如男子纱帽,且上缀珠翠。又如"桃心髻",将髻盘成扁圆形,顶部饰以宝石成花状。另有丫髻、云髻,为宫中供奉女和官妻喜用之发髻。更有复活汉代之"堕马髻"的,头发梳理卷起上扬,挽成大髻,垂于一侧。明代仕女画中多有描绘(图5-10)。

(二)假髻

明代妇女戴假髻普遍,分两种:一是本身头发掺以部分假发,并衬以发托增加发髻高度。这种发托叫发鼓。以铁丝织成环状,外编以发,高视髻之半,罩于髻,再而以簪绾固定。其实物于

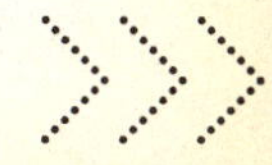

江苏无锡江溪明华复诚妻曹氏墓出土(图5-24)。另有一式完全是假发的制成品,用时直接套在头上,更无须梳理。供已婚妇女选用,居家、外出均可戴,并有专门店铺出售。形式多样,直时行至清初。

(三)额帕(图5-25)

明代妇女还喜欢用窄条巾帛缠裹额头、于脑后系结,以防止鬓发松垂散落。这就是明代盛行的首服额帕,也称头箍,不分老少尊卑皆可饰用。初时较简单,后渐趋复杂,不仅要剪裁,还加上了团花珠宝装饰,又称“珠箍”。有时为取暖还把双耳盖住,称“暖额”。其材料多以兽皮为主,时尚者多选貂、狐之皮。老年贵妇还时兴加锦帛夹衬的。更有考究的用银丝编成网络,再镶嵌珠宝作为装饰,称“攒珠勒子”“珠子箍儿”。甚至出现珠翠装饰过繁,不似布帛之轻,而是颇有几分沉重。想来富贵者欲使额间装饰奢华,花费银两不算,还须得承担足够的份量,有的竟达八九两重。

图5-24 假髻

图5-25 额帕,据故宫博物院藏品摹绘

明朝礼服之冕服制和十二章纹等,不仅是对汉唐礼仪的恢复和继承,而且还创立了补服这特有的官服纹饰,以符号性的图案作为识别官员的标志,影响直至清代,可谓贡献突出。而郑和七下西洋在传播中华文化的同时,海外的文化艺术也随着传入明朝,并在当时的文化生活中发生影响,其中对纺织品和服装的影响也是不容置疑的,这是研究明代服装史不能不注意的。

思考与练习

一、明朝在恢复汉唐礼仪方面,作了哪些调整?

二、补子的文化含义是什么?

三、举例分析明代服装服饰与前朝的不同之处。

第六章 清代服饰

明朝万历年四十四年(1616),建州女真左卫都督指挥佥事爱新觉罗·努尔哈赤(即清太祖)统一了女真各部,史称“后金”。1636 年清太宗皇太极改国号为“清”。1644 年,趁李自成农民起义军推翻明王朝立足未稳之际,清摄政王多尔衮率八旗军攻入北京城;同年,清顺治帝迁入北京。满贵族就此开始对中国长达近 270 年的统治,也铸就了中国服装史上服饰形制最为繁缛、庞杂的一个朝代,其规章制度超过之前任何一个朝代。

第一节 清代服制

作为我国封建社会的最后一个朝代,清朝服制的繁缛达到登峰造极的境地,这固然是为强化统治的需要,同时奢华的服饰也是满足和显示其优越的社会地位的象征。统治集团对服饰大量的需求,促进了清王朝染织业的空前发展。

一、清王朝染织业

清代的染织工艺较明代有更大的发展。清政府在江宁(今南京)、苏州、杭州等地设有专门的织造局进行管理,产品形成独立的地方特色,如江苏、浙江的绸缎,四川的织锦。棉织业也有较大的发展,不仅产棉地区扩大,而且棉布也成为大宗出口手工业品。

(一)官办民营

清王朝的染织业分民营和官办两类。民营产品因出于谋生的需要,多作商品出卖,具有简洁、明快、纯朴的特点,行销各地。如浙江桐乡一镇"万家烟火,民多织作绸绢为生……花绸、纺绸,名色甚多,通行天下"(康熙时期,《桐乡县志》)。清初,朝廷对民营机户管理很严,每户织机不得超过百张,还课以重税。由于实际需求量的增加,至康熙五十一年(1712)不得不废除,染织业才得以继续发展。其工艺则更为精巧细致,一般的小作坊就可染出几百种颜色。据李斗《扬州画舫录》记载,如红,就有桃红、银红、肉红、粉红、紫红等;黄又可区别出嫩黄、杏黄、姜黄、鹅黄等。至于绿、蓝等色,那就更多了。染织技术和工艺的发展,自然就为服装的繁丽打下了扎实的基础。

官营除江南地区诸织造局外,北京还有织染局,管理"缎纱染彩绣绘之事",且分工极细,有挽花工、织工、刷工、牵工等。规模很大,南京的织机达到3万架,苏、杭等地也有千家织机的大型工场。从而也带动了与纺织业相关的行业的发展,如丝行、挑花行、机店、梭店等。鸦片战争后5口通商之一的上海,已成了著名的印染地区,工艺上有印花、刷印花等方法。特别是江南地区隶属内务府的以江宁、苏州、杭州为主的三大织造基地,生产专供帝王御用、宫廷开销及官员花费的织品。工艺要求很高,追求华丽的,不求效率,不惜工本,常常是5人同织一物,一天之内仅为数寸,可见堆饰之繁琐。

(二)三大织造

江宁织造所织之锦缎专供清宫御用。丝织品名目繁多,锦缎纹饰富丽多彩,犹如空中美丽的云霞,故有"云锦"之称。而妆花是云锦织造工艺中最为复杂的品种,也是最具有江宁地方特色的代表性提花丝织品。妆花织物大量用金,配色丰富,工序繁多,注重晕色,有"织金妆花之丽,五彩闪色之华"的美誉。故宫博物院藏有大批妆花材料和用其制成的帝后袍服,有龙袍、朝服和清宫戏衣等。如"清初月白地云金龙海水妆花缎女帔"(图6-1),整个图案与色彩呈现出光

图6-1 清代戏装,引自《紫禁城帝后生活》

彩夺目、金碧辉煌的装饰效果。实在是戏衣中罕见的代表织品。

唐宋以来苏州就是丝织业发达的地区，至清代其生产规模更大。织机从明朝的173增加至800张，丝织工从明朝的667人增加到2 330人。这既充分表明清朝对发展丝织业的重视，又足以证明清王朝对丝织品的需求巨大。清政府在这里设立了总织局和织染局，织造“上用”“官用”的各色纹饰之缎匹，以宫廷赏赐品为主，并以宋式锦和仿宋锦最为著名。故宫博物院所藏名为“清乾隆蓝地福寿三多锦”，是苏州仿宋锦的稀世珍品。“三多”，即以佛手、桃、石榴纹样为主。此锦锦面金彩辉映、富丽堂皇。由于织造技艺的精湛和高超，苏州宋式锦与江宁云锦、四川蜀锦并称三大名锦，闻名海内外。

杭州自宋以来，就是丝织业的重地。杭州织户比较集中，“杭州东城，机杼之声，比户相闻”。杭、嘉、湖三府一向是“产丝最盛”之地区。其主要丝织品为绫、罗、纱、绢、绸、纻丝、锦等，尤以素色织物、暗花织物产量最大。绫、罗、纱、绸、绢及“杭纺”，由于丝质好，织成物轻盈柔软、细腻而有光泽，且纹样清晰，所以很受清廷重视。朝廷所需的袍服，其大量的面料和衬里均出自杭城。

（三）管理严格

清廷内务府作为染织业的管理机构，对织造绸缎要求甚为严格。主要体现在绸缎的长阔、质地、纹样、颜色等方面，都有明确的规定。“敕谕”中常有“务要经纬匀停，阔长合式，花样精巧，颜色鲜明”的要求，如质量不合格，就须补赔罚俸或受鞭责。这些严厉的处罚措施，客观上也刺激了清代丝织工艺水平的日益精进，促使各织造间的技术协作和交流，使三大织造基地工艺水平的空前提高，以至获得“织造府所制上供平花、平蟒诸缎，尤精巧几夺天工”的极高赞誉。

二、清代服制

清入关后，发布剃发易服令，强迫汉族男子改变发式，依照满俗，剃发蓄辫。若“仍存明制，不随本朝之制度者，杀无赦”，采取“留头不留发，留发不留头”的血腥酷政，并强令汉族军民改穿满族服饰。生死与发式相连，史上罕见。因而民族矛盾甚为激烈。后清统治者接受了明朝遗臣金之俊“十从十不从”的建议：“男从女不从，阳从阴不从，官从隶不从，老从少不从，儒从而释道不从，倡从而优伶不从，仕官从而婚姻不从，国号从而官号不从，役税从而语言文字不从。”这才缓解了汉满间的矛盾。汉族服装因此也有了生存空间，汉族文化因而亦得以传承。

随着顺治九年(1652)“钦定”之《服色肩舆永例》的颁布，庞杂、繁缛、禁例程度远超前代的清王朝服装制度，开始实行。

（一）帝王百官服制

清代作为中国最后一个封建王朝，其服制的繁缛是此前任何一个王朝都无法比拟的。

皇帝朝服：色用明黄，冬夏各二式，龙纹。胸前、背后及两肩绣正龙各一，腰帷绣行龙五，衽绣正龙一，襞积(折裥处)前后各绣团龙九，裳绣正龙二、行龙四，披领绣行龙二，袖端绣正龙各一，列十二章纹，间以五色云，下幅绣八宝平水纹样(图6-2)。朝服质地有棉、纱、夹、裘4种，随季节更换。故宫博物院收藏的朝袍款式与史籍记载基本一致，既华丽又端庄。

朝袍右衽大襟、圆领，袍身用纽扣固定，它具有历史的延续性。清王朝将历代宽大的袍袖作了符合本民族审美需要的改革。需要指出的是，“龙袍”作为一种服装的专用名称，并正式列入服制被确定下来的，正是在清王朝。《清史稿·舆服制》有明确记载。

百官服装：文武百官的服装主要有袍和褂——袍上有蟒纹的称蟒袍；褂有外褂、行褂和补褂

之分,另有马甲之制。下面分别加以介绍:

图6-2　清帝朝袍

袍:清代主要礼服,以袍衩区别尊卑。皇室贵族的袍前后左右下摆开衩,而官吏士庶只在两侧开缝。京城《竹枝词》称:"珍珠袍套属官曹,开楔(即衩)衣裳势最豪。"因其袖口装有"箭袖",也叫"箭衣"。箭袖又形似马蹄,故又名"马蹄袖"。它是清王朝改革历代宽衣大袖的成功范例。其袖口的出手处上长下短,上长可遮护手背利于保暖,下短则便于拿取东西,这种窄小的马蹄袖服装更便于跨马,驰骋疆场,寓意长备不懈。早期马蹄袖窄小,只有10厘米宽,酷似马蹄。清中期以后,袖口逐渐放大,有的竟达30厘米,马蹄早已失其形。清帝对这种不守祖训的状况,给予严厉训斥。嘉庆皇帝曾严词训诫:"我朝列圣垂训,命后嗣无改衣冠,以清语骑射为重……至大臣官员之女,则衣袖宽广踰(音yù)度,竟与汉妇衣袖相似。此风渐不可长!现在宫中衣服,悉依国初旧制,仍旗人风气。日就华靡,甚属非是,各王公大臣之家,皆当力敦旧俗,倡挽时趋,不能齐家,焉能治国!"之于臣下劝取汉装的请求,清帝决不允许。皇太极这样诫告:"宽衣大袖",无疑是"待他人割肉而后食"!严令"有效他国(指汉族)衣冠束发足者,重治其罪"。乾隆亦曾说过:"所愿奕叶子孙深维根本之计,毋为流言所惑。""衣冠必不轻言改易!"清朝统治者把服装的便于骑马征战与江山社稷相联,强调保持满族服装的特点,以永保江山万代,子孙后代就必须永不废骑射,永守满制服装。

蟒袍:官服中最为贵重的袍服当属蟒袍,因缀有蟒纹而得名(图6-3),又称花衣,是职官、命妇的专服,穿在外褂之内。上自皇帝,下至九品均可服用,以颜色及蟒纹(包括蟒爪)的多寡分辨高下;皇太子用杏黄色,皇子用金黄色,亲王、郡王蒙赏也可用金黄色;一至三品,绣五爪九蟒;四至六品,绣四爪八蟒;七至九品,绣四爪五蟒。不绣蟒纹的袍服,除颜色有些禁例外,一般人都可服用。

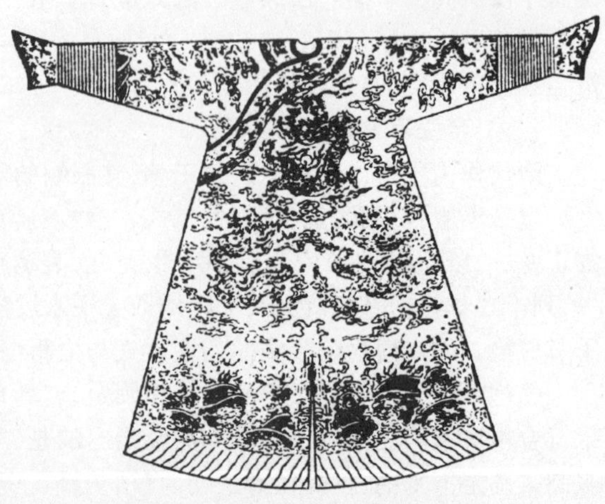
图6-3　蟒袍,引自《中国古代服饰简史》

褂:清代特有的一种礼服。穿在袍服之外,不分男女,都可服用。有外褂、行褂和补褂之分。穿着在外的称"外褂",俗称"长褂",又称"礼褂";便于行走、马上奔驰的,称"马褂"(图6-4),俗称"短褂",或叫"行褂"。其制有对襟(作礼服)、大襟(为常服)、缺襟(又称"琵琶襟",襟下截去一块,用纽扣固定,以便骑马行走,故也叫"行装")。其领多为圆领,平袖口。

清代的褂以黄马褂为贵,非皇帝赏赐不

图6-4 清代马褂

可服。所赐对象大致有三类：随侍皇帝“巡幸”的人员，称“职任褂子”；随皇帝行围打猎射中猎物受赏者，亦称“行围褂子”，俗称“赏给黄马褂”；功勋卓著的文武要员，被“赏穿黄马褂”，任何时候均可穿着，称“武功褂子”。黄马褂饰物辅件有所区别：前两种黑色纽襻，后一种为黄色纽襻。得此褂者，是清政府赐予高级将领的最高荣誉，其主要事迹须载入史册。黄马褂纽襻的颜色是区别地位的又一显示物。

补褂为职官所穿之礼褂，前后开衩，胸前背后正中各缀一方形、纹样相同的补子，故称“补褂”（图6-5）。根据官员品级绣上不同的纹样，即文禽武兽。这是清代袭用明代职官服装的主要服饰。

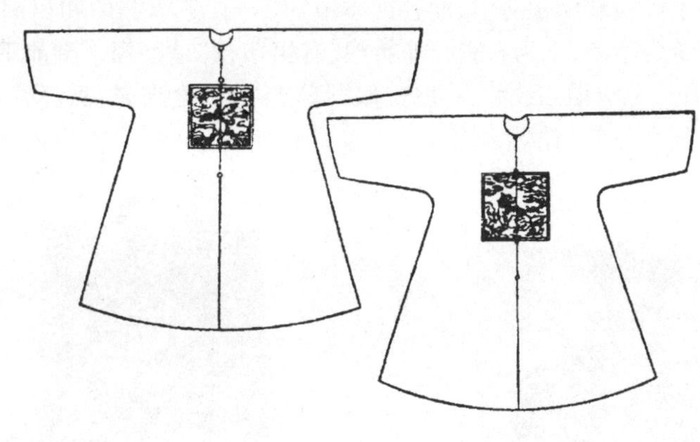

图6-5 补褂，关于培像

马甲：也有叫背心的，北方称“坎肩”（图6-6）。这种服饰本属朝廷要员服用，称“军机坎”，后流传于一般官员，成半礼服。还有种多纽扣式的叫“巴图鲁坎肩”，满语“勇士坎肩”。又称“一字襟式马甲”，因其当胸有一排纽扣，共13粒，也称“十三太保马甲”（图6-7）。其后又成为士庶男女的常用服装。有对襟、大襟、琵琶襟等，式样窄小，多穿在里面。

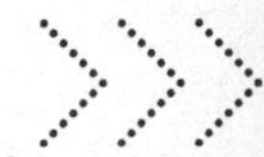

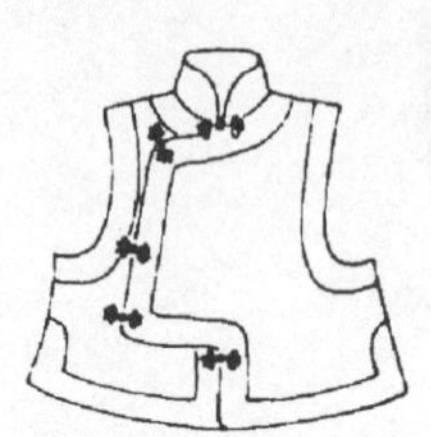
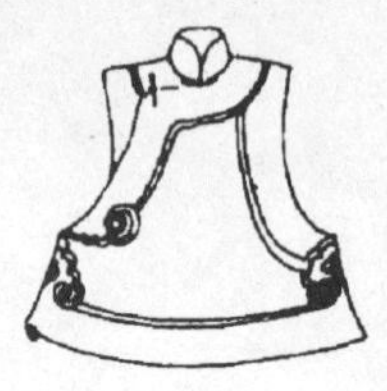
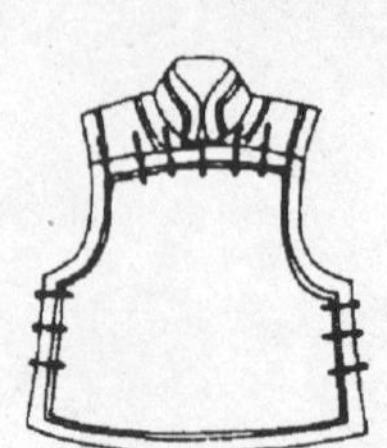

图6-6 马甲

图6-7 “巴图鲁坎肩”,满语“勇士坎肩”。因其前襟有13粒纽扣,也称“十三太保马甲”

(二)后妃贵妇服制

皇后礼服:包括太皇太后、皇太后的礼服是朝服,有冬、夏两种,由朝冠、朝褂、朝袍和朝裙等组成(图6-8)。

朝冠,冠顶有三层,每层一颗大东珠和一条金凤,帽周另有7条金凤相围,上嵌猫金石、珍珠等,其中东珠数量较多;帽后垂有用300多颗珍珠装饰的金翟。

朝褂,形似坎肩,有三种形式:一是通身打裥;二是中间打裥;三是无裥(图6-8就属此式)。前后绣两条立龙,下裾八宝平水,衣裙下绣福寿纹饰,即所谓万福万寿。

朝袍,冬有三式,夏有两式,颜色以明黄色为主,披领和袖为石青色,袖为马蹄袖。披领、袖端等处均饰龙纹。冬夏朝袍的区别主要是有无褶裥和上饰龙纹的形态。

朝裙,穿于朝褂和朝袍之中,面料因季节而不同,冬季穿的朝裙面料为织金缎,上下纹样不同,上是红织金寿字缎,下为石青行龙妆缎,有裙褶,都是整幅。胸前垂绿色彩帨(音shuǐ,佩巾,类似现今手绢),上绣稻谷纹和一宫灯,取“灯”与“登”之谐音,寓五谷丰登之意。夏季朝裙以缎纱面料为主,其余与冬朝裙相同。

图6-8 皇后朝服

图6-9 贵妇霞帔,传世实物

妃嫔礼服:贵妃、妃、嫔等人的朝冠、朝褂、朝袍和朝裙,其形式与皇后的基本相同,然所饰的珍珠数目逐级递减,不能用明黄色,朝袍只能是香色。

贵妇服饰:贵妇服饰由凤冠、霞帔等组成。霞帔沿用明代,但比明代更为宽大,中缀补子,下饰彩色流苏(图6-9)。服装皆用锦缎精绣,绣有象征性的四季花卉:冬季梅花、春季牡丹花、夏季荷花、秋季菊花。“所有宫内宫外的朝臣妻子服饰皆要绣花,若不合季式,还得领个抗旨罪名。”(清代德龄,《御香飘缈录》)

(三)首服佩饰

清代服制,除袍服的整套系列外,还须冠帽的配合,以致形成一个完整的帝王后妃的服装的识别系统。男冠主要有礼帽、便帽。

男冠礼帽:即大帽子,有暖、凉二式(图6-10、图6-11)。帽顶分别缀有红、蓝、白诸色之顶珠,是区分职官品级的重要标志(详后列表)。珠下还有一根孔雀翎毛垂于脑后,称“花翎”,有单眼、双眼、三眼之别,无眼则称“蓝翎”。眼,即翎毛尾部如眼睛一样灿烂鲜明的一团花纹,以三眼为贵。按清制,亲王、郡王、贝勒等宗室贵族不戴花翎。只有领兵及随围时才戴,但正式典礼仍不戴。乾隆朝,亲王兼办军务,故也戴三眼花翎。至同治年间,郡王、贝勒、贝子也戴上三眼花翎,公戴双眼花翎。上列五等属于臣僚最高级,所以赏戴花翎不仅是一种荣誉,而且还是一个特殊阶层的象征。清初赏戴花翎很严格,一般不轻易授予。乾隆以后,逐渐放宽,到嘉庆年间,甚至花上200两银子就可以捐到。清代后期,也有汉官佩戴花翎,李鸿章受赏戴三眼花翎,着双龙补服。其他如曾国藩、曾国荃、左宗棠等曾受赏戴双眼花翎。最后,连太监不能戴花翎的戒律也被冲破,李莲英就破例受赏戴过孔雀翎:蓝顶蓝翎,而不许用红顶。

图6-10 清暖式礼帽,传世实物

图6-11 清凉式礼帽,传世实物

后妃冠服:清代帝后妃嫔的冠饰须与服式配合服用。据《大清会典》《清史稿·舆服志》记载,凡庆贺大典,皇后冠用东珠镶顶,服用黄色、秋色(即金黄色),五爪龙缎,妆缎,凤凰,翟鸟等缎,随时酌量服御。贵妃冠顶东珠12颗,妃冠东珠11颗,礼服用凤凰翟鸟缎,五爪龙缎,八团龙缎,俱随时酌量服用,黄色、秋色不许服用。妃嫔冠用东珠10颗,礼服用翟鸟缎、五爪龙缎、四团龙缎等,黄色、秋色不许服用;固伦公主(皇帝的女儿)冠顶大簪舍林,项圈各嵌东珠8颗。图6-12是帝后朝冠,供阅读参考。

披挂制度:这是清代服制的重要组成部分。首先,是朝珠108颗,以及3串小珠组成,文五品、武四品以上及命妇佩于颈胸的专有饰品。男女佩法不同,男两串在左,女则在右。其次,革带也是男子的重要饰物,上嵌各种宝石,挂满各种饰件。依职官品级服用。现据《大清会典·顺治二年定冠服制》列表如下:

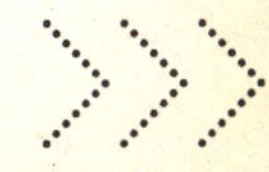

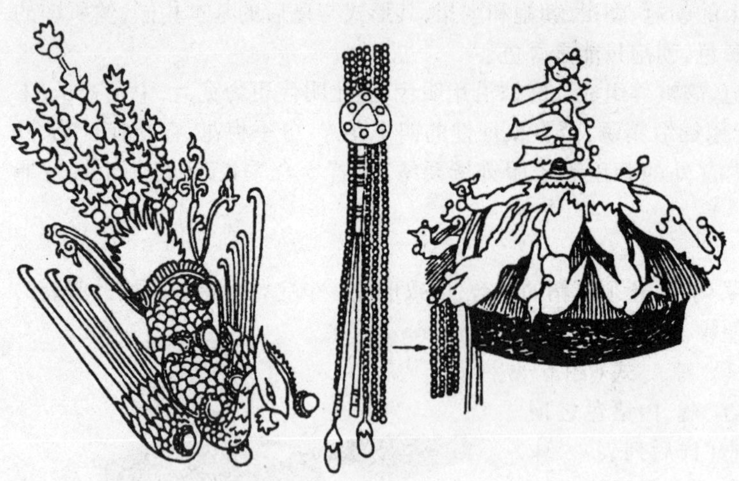

图6-12 帝后朝冠，据故宫博物院实物摹绘

品级	冠顶	顶珠	革带	带饰
一品		衔红宝石、中嵌东宝2颗	金镶方玉版4片	每片嵌红宝石一颗
二品		衔红宝石、中嵌小红宝石	起花金圆版4片	每片嵌红宝石一颗
三品		衔红宝石、中嵌小蓝宝石	起花金圆版4片	
四品		衔蓝宝石，中嵌小蓝宝石	起花金圆版4片、银镶边	
五品	起花金顶	衔水晶，中嵌小蓝宝石	素金圆版4片、银镶边	
六品		衔水晶	玳瑁圆版4片、银镶边	
七品		中嵌小蓝宝石	素银圆版4片	
八品			明羊角圆版4片，银镶边	
九品	起花银顶		乌角圆版4片、银镶边	

第二节 士庶百姓服装

一、男子服装

清代士绅便服，除袍、衫、裤外，还有小褂等，也是平时的主要服式。其制采用对襟、窄袖，长至膝盖。

（一）衫、袄

农夫力士通常不着袍褂，而以短式衫、袄为主。其形对襟、窄袖，长不过膝，分别是夏季和秋冬的装束。

（二）裤

士庶的裤装很有特色。这种裤高腰，单、夹两式，浅色面料为主。穿时先将裤腰抿紧，然后以长带系缚固定。同治、光绪年间，裤脚讲究装饰，镶以黑色缎边。北方长者，多以扁而阔的带子系扎裤脚(图 6-13),使之行动利索,也是保暖的有效措施。

套裤,一种上移至大腿的径衣(图 6-14)。它是两条不相连的裤管,套至腿部,以丝绦系扎腰间。主要见于北方,是冬、春、秋 3 季的外穿服式。

图 6-13　男子扎裤脚,据《点石斋画报》人物摹绘

图 6-14　男子套裤,据《图画日报》人物摹绘

(三) 便帽

称"小帽子",又叫"秋帽"。因其与西瓜皮形似,俗称"瓜皮帽"(图 6-15),是明代六合一统帽的沿续。这种便帽造型颇多,有圆顶、平顶、尖形顶等。帽胎有软、硬两种。其质夏秋用纱,冬春用缎,黑为主色,夹里为红。顶上有"结子",用红色丝绒编就。

图 6-15　便帽(瓜皮帽),据《北京后门大街市容》人物摹绘

二、满汉女装

清统治者曾默认的"十不从"建议之第一条就是"男从女不从",故清代平民妇女服装可不从满制,而承明朝旧制,上服衫、袄和马甲,下着裙。但作为满制旗袍,因其独特的审美价值,也成为清代流行的女装。

(一) 衫、袄

一般以圆领、右衽为主,其质各有不同。袄多用锦缎,衫则以纱、罗、绸等。在造型结构上,前后也有变化,主要体现在袖管的大小及其饰边的增加和扩大上。顺治以后袖管比明代略小,饰边局限于襟边及袖口;嘉庆年间边饰变多变宽;咸丰、同治时,京都妇女以领、袖边饰越多越时髦,俗称"十八镶";而至光绪、宣统时期,袖管竟呈短、细、小,甚至短得连衬衣也常露在外,而衣领却高至 2 寸以上。这与纽扣的应用有关:纽扣装饰衣领,使之由袒露而至封闭,衣领由平展而变为竖立,突出了纽扣和领式相辅相成的审美及实用功能。

(二) 长裙

清代汉族妇女的裙装,最富有特色。以红裙为贵,式样很多,先后流行过几十种之多。有用

整幅缎子打褶而成的“百褶裙”(图6-16),有在百褶裙上再行加工,即用丝线将褶裥交错串联成鱼鳞状,伸缩自如,称作“鱼鳞百褶裙”,有增强女性妩媚动人之美姿。流行于咸丰、同治年间。“月华裙”也很受青睐,其每褶内俱含5色,行走时裙摆摇曳,好似月光映现,故而得名。还有“弹墨裙”颇为流行,即把墨依主观意愿弹在裙上形成图样,诸如“西湖十景”“仕女人物”等都是该裙的主要内容,雅淡别致,又称“墨花裙”。还有“凤尾裙”“金泥簇蝶裙”“绣凤凰裙”“百蝶裙”等,也是很知名的。光绪晚期,裙上还出现飘带装饰,带端系金银响铃,走动时发出清脆悦耳之声,故也称“叮当裙”。

图6-16 清百褶裙,传世实物

(三)旗袍

满族妇女的服装,与男子一样,也以袍服为主要衣着形式。受居住环境的影响,惟有长袍裹身,方能抵御东北之风寒。进入中原不废旧俗,仍以袍服为尚。因满族实行八旗制度,凡入旗籍者,皆称为“旗人”,其所穿之衣即称“旗袍”。这种服装为宽腰身、掩襟右衽、圆领、左右开衩(图6-17),适合满族生活方式,诸如行走、骑马、劳作等,皆可应对,有单、夹、棉、皮之分。初期的旗袍男女通服,范围很广,包括朝袍、蟒袍等,后逐步渐变成中国妇女的专用服装。

其他如裘皮服装,清代也非常重视,由皇帝亲下昭:“自翌日起,应各服裘。”京城内外的所有官员及其夫人,从这天起,都要穿着裘皮服装,否则就是抗旨。这恐怕也是此前任何朝代都没有的。

清代妇女服装的艳丽精致,在于其镶饰制作的精巧,如花边装饰尤为显著,从三镶三滚、五镶五滚到十八镶滚。这是妇女服装的精彩之处,也是其繁缛的一种表现。如衣襟、下摆等处,或以多色珠宝镶拼成各式花朵,或将面料镶成各种图案,再叠加其他装饰物,如此多次反复,以致连衣料的本来面目也无法分辨。光绪宣统年间,镶滚之饰更下移至裤脚(图6-18)。《训俗条

图6-17 旗袍,据《飞影阁侍女时装图》摹绘

图6-18 镶滚,据《图画日报》人物摹绘

约》有苏州妇女衣裙的记述:“一衫一裙、本身绌(音 chóu)价有定,镶滚之费,不啻加倍。且衣身居十之六,镶条居十之四,一衣仅有六分绫绸。新时固觉离奇,变色则难以拆改。又有将青骨种羊作袄反穿,皮上亦加镶滚。更有排须云肩,冬夏各衣,均可加上。”真是翻新日丽,镶饰靡费!

三、首服

清代士庶首服,男子较简便,前述便帽(即瓜皮帽)之外,各种形式的草帽,则是普通百姓用来遮日蔽雨。风帽(图 6-19)、暖帽(图 6-20)、毡帽等(高低两式,分别见图 6-21、图 6-22),也是士庶平民所喜好。女子首服,因满汉之间的相互影响,清代妇女发式种类多,新发型不断涌现,丰富多彩。择要简介如下:

图 6-19　风帽　　图 6-20　暖帽　　图 6-21　毡帽　　图 6-22　低毡帽

(一) 发式

发式不仅种类多,而且还讲究装饰,喜欢用金、银、宝石制成石榴、牡丹、蝙蝠等物像,对发型进行美化(男子也有),意取吉祥,形式各异,名称奇特,如大拉翅(图 6-23),高髻造型。将长发朝后梳作两股,垂于脖后再分股向上折,固定呈扁平状(称扁方),发根呈短柱状。这是清代最为奇特的女子发式,增加满族妇女体态颀长之美。此种发式从咸丰年间一直到民国初年都很兴盛。其实,只是一种发式装置。后因梳理太繁而渐致被弃。

牡丹头、荷花头(图 6-24 和图 6-25),都是高髻,前者以花卉名称命名,好似盛放的富贵牡丹、田田的荷花,饱满光润。这种发型以假发衬托定型,髻后留有余发梳成燕尾状,增加发型的动势。可保持 3 至 4 天,睡觉多用高硬之枕。稍有散乱,用油、腊、胶等抹拭,发型便恢复如初。于康熙、乾隆年间流行。尤西堂有诗咏其流行盛况:“闻说江南高一尺,六宫争学牡丹头。”查《坚瓠集》可推知其源出苏州:“我苏(即苏州)妇女梳头有‘牡丹’‘钵盂’之名”。“钵盂头”也是因形而名。

冠子(图 6-26),状如圆罐的护发头饰,清代年龄较长的妇女喜用。以硬纸和绸缎制成,罩在发髻使发型增高,故称“高冠”。罩髻后余发应梳理为盘状如燕尾,以增发型的动姿美。具体直径约 2 寸,厚约 0.5 寸,上绣吉祥纹样,团寿纹居多。

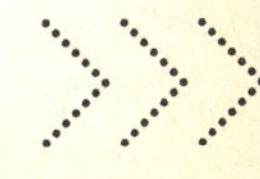

图6-23 大拉翅,据画像摹绘

图6-24 牡丹头,据《秦月楼》插图摹绘

图6-25 荷花头,据禹之鼎《女乐图卷》摹绘

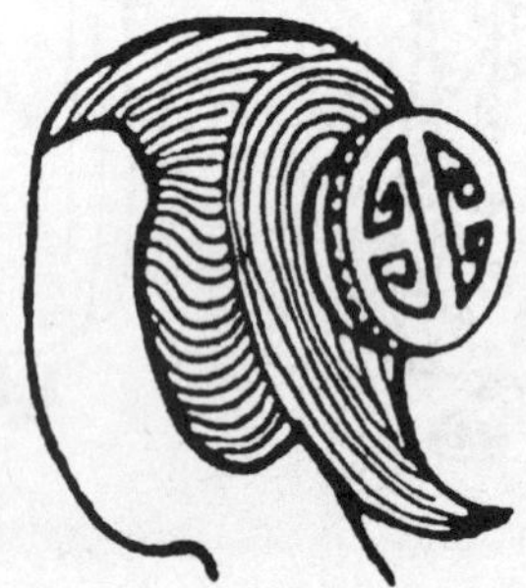

图6-26 冠子

(二) 足服

旗女盛装穿旗袍,必配上一双特殊的“高跟鞋”。这种鞋底特别,当中装有上宽下圆的木质高跟,有1.2寸或3.4寸厚不等,形似花盆,故名“花盆底”(图6-27)。又因其踏地之痕迹极象马蹄,故又称“马蹄底”。鞋面刺绣绸缎,贵妇还需镶饰各种珠宝。旗女穿“花盆底”鞋,必须挺胸直腰,才能维持体态平衡,从而使女性体态的婀娜和线条之美,得以充分显示。这与今之高跟鞋,怕有异曲同工之妙,即旨在增加身高和显示姿采之美。

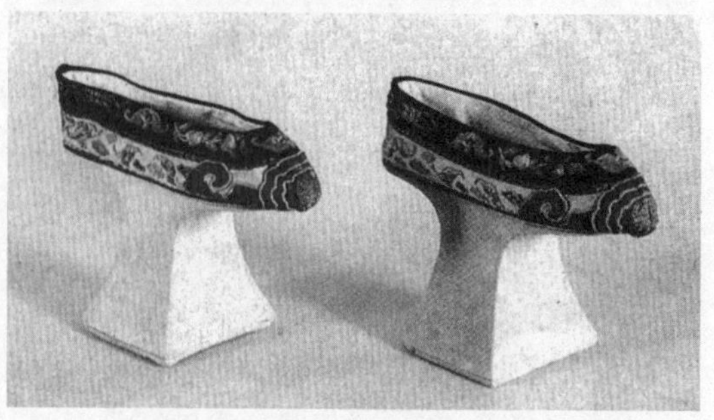

图6-27 花盆底,传世实物

汉族妇女因缠足所穿的弓鞋，至此也有明显的变化，普遍采用高底，有平跟底和高跟底两种形式。前者以多层粗布缝纳呈平面，后者以木块衬于后跟。但所衬木块有明暗之别，垫于鞋下为明，衬在鞋内则暗。

弓鞋高低之设，意在纤小双足的显示。

（三）其他装饰

云肩：清朝女子肩上饰物，使用较普遍。最早见于唐代吴道子的《送子天王图》，元代永乐宫壁画上也有此种饰物。《元史·舆服志》记载："云肩制如四垂云，青缘，黄罗五色，嵌金为之。"明清已为士庶礼服之组成。清初为女子结婚或行礼时的必要装备。图6-28是一条彩绣云肩，由19片如莲瓣的精绣品连接而成。有的顶端再用剑带形垂饰，华美富丽。尤侗《咏云肩》诗云："宫妆新剪彩云鲜，裹娜春风别样妍，衣绣蝶儿帮绰绰，鬓拖燕子尾涎涎。"光绪末年，江南妇女多低髻垂肩，为防油污衣裳，遂用云肩遮护。云肩的审美装饰外，更多是实用功能的发挥。

图6-28 云肩

佩饰：清朝男女还崇尚佩挂饰品，颈项、腰间、衣襟等处，佩挂各种饰物。如儿童颈项上的长命锁（避灾驱邪、"锁"命长久）、男女爱情信物——荷包（图6-29）。荷包前身叫"荷囊"，为存放零星细物之小袋。早年可手提肩背，也称"持囊""挈囊"，后觉不便，才挂于腰间，又称"旁囊"。因其材料为皮革，又有"鞶囊"之谓。此遗物最早当在春秋战国，至汉不衰，南北朝定制。虽"鞶囊"质为革，但并非全为皮制，也有丝织物的，名称乃旧。现名"荷包"出现于宋代，清时乃以丝织物为主，上施彩绣，亦有大量传世实物。因形状而名称不一，即在其前加"葫芦""鸡心"来区分。当时有专门生产这种挂件的作坊，以满足时人的需求。《旧都文物略》记述："荷包巷所卖官样九件，压金刺锦，花样万千。"最为时尚的还有火镰和"金八寸"小烟头。其他还有钱袋、扇袋、香囊、眼镜袋等，琳琅满目。还有耳挖、牙剔等实用性挂件，那是妇女衣襟上的饰物。

图6-29 荷包，传世实物

第三节 太平天国服装

1840年,鸦片战争使中国沦为半封建半殖民地社会,中国百姓遭受外国资本主义列强的蹂躏,和清王朝为支付列强的赔款而加紧对民众的搜刮,引发重重矛盾,纷纷揭竿而起。1851年,洪秀全领导的太平天国农民革命,规模最大、影响最广。太平天国政权采取了一系列的革命措施,服装也列入改革的范围,设置"绣锦营"和"典衣衙"两个专门机构,具体负责管理天国官兵服装的事务。这是我国历史上创立服装制度的惟一农民政权。

一、龙袍之制

太平天国政权极端鄙视清朝衣冠服饰,行军作战,对清朝官服"随地抛弃""往来践踏",并发誓一定要破除"强加给人民的奴隶标志"——辫发制度,并规定"纱帽雉翎""马蹄袖"一概不用。太平天国早在"永安分封"时就准备订立冠服制度;待攻克武昌,又做出"舆马服饰即有分别"的决定;定都天京(即今南京)后,更设立专门机构进行服装制作和管理工作,这充分表明太平天国政权对服装制度的重视。

(一)龙袍

太平天国将领的朝服有长袍和马褂两种。长袍圆领,袖口宽大平直,分黄、红两色,以职衔而定。黄袍上织龙、下织水,龙袍由此而称。天王、东王都是黄缎袍,绣龙纹数分别是九、八,北王、翼王、燕和豫王等服黄袍,绣龙纹数不同,分别是七、六、五。国宗黄袍龙纹依王制。侯、丞相四龙。检点黄袍素而无绣。指挥至两司马皆素红袍。龙袍不惟天王可服,其他诸王、国宗、侯、丞相等也可穿着,反映了天朝政权在一定程度上的平等意识。低级官员虽不能服龙袍,但可以服用缀有龙纹的朝帽,这是大多数太平天国官员的冠饰。

(二)马褂

而衣长及腰的马褂,也分黄、红二色。天王黄缎马褂,绣八团龙,正中一团绣双龙,合九之数,并绣"天王"二金字。东王黄马褂八团龙,北王、翼王、燕王和豫王等人的黄马褂皆为四团龙,且在前一团内绣上爵衔。国宗马褂从各王制。侯至指挥黄缎马褂各两团龙,中绣官爵。军帅至旅帅则改为红马褂,前后牡丹二团,并绣职衔于前。

研究表明,太平天国龙袍上的龙纹较为特别,龙的两眼大小不一样。龙的眼珠被人为放大或缩小,另一只眼按正常比例绘制,这就是天朝龙袍的"射眼"之制。洪秀全在金田起义时,曾借上帝之口怒斥过龙为"魔鬼""妖怪",而经过如此处理的龙纹,即与清王朝的龙相区别。而被称为"宝贝金龙",天朝官员普遍服用。南京"太平天国纪念馆"收藏的一件太平天国马褂,就保存着这种"射眼"的痕迹。但1853年后,"射眼"之制被取消。《天父下凡诏》里说:"今后天国天朝所刻之龙尽是宝贝金龙,不用射眼也。"

呤唎的《太平天国革命亲历记》一书对太平天国的服饰有所涉及,对后人了解太平天国时期的风尚习俗、服舆旗帜都有一定的参考价值。呤唎,忠王李秀成部英籍军官,太平天国失败后,他回到英国,根据自己的亲身经历写成《太平天国革命亲历记》。呤唎在书中说李秀成的龙袍"十分华丽,几乎垂至脚面",在金黄色缎面上,"缀着浮起的金饰和金、银、红三色丝线盘成的龙纹。""冠上伏虎是用金丝金叶构成,眼睛嵌着两颗大红宝石,牙齿镶满一排珍珠,虎旁各有一只张翅的鹰隼，上叠一凤，金冠都用金镶大宝石，四周垂悬着许多珍珠青玉。”光彩夺目！图6-30为忠王李秀成像，系根据呤唎所作画像摹绘，图中金冠与呤唎在书中的描绘极为一致。

图6-30　忠王李秀成像

（三）号衣

兵士服装常见有短衣与坎肩，战时穿着“号衣”，皆以各不相同颜色衣边的黄背心，来区分不同的部队。除天王金黄背心无边外，其余的东王、西王、南王、北王、翼王等部队，虽都是黄背心，然其衣边分别是绿、白、红、黑、蓝等色。燕王、豫王、侯至指挥的部队，是黄背心水红边。将军至监军、军帅至两司马则是红背心，黄边和绿边。且“号衣”前胸后背均缝有一寸见方的黄布，叫“号布”。前面有“太平”、后有“圣兵”或“某军圣兵”字样。这是军中标志。后方则是“某衙听使”。至定都之后，上述前后布帛文字统一改由宋字镂版直接刷印。而腰间还须系扎各色汗巾，这是一方木制的腰牌，上注部队番号及长官姓名，并由长官加盖印章，作为出入军营的凭证。

二、冠帽足履之制

太平天国王侯、将领的官帽，有角帽、风帽、凉帽和暖帽等式。

（一）角帽

也叫朝帽，诸侯王朝帽则称金冠，是朝会、庆典等活动时所戴。天王角帽以圆规纱帽式，上缀双龙双凤，凤嘴左右向下，衔穿珠黄穗二事，冠后翘立二金翅。帽前立绣花帽额。帽额形如扇面。天朝服制：天王帽额绣双龙双凤，上绣满天星斗，下绣一统山河，中留空凿“天王”二字。诸王、国宗、侯等，皆依制各有定式。

（二）风帽

秋冬所戴。其制将角帽所饰皆绣于此帽。天王风帽，双龙双凤、满天星斗、一统山河，丞相双龙一凤。以此类推。颜色也有规定：诸王风帽黄色，侯至两司马红色、黄边，并以镶边宽度区分官职。两司马黄边宽一寸，官大一级，边宽则加二分。且黄边还有花素之分。

（三）凉帽

夏季所戴。以布骨为帽胎，形似毡帽，并蒙以绸绉，镂花作如意状，以便通气，帽周状如莲花瓣。冠额立一块山字形小牌，以龙凤虎狮为饰，中绣红字官名。帽顶左右垂黄绿色穗子。冠顶正前以红缨为饰，中心伏色帛做成的各种小禽兽，诸王龙饰，天王九龙，其他可类推。

兵士只可扎巾，打仗戴竹盔，以竹片柳藤编成，称“号帽”。上绘五色花朵彩云，勾勒出粉白圈四个，写入四字“太平天国”。

（四）足履

太平天国诸王的足服以鞋、靴为主，平时多穿薄底双梁鞋。靴头皆方，有黄、红、黑三色。天王、东王、北王皆黄缎靴，以龙纹区别等级，天王九龙，东王七龙，北王五龙。翼王、燕王、豫王素黄靴。侯至指挥素红靴。将军至两司马黑靴。

三、服色之制

太平天国的军队编制和将帅服装颜色，接受了“四方之色”这一汉文化的传统思想，即青东、朱南、白西、玄北。据此分封东、南、西、北四王，并延伸至部队和旗帜之用色。天王居中为黄颜色。

太平天国妇女的穿着也利于征战，圆领紧身阔下摆长袍，腰际扎红色或绿色之绸绉。与满制之区别，将衣襟开在左边，下摆开衩（图6-31）。多穿大脚裤，天足布鞋，中国妇女千年缠足之陋习得以终结。

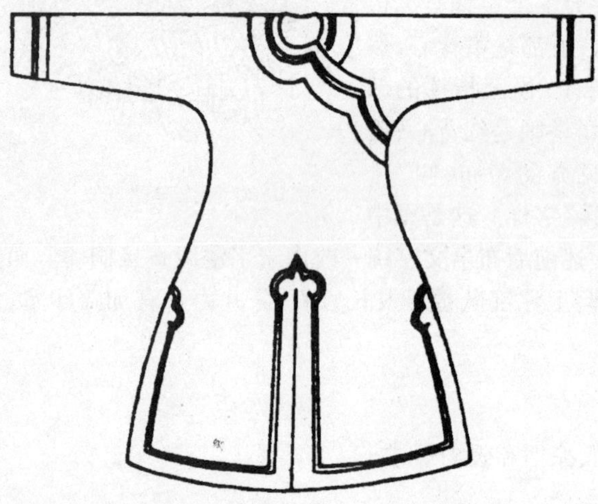

图6-31　太平天国女服装

清代虽然结束了我国冠冕衣裳这一有2 000多年历史的传统服饰仪制，然而，清代服饰还是或多或少受到汉服影响的。如引12章纹为衮服、朝服的纹饰，运用明代的补子作为识别官职的标志，成为既有满族特点，又具有汉服意味的新形式，从一个方面丰富和发展了中华服饰这一灿烂的文化宝库。

思考与练习

一、简述江宁、苏州、杭州三大织造的特色。
二、武力剃发、马蹄袖与坚守满制之间有无关联？为什么？
三、说说太平天国政权服装制度建设的创新举措。

第七章 民国服饰

1840 年的鸦片战争,西方列强的巧取豪夺使中国沦为半封建半殖民地社会。1911 年爆发的辛亥革命推翻了满清王朝,直接导致封建服饰的终结。随着西方文化的传入,使我国传统衣冠受到巨大冲击,以男装表现最为充分,从而使我国服装文化进入一个新的时期。

第一节 服制改革

甲午海战中国的惨败,西方列强掀起了新一轮入侵、瓜分我国的狂潮,西方文化亦随之不断渗入,对我国的传统衣冠产生巨大冲击,服饰改革的呼声日益高涨。

一、服制变革呼声高

社会先进秉笔直书。资产阶级改良主义者联名上书,要求清廷变法图新,主张服制改革。康有为在《戊戌奏稿》中陈述道:"今为机器之世,多机器则强,少机器则弱……然以数千年一统儒缓之中国褒衣博带,长裙雅步而施之万国竞争之世……诚非所宜矣!"康有为从世界发展大势,痛陈传统衣冠的与之不协调性。他大胆进言,要求"皇上身先断发易服,诏天下同时断发,与民更始。令百官易服而朝",以期出现"更新之气,光彻大新",以期图强有为。康有为还在广东南海时就首创《不缠足会草例》,倡导"天足",是对女子身体和心理的双重解放。

留学生主张变革服制。在"中学为主、为体,西学为辅、为用"的思想指导下,留学欧美和日本的青年学生受西风影响强烈,力主断发易服,他们率先剪辫易服,成为荡涤陈规旧俗的先锋。

朝廷大臣反复陈词。伍廷芳时任宣统帝的外交大臣,面对世界发展趋势,出于职责的认识,更要求改革服制。再次奏请朝廷,"明降谕旨,仕官商士庶得截取长发,改易西装。与各国人民一律,俾免歧视"。迫于舆情压力,清帝勉强为此"立案议会",但终是纸上谈兵。

尽管官民人等大多赞同并要求顺应时势、改革服制,可昏庸的清政府为维持封建法统,仍坚守祖训,谕曰"国家制度,等秩分明。习用已久,从未轻易更张",即悉尊旧制、不能更改。惟对军警和学生操练之服做了些改革:"各省学堂冠服一端,率皆仿效西式,短衣皮靴,文武无别"(《奏定学堂章程》)。

二、民国服制

1911 年 10 月,辛亥革命推翻了清王朝的统治,结束了千年的封建帝制。中华民国成立后,发布了《剪辫通令》,这才把近 300 年的辫发陋习彻底革除,并从根本上废除了"昭名分,辨等威"的服装传统及其典章仪制。

民国政府成立后,颁布了一系列有关服装的条令和规定,侧重公职人员的着装。民国元年(1912)1 月颁布推事、检察官、律师等服制,7 月男女礼服定制,10 月陆军服制;民国 2 年(1913)3 月颁布地方行政长官公服,外交官、领事服制;民国 4 年(1915)监狱官、矿业警察、航空人员等服制;民国 7 年(1918)海军、警察等服制,直至 20 年代末,《服制条例》的重新颁布,皆对男女礼服和公务人员的制服做出了规定。男子有大礼服和常礼服两种,女子上衣下裙。而百姓的平时衣着,没有具体规定。

三、中西融合成时髦

西装的引进和吸收为男装的发展开辟了一个全新的领域,使之更便于穿着,适合人体,利于活动,显示穿着者的潇洒英姿;而旗袍的不断汉化,也丰富了女装世界,成为三四十年代女性的普遍着装,并在海外产生了广泛的影响,尤其深得东南亚地区女性的喜爱。这个时期的服装是中西并存,长袍(衫)马褂与西装共存,衫裙与旗袍争辉;西装革履、旗袍大衣,成为当时的时髦服装。

第二节 男子服饰

辛亥革命后的民国时期,男装以传统服装、西装和中山装为主,着装简化,体现了服装改革的大趋势,并愈来愈与世界服装发展的审美意味相融合。

一、服装

男子服装有礼服、常服军警服诸式。

(一) 礼服

根据民国元年7月参议院公布的男女礼服定制之规定,男子礼服有大礼服和常礼服。大礼服为西式服装,有白天和晚间两式:白天穿的款式长与膝齐、前对襟、后开衩、黑色,脚蹬黑色过踝靴,戴高平顶有檐帽;晚间的款式类似燕尾服,脚穿前面缀有黑结的靴。常礼服有两类:一类为西式,也分白天、晚间两种,形制与大礼服相似,惟冠帽较低,为圆形;另一类则是传统的长袍(衫)、马褂,下穿中式扎脚裤,脚蹬圆口布鞋或棉靴,头戴瓜皮帽或罗松(宋)帽(图7-1),它是中年人及公职人员社会交往时所穿的服装。

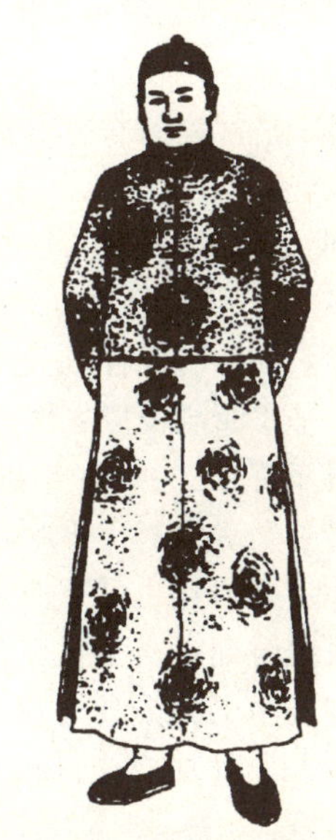

图7-1 长袍(衫)、马褂,据传世照片摹绘

长袍(衫)、马褂虽然已失去往日的等级特征,但在尺寸和颜色上还是有要求的。长衫为蓝色,大襟右衽,下至脚踝以上2寸。袖长与马褂齐。两侧下摆各开1尺左右长的衩。马褂以黑色丝麻棉毛等面料居多,对襟窄袖,长至腹部,前襟五粒纽襻。随着时间的推移,搭配上有了新的变化。瓜皮帽为西式宽沿礼帽代替,西裤与皮鞋相配了。

北伐以后,国民党规定,男子以中山装为礼服。因其造型大方、严谨,善于表达男子内向、持重的性格,民国18年(1929)国民党制定宪法时,将其定为礼服。并规定凡特、简、荐、委4级文官宣誓就职,一律穿中山装,以示奉先生之法。春、秋、冬三季用黑色,夏季为白色。中山装也作常服穿着。

中山装是越南华侨巨商黄隆生根据孙中山的授意而设计的。它以学生装(一说日本铁路制服)为基本式样改革而成,因中山先生率先穿着而得名。其式最初有背缝,背中有腰带,前门襟为9档纽扣,胖裥袋;以后取消了背缝,改为4只口袋、5档纽扣、袖口饰3粒装饰扣(图7-2),并一一赋予其特定的涵义:前襟4只口袋就标示儒教礼、义、廉、耻,以此为国之四维;门襟5扣则含五权(即行政、立法、司法、考试、监察权)分立的意思;袖口3纽那是寓指(民族、民权、民生)三民

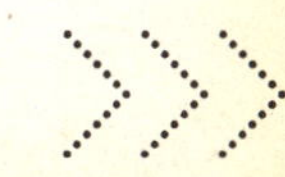

主义。

中山装的造型也是有所寓意的。首先,衣领围绕着颈部与人体是一个严密、完整的结合,勾划出头部与躯体的界线,亦即思想与行动的界限,它还是压抑与冲动这两种强烈心态的展示。中山装收紧颈部的衣领是一种克制的象征,更是压力与危机的象征。严谨的衣领部与居中门襟线,更给人以一种严实、平稳的感觉。其次,中山装排除繁琐装饰,追求简洁,整个外观的平实、无皱褶,给人以信心和力量。其有限的外型特征所创造的氛围,是约束和信心的表现,它蕴涵着设计者强烈的主观意愿,即要求穿着者言行要合乎礼仪规范。从服装发展角度说,中山装更是民族服装与西装结合的成功典范,为我国男装简化开拓了一个新的领域。

图7-2 中山装,据传世照片摹绘

(二)常服

男子平常穿的服装主要有西服、中山装、长袍马褂等,也有的长袍外不用马褂,加一件马甲,其形式分早期和后期两种:早期马甲为一字襟,后期则以对襟为主。长袍(衫)的穿着也很普遍,而且还能配以西方的穿着形式,中西合璧,自有一番情趣。如图7-3长袍与西服裤、礼帽、皮鞋的配合,是这时期具有代表性的男子装束。风格清新,既有传统的民族风韵,又为穿着者平添潇洒英俊之气,儒雅之中露精干。这种穿着形式大凡都市城镇都可见到。西服的穿着仅限于都市,且以青年男子居多,是一种时髦的装束,为官吏、学生、教师、洋行职员所喜爱。乡间男子大多以衫袄长裤为主,江浙沪的农村往往还在腰间加束一条或长或短的长裙(女性也有如此装束的),也可充作一般社交时的装扮。

民国时期男裤变化较多,主要体现在裤管上。民国初期裤式宽松,裤脚处用缎带系扎,形成了宽与窄的强烈的对比美。20世纪20年代即被废除。30年代裤管趋小,脚口恢复扎带,但此带并非外加之物,而是缝在裤管之上的附件。西裤以其合体的造型、挺拔的线条,而越来越受欢迎。

(三)军警服

民国时期,军阀混战,争霸一方,形成直、奉、皖3大军事集团。军服以英式为主。图7-4是蔡锷将军任云南都督时身着军服所摄。军服颜色有两种,将官以上为海蓝色,校官以下为绿色。头戴叠羽冠,饰以纯白鹭鸶毛的,是少将武官的专服,个别场合校官也可服用。绶带取5族共和之意而用5色,民国四年改为红、黄两色。胸前佩章纹饰文武各别:文官为谷穗,取五谷丰登之意;武官为斑纹虎饰,寓勇猛之势,这倒是我国古代武官纹饰传统的沿续。

国民党军服分礼服和便服两种:礼服为大盖帽、翻领、美式口袋,饰领带、腰扎皮带;便服作战时用制服领,无腰带。

宪兵头戴白盔。警察黑衣黑帽,外加白帽箍,白裹腿,此为辛亥革命遗制,以示执法严肃。

图7-3 中西合璧

图7-4 蔡锷将军,传世照片

二、首服

近代男子首服除特殊规定(如军警帽)之外,常用者有礼帽和便帽两种。礼帽又分冬夏两式,多为圆顶、宽檐,中西服装均可配用,为男子的主要帽式。而便帽则根据各人的地位、身份、职业而定,没有具体规定。

第三节 女子服饰

民国元年7月,参议院公布男女礼服定制,对女装这样要求:上衣齐膝、有领、对襟式、左右及后端开衩,周身锦绣;下着裙,两侧打裥。北伐后还规定上衣以蓝和浅蓝、下裙以深色素静的裙装为主。穿着衫、袄、裤的也较为普遍,但见于乡间和劳作之人。西式服装也有不少仿效者。同时,满制旗袍在汉化的基础上,穿着者日益广泛,成为女性的特色服装,不论老少,都喜欢以旗袍为主要着装形式,色泽以淡雅为尚。

一、着装形式

民国初期,女装基本变化不大,还是上衣下裙。之后受海外文化和生活方式的影响,虽同是衣裙,却有新时代气息的显示。

(一)裙式装

有衣裙式和连衫裙。先说衣裙式。就形式之以长短分,有衣长裙长、衣长裙短、衣短裙长诸式(图7-5)。从造型结构看,大致有大襟、对襟、斜襟等,以穿着大襟者居多;下摆有直角、圆角、

图 7-5 裙式装

半圆弧形、圆形等；衣身、袖管在其流行的过程中，有宽窄长短的变化；衣领则有高低的不同。这些变化适应了社会审美意识的需求。这种起自民国初年的女装形式，甚至直到如今仍然是我国女性着装的主要形式之一。不论其长短宽窄如何变化，其造型结构模式变化并不太大。所不同的是，文化背景、审美内涵已发生了巨大的变化。

所谓连衫裙，指衣、裙相连的一种服式。流行于20世纪30年代初，主要为年轻姑娘们所穿，而且多在夏季穿着。因为夏季衣衫较薄，穿上连衣裙于腰间束带，就能把腰部的纤细和线条的柔美展示无遗。其开襟有前后两种，在后则自颈背而下。这种裙式，有人认为受欧美影响，其实不然。我国先秦时期深衣的结构就上下连属。当然，其显示线条美之功能，绝不如近代。明清时期不少女装与连衫裙相近似。

（二）旗袍

民国初年，穿旗袍的人还很少，且形式又与清制旗装相接近。到20世纪20年代，上海的女装出现收腰、低领、袖长不过肘、下摆成弧线的造型趋势，并流行花边装饰，称作新式旗袍，即经过改良的旗袍就应运而生了。这种旗袍吸收西式裁剪的长处，使女性胸、腰的曲线得以充分体现。但碍于传统观念的束缚，穿的人并不多。改良旗袍的普遍穿着，据传与上海女学生有关。她们穿着蓝布旗袍漫步在上海街头，引起各界妇女羡慕所致。还有说与金融界有关。有位方小姐与“汇丰银行”老板欲结秦晋之好，考虑到银行界的洋气和新潮，方小姐特地到上海“鸿翔”公司定做旗袍。喜庆之日，这位新娘穿上线条柔和的旗袍出现在婚宴上，顿时光彩异常，窈窕多姿，使赴宴的女士十分“眼红”。殊不知，方小姐不仅以旗袍亮相婚宴，甚至陪嫁还是满满一箱旗袍。此事引起社会轰动，亦为旗袍的穿着推波助澜。旗袍就此在上海及其他地区流行起来。30至40年代，更成为老少的主要服装。

从下表和图 7-6 中，人们可以看到近代新式旗袍的发展变化及流行情况：

年份	款式状况	服用对象
1925 年	与旧式旗袍相似	
1928 年	下摆上升，袖口阔大，有旧袄风格	学生为主
1929 年	受西洋短裙影响，下摆再度提高，近膝盖	
1930 年	下摆再提高 1 寸，袖口以西洋法裁成	女学生校服，适合运动
1931 年	长度回复到原位，四周盛行花边	社会名流
1934 年	收腰很窄，衩开得更高，盛行衬马甲，充分展示曲线美	普遍
1935 年	袍长至地，衩反而开得低	
1936 年	为便于行走，长度与开衩回到 1934 年，夏装之袖开始缩短	
1938 年	夏装之袖再次缩短，有的甚至无袖	
1940—1950 年	因战争关系，下摆长度开至膝盖上下	

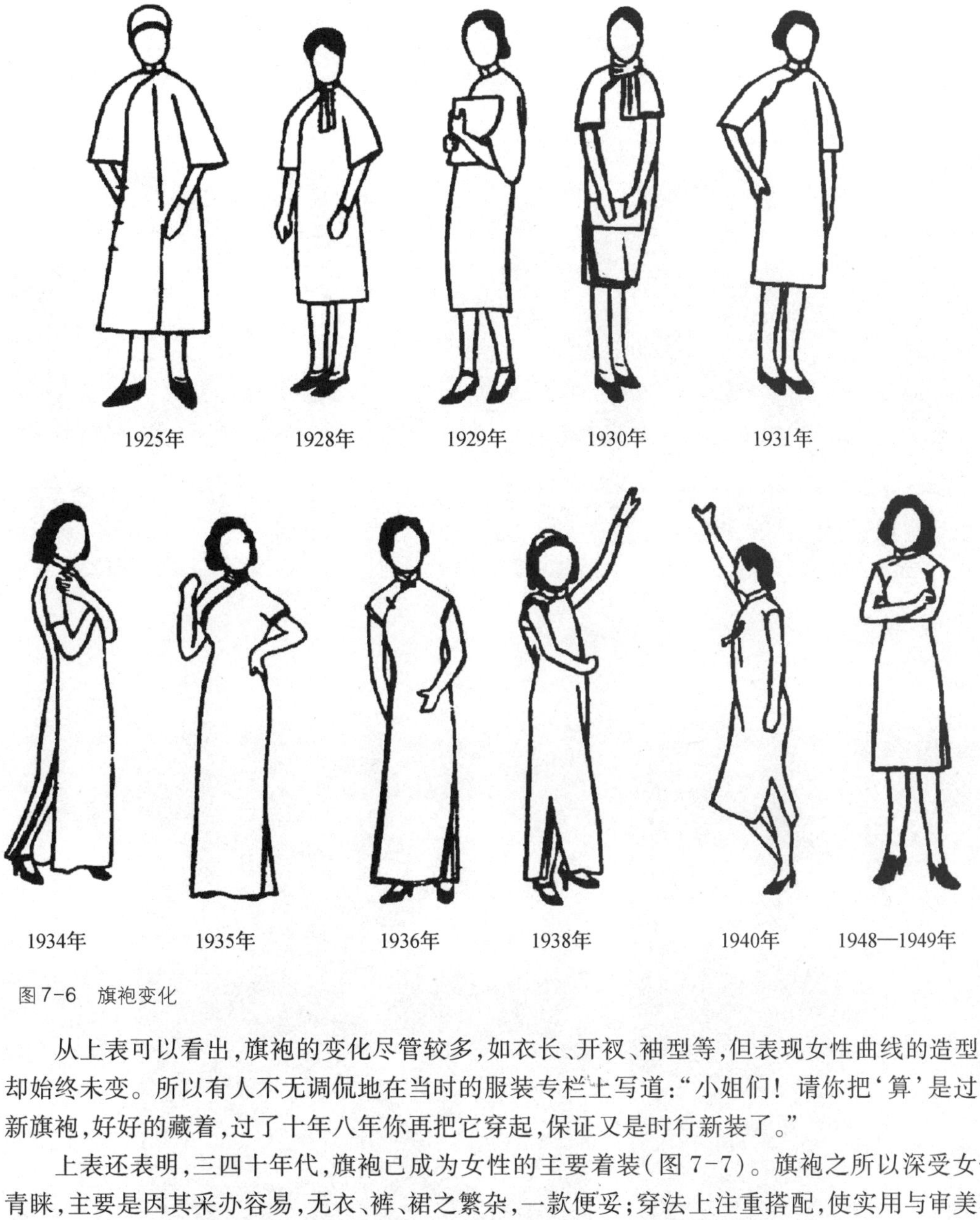

1925年 1928年 1929年 1930年 1931年

1934年 1935年 1936年 1938年 1940年 1948—1949年

图 7-6 旗袍变化

从上表可以看出，旗袍的变化尽管较多，如衣长、开衩、袖型等，但表现女性曲线的造型因素却始终未变。所以有人不无调侃地在当时的服装专栏上写道："小姐们！请你把'算'是过时的新旗袍，好好的藏着，过了十年八年你再把它穿起，保证又是时行新装了。"

上表还表明，三四十年代，旗袍已成为女性的主要着装（图 7-7）。旗袍之所以深受女性的青睐，主要是因其采办容易，无衣、裤、裙之繁杂，一款便妥；穿法上注重搭配，使实用与审美功能融于一体（如天凉时，旗袍外还可加短背心或毛线衣，也有在旗袍外穿翻领西装的）；整体效果概括、简练，萌发出强烈的艺术韵味，为着装者平添高贵的气质和凝重的意蕴；旗袍色彩的清丽、典雅，可体现女性的稳重、温柔的性格特征，这是其他服装所难以替代的，从而显示东方女性曲线美的特殊魅力。

而民间婚庆典礼，新人的结婚照，更有中西结合的，长袍、礼帽、凤冠加婚纱组合的，以显示与时风的合拍（图 7-8）。至于重大节庆典礼，那更是离不开旗袍了，从而成为 20 世纪中国最有

影响的女性服装。这就是旗袍至今仍被作为中华女子的礼仪服装，以致享有“国服”之盛誉的原因(图7-9)。

图7-7　各式旗袍

图7-8　结婚照

图7-9 婚礼旗袍

（三）时装

自从国门被英吉利的火炮轰开以后，西方文化的涌入对国人的影响很大，不少人都以西方的衣着打扮为时髦，于是出现了时装。这是中国服装的重大突破，女装发展进入了一个新的重要阶段。至30年代，由于新闻媒介和电影业的传播介绍，报刊、杂志经常传播报道各种服装信息，各大电影公司聘用专门的时装设计师，为片中主人公（特别是女性）设计新颖别致的服装，加上当时的服装商人，也非常注重邀请各类明星穿着他们所要推销的新奇时装，或者举办时装展览，以刺激女性的消费欲望，正因为如此，使女装更趋时装化，新款不断涌现，加快了当时服装发展的速度，促进了时装的流行。其中，上海服装界担当了引领者的角色。有首歌谣唱得好："人人都学上海样，学来学去学不像，等到学了三分像，上海又变新花样。"的确，那时上海的服装"他处尤而效之，致有海式之目"（《上海志》）。据说，巴黎的时新服饰，三四个月后就会流行到上海来，上海在当时已成为全国服饰中心。一衣一扣，一鞋一袜，足以影响全国。即使如南京、北京那样的大城市，也都以上海的穿着为榜样。

二、首服与饰物

清末民初，妇女发式多变，流行的发髻较多，名称亦很形象，诸如"元宝髻""鲍鱼髻""香瓜髻""面包髻""朝天髻"等。当然，也特别讲究饰物，以期与衣着的匹配。

（一）发型

妇女发式随社会发展而变化。初时流行梳髻，堕马髻为其中一式，流传可谓广远。继者额前有饰"刘海"之俗，不分老少，皆以留额发为尚，形式颇多，有"一字式""燕尾式""弧月式"等

(图 7-10)。尔后时行剪发、烫发。我国出现烫发大致在 30 年代(曙山,《女人截发考》,书中指出,1933 年我国已有烫发)。图 7-11 为 30 年代烫发妇女的照片。

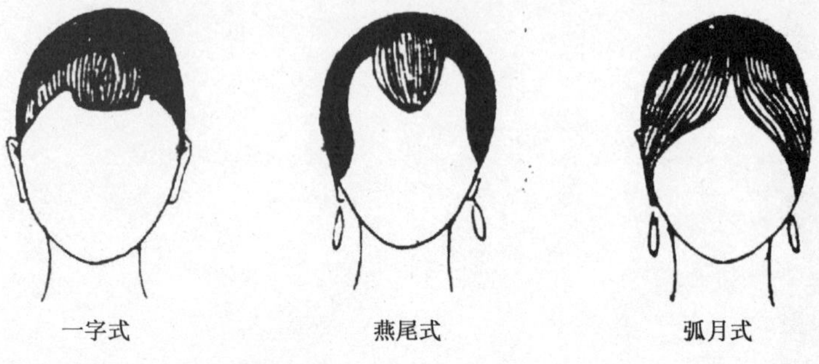

图 7-10 "一字式""燕尾式""弧月式"

图 7-11 30 年代烫发妇女

(二) 首饰

讲究时髦的女性,除了华丽的衣着,还必须用饰物相配,如佩戴项链、耳环、手镯、手表、戒指、胸针等饰物,这样才称得上真正的时髦。佩戴饰物还有一定的要求,特别是上层女性佩戴饰物注重配套,即质料、款式、色彩都应一致,选择饰物时也较注重年龄因素。如戴耳环,年轻人往往选用长型居多,而中年则以紧贴耳垂的米粒式、圆珠式、圆环式等为宗。再如项链,年轻人以挂得高为时尚,质料并不一定求珍贵,但颜色必鲜艳,而老年人多以长串金银链为饰,显然是以质取胜。民间女性因无力佩戴贵重饰物,只能戴个小小的戒指。在古代,戒指并非做装饰用,而是宫廷中一种特殊的避忌标志,如后妃贵人有了身孕或其他情况不能接受帝王的"御幸",她就在指上戴个小环,以示戒告。后来,这种戴法逐步流传到民间,但原有的示戒作用也就随之消失,成了大众所习见的单纯的装饰品,从而扩大了它的审美功能。

民国时期的服装时尚,应以开埠最早的上海为主导。上海市民的穿着颇得风气之先,且担当了引领时尚的重任。图 7-12 画面之形象堪为代表。其一,旗袍透露出时代的信息。20 世纪三四十年代,旗袍作为都市女装的主要形式,其改良紧跟欧美,袖短是其标记。如图中前后排两位对应之女性。且后排年轻者袖之短,仅刚过肩,也可视为无袖。摄影师无意间定格了当年的时尚:短袖、无袖,显示手臂肌肤之美。这是相当明显的。其二,衬衫品种多。三位成年男子衬衫颜色 虽多为单色,衣袖也就长短二式,然领型就达三种之多。想见当日沪上衬衫供货之丰富。其三,少年装(含儿童)多姿多彩。前坐四人,衣衫各有各式,无一相同。中间女童为连衫裙,两肩饰蝴蝶结,既符合女童的特点,更增加其活泼的天性。据了解,照片背景为上海西郊某别墅,主人为上海英资银行的高管。照片中人受邀游玩合影留念,当年的服装时尚因此而得以留传。据此还可一窥国外服装时尚之概略。当然,照片人物并非豪富,衣着也不奢华,可透露的却是当年上海的衣装风采。这些也推动了上海服装业的发展。其中,西洋服装文化体现集中的西装,在上海的发展尤为显著。

图 7-12 市民合家欢

有资料显示,上海的东大名路(东百老汇路)和南京路外滩一带开设外商西服店的带动下,精明的中国(上海)裁缝通过为外国人缝补西服,也逐步熟知和掌握了西服的制作工艺,从而也开设了中国人自己的西服店。如 1896 年开设在四川北路上的“和昌西服店”,就是上海乃至全国的第一家西服店。西服店的兴起推动了西服穿着的普遍,洋行、公司的职员、老板、商人、留学生等,都以穿着西式服装为时髦。而西服穿着的日益广泛,反过来又促进了西服店的相应发展。1930 年,上海成立“西服业公会”时统计,入会的大小字号有 420 余家。而到 1948 年,上海的大小西服店已近千家,出现了如“荣昌祥”“亨生”“培罗蒙”“朋街”那样的名店,可见西服业发展之迅速。

当男装业在快速发展时,女装也在同步开进,加强针对性,朝专门化方向发展,如有的店铺就宣布专做女性时装。这些大多集中于静安寺、同孚路(今南京西路)、霞飞路(今淮海中路)、

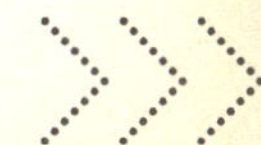

四马路(今福建路)、湖北路一带。其最早的要算“云裳时装公司”。由诗人徐志摩与志同道合者、社会名流于1927年创立,他们是交际花唐瑛、裁剪师江一平,画家江小鹣(任设计师)。开业那天陆小曼的现身典礼,名人云集,名气大增。时有汽车展览,“云裳”参与服装表演(图7-13)。可谓上海最早的“车模”。

图7-13 上海最早的“车模”

思考与练习

一、分析“剪辫通令”的深刻意义。

二、中山装对我国男装的发展有什么开拓作用?

三、阐述旗袍的发展及其审美特征。

第八章 共和国服饰

1949 年 10 月，中华人民共和国建立以后，百废待兴，物质条件很差，又遭遇国外敌对势力经济封锁，人们的服装只能以俭朴为主。式样上受进城部队的影响，干部服（中山装）、列宁装的穿着很普遍。这是人们感受新生活，首次以着装形式表达强烈的翻身之情：男穿干部服、女着列宁装，为 50 至 60 年代中国人民衣装的主要形式，至“文革大一统”服装后的 80 年代，国人迎来了我国服装发展史上的又一崭新天地。

第一节 初期干部服

共和国建立之初，受当时衣着环境的影响，列宁装、苏式服装，及其后演绎出的人民装等，成了整个社会、尤其是城市市民的时髦衣装。由于经济发展满足不了实际的需求，1954 年 9 月 14 日中央人民政府政务院发布《关于实行计划收购和计划供应的命令》，即实行计划供应，衣装也进入计划时代。

一、列宁装

该服装因前苏联缔造者——列宁的穿着而闻名于世。其形式为大翻领、单(双)排扣、斜插袋，腰饰束带。它最初是军中女干部的主要衣装，随着解放军部队的进城而传播四方：从干部学校的学员向各大学的女学员扩散，再由此逐步向社会流行，形成了一个穿着热潮。妇女穿着列宁装，梳短发，有朴素大方、整齐利落之感(图 8-1)。

二、苏式衣装

除影响强劲的列宁装之外，“布拉吉”更受年轻姑娘的喜爱(图 8-2)。“布拉吉”是俄语连衣裙的音译。有束腰、直身等式，衣襟开合前后皆可，领型圆方不一，短泡袖。腰间略收，初显腰身曲线。因而迅速为各界女性普遍认同。还有些苏式服装在我国的某些地区有较大的市场。衬衫类就有乌克兰的套头式(立领)及哥萨克偏襟式等。仿该国坦克兵服而设计的“坦克服”也很受欢迎。式样为立领、偏襟、紧身，且在袖口和腰间有装襻的细节处理。其优点在于用料省、易制作、穿着便捷。而面料富于俄罗斯风情的图案，亦颇为百姓所喜爱。俄罗斯大花布的广受欢迎，带动了乡村集镇花布走俏，并迅速朝通衢大都推进：妇女、儿童个个都是花团锦簇，光彩照人。据此激发了设计人员的创作激情，即注重民族传统纹样的发掘和创新，如金鱼水草、荷花鸳鸯、松鹤长青等，强调纹样的寓意性，表现了人民群众对新生活的憧憬。

图 8-1 新中国成立初期，毛泽东主席接见全国英模。其中左二女士穿着时行的列宁装

图 8-2 女性喜穿布拉吉

三、人民装

建国初期，因中山装、列宁装的时兴，有关人士据此又设计出人民装。其款式为：尖角翻领、单排扣、翻盖袋。该装集中山装的庄重大方和列宁装的简洁单纯为一体，老少咸宜。其初衣领紧扣喉头，很不适服，尔后不断开大，翻领也由小变大。因毛泽东非常喜欢，并且大多场合都是如此装束，故外国人就称之为“毛式服装”。又因其不分老少，不论面料，城乡各地，皆有穿着（图8-3），直至70年代末，又有“国服”之称。青年装、学生装、军便装、女式两用衫等（图8-4），则由此演化而出。

图8-3（两张） 中山装、人民装等，流行全国城乡

图8-4 由人民装演化出的青年装、学生装、女式两用衫等

这种翻盖袋、廓型为矩形的服装，是建国初期统一思想、规范行为的有效着装形式——中规中矩。

第二节 “文革”“老三款”

从1966年至1976年，中国社会进入了“文革”时期。这是一个思想观念和生活方式都遭受严厉禁锢的年代，人们的行为、心灵遭受了严重的扭曲。60年代初，由于3年自然灾害的缘故，社会崇尚节俭，“新3年，旧3年，缝缝补补又3年”，已成为社会化的穿着要求(图8-5)，全国上下、城镇乡村皆风行“清一色”和“大一统”的服装，即“老三色”(蓝、黑、灰)和“老三款”(中山装、人民装、军装)统领了全国人民的穿着。

图8-5 留有20世纪60年代印记的着装

一、军装

1966年8月18日，毛泽东主席在天安门城楼接见红卫兵时的穿戴：军帽和绿军服。这是军人的装束。人民解放军打败了蒋家王朝，功勋卓著，百姓崇敬，领袖身着军服出现在重要场合，这恰如一股强大的推动力。因此，军装的社会地位迅速升温，尤以中、青年为最，以此为荣，一款在身，身份倍增；加之军装所具有的权威性，因而更成了普通百姓努力追逐的对象。有些复员退伍军人，人还未到家，其军装早被亲朋好友“预订”一空了。这就是当时发生在中国大地上颇为广泛的军装热。

除旧军装外，民间仿制军便服也相当普遍，即购买草绿色布料自己缝制衣裤，工人、农民、干部、知识分子等，都加入了这股穿着“国防绿”的装束潮流之中(图8-6)。时有“绿海洋”之称。外加草绿色军帽、宽皮带、毛泽东像章、毛主席语录、草绿色帆布挎包等，组成当时军便服的典型饰品。

二、两用衫

“文革”中后期，人们的衣着略显变化，这体现在女装的款式和颜色等方面，其中两用衫和罩衫具有代表性。两用衫是指衣领关驳两用衣式，设计大方，款型简洁，门襟四粒扣，前衣下部有左右对称口袋。衣身宽大，长至臀围下。面料以较为厚实的卡其布、涤卡、斜纹布为主，花型以小碎花布和格子布具多。因适合春秋季穿着，而称之“春秋衫”。有直身、收腰诸式；领式较多，有关驳领、大(小)翻领、连驳领等，领角亦有方、圆、尖等形状；袖分装袖、连肩袖、插肩袖等，从而丰富了女性的衣着生活(图8-7)。

罩衫是穿在棉衣外的衣装。中式领，直腰身。衣扣花式较多，中式一字盘扣、布包扣、塑料扣、装饰扣(内缝揿纽)等，为常见式样。图8-6中两女青年即如此式。一为碎花一字盘扣，另一与衣身同质之包扣。且小白衬衫领翻于罩衫之外，有点缀、醒目之功：使整个着装稳重中显露活泼。

图8-6 男青年分别是军大衣和军便服。女青年碎花一字盘扣装，与衣身同质之包扣衣，小白衬衫领翻于罩衫之外，有点缀、醒目之美感

三、工装

中华人民共和国成立之后，在“工人阶级是领导阶级”的思想指导下，工人阶级在社会主义建设中的地位不断提高，到“文革”时，其地位更是上升为至尊，作为其中一员的工人，得到社会的普遍尊重，有“工人老大哥”之称。乃至延伸到他们所穿着的劳动防护服，俗称工作服，即工装衣裤，成为时尚之装，颇受到人们的喜爱。可谓爱屋及乌。工装的面料以深蓝色为主，常见的是粗棉纱织成的劳动布、卡其布、粗纺布等，基本款型为直身宽体，裤脚肥大，腰部上下都能保护人体的连衣工装裤。前腰至胸饰长方形或梯形的贴袋；后腰是两条长背带，过肩与前胸衣片相固定。背带裤因此而生。如头戴工作帽、颈系白毛巾，那可是典型的劳动者形象(图8-8)。当时的宣传作品多有此画作。工装衣裤的穿着，给人以干练、利落的观感，其面料有厚实之质感，加上穿着者还具有政治上的优越性，工装的受宠也就相当自然了。

图8-7 女装亮点两用衫(即春秋衫)

图8-8 工装也加入了时髦的行列

第三节 开放赢得服饰新发展

1978年“文革”结束,中国的服装业迎来了全新的发展繁荣期。国门打开,面对纷纷涌入的各种信息,人们在惊愕之余,更感新奇、新鲜。这于服装上的表现尤为明显:那扑面而来的形式各异的服装,着实令人眼花缭乱,并强烈地冲击着人们的着装观念。服装穿着朝美化自身的方向渐变,并以追求新潮服装为时髦,即个人的审美意识开始占主导地位。

我国服装业的发展与国际服装界和国内关系密切,国内外的重大事件推动了我国服装发展的进程,是值得记录的。首先,1979年4月,皮尔·卡丹(PIERRE CARDIN)来到中国,在北京民族文化宫举行的时装表演,给国人上了一堂服装穿着启蒙课。接着,1985年5月,伊夫·圣·罗朗(YVES SAINT LANRRENT)、皮尔·卡丹和小筱顺子(JUNKO KOSHINO)这三位国际服装设计师,先后来到北京进行时装展示,从而拉开了中外服装文化交流的大幕,也为我国服装设计师拓宽了艺术视野。1987年10月中共十三大胜利闭幕后5位政治局常委的集体亮相,所穿皆为西装。这于服装界来说,无疑是一股强大的催化剂,全国迅速刮起了一轮西服穿着热潮。2001年10月,APEC会议“全家福”的发表,在全国掀起了一场含有唐代服装元素的“华服热”,并远播海外。

改革开放30余年,我国的服装从面料、色彩、款式、功能和穿着方式等方面,均发生了巨大的变化。服装种类大为扩容,西装、夹克衫、大衣、风衣、内衣等,出现商务装、休闲装等新起之装,连居家服、睡衣、手编工艺装等也登堂入室了。中国人民的穿着观念经历了猎奇心理、名牌心理和时尚个性等过程,从而使服装穿着基本脱离了遮体御寒的既定的固有概念,成为经济活动与社会生活最为活跃的物质符号。各种新式衣装的推出,或款型变化、或质地变化、或穿法变化,都极大地丰富和改变了人们的衣着文化的审美习惯,即着装趋向于个性化、休闲化和国际化。

一、猎奇心理

开放之初,国人触目所见之服装,皆都新奇,都想尝试,适合与否并不重要,意在好奇,即满足猎奇心理的需求,奇成了时髦的代名词。有将新衣挖洞、磨边、拉毛、撕破等,形如乞丐。还有女青年穿裙,不是很长,就是极短。更有甚者,女装衣、衫、裙的"短、露、透",诸如露脐、露背、露肩、露胸等露式衣装,大行其道。路人虽多侧目,可穿着者却神采飞扬。

还有那款喇叭裤争议最大,也饱受谴责。此裤腰、臀、腿等部位包紧,至膝盖而下放开、延展,像个喇叭似的。大时裤脚竟宽达60厘米。这些人的衣着行为有一显著组合特色:留长发、戴蛤蟆镜、穿大喇叭裤、手提四喇叭收录机(放着高音量的流行歌曲);三五成群,招摇过市。这是不三不四的形象化身,成了当时社会的焦点话题,甚至影响到恋爱、评优等的顺利进行。

而当时穿着声势很强的"健美裤",也多出于猎奇所致。所谓"健美裤",是弹性针织面料的连袜合体裤,民间称踏脚裤。那年代全国女性无分年龄、职业、工种几乎都享受过此裤带来的美感,是衣橱必备款(图8-9)。有句俏皮话说得好:"不管多大官,都穿夹克衫;不管多大肚,都穿健美裤。"话虽有调侃之意,这可是中国女性着装审美意识觉醒的集体行动,从而为我国女装发展进入新时期打下了基础。

图8-9 踏脚裤风靡女性世界

二、名牌心理

20世纪90年代中,国际流行信息加速在我国的传播,面对国内外品牌服装的品质优势,迫使人们重新审视以往的所谓时髦。品牌意识开始萌发,对其中的名牌服装更是青睐有加。这在男装行业体现较为明显。男士的社会地位决定其衣装以风度、品质为上,往往倾向正装。可以说,男装市场的发展基本遵循这一思路,并以轻、薄、挺、翘为审美追求。这于服装的廓型很明显,即是宽松演变为合身,三粒扣或四粒扣取代双排扣。肩衬趋薄,袖窿、臀围趋小,档短而裤脚显窄。

随着男士着装理念的变化,加上周五休闲装、周末休闲装等的问世,男装休闲化成为了新的审美趋势,并在21世纪更演绎为一股颇有特色的休闲潮。来自祖国宝岛台湾的自创品牌——汤尼威尔就是最初发力者之一。早在1997年,他们就将"闲适"作为品牌定位的必备内涵,努力发挥品牌的市场导向作用。该品牌总经理陈福川以中国文化为核心的上海地方特色(石库门巷弄文化)合理的与欧洲的国际流行巧妙的结合,开展了从1998—2008年的商业休闲服的市场,并确立休闲服正式进入主流市场,从而影响公务人员(如政府官员、教育界、艺术界)、企业白领等的穿着文化。这是需要说明的。

作为重要组成部分的男士衬衫,也提出更高的品质要求。主要在面料,以棉、丝、麻、毛类等天然纤维取代了"的确凉"。更有高支纯毛面料的品位高雅,而极受市场追捧,导致了纯毛衬衫大战的相继上演。另有经棉改性的LASS免烫衬衫面料,以服用性和外观上的特色,以及随着衬衫颜色多彩时代的到来,那些紫色、粉红等女装常见之色,也成了男士选择衬衫的重要色系。这些都极大地极增强了社会大众的品牌意识。

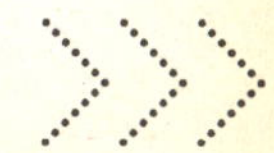

三、时尚个性

随着流行周期的缩短,从一年半到一季度。3 个月就须更新货品,这就促使服装设计和消费,同时步入了快车道。人们着装的选择,开始以个人需求为标准,这表明市场进入个性化消费新时代,并在女装业表现得最为充分。这是个最为活跃的市场,它对时尚潮流的兴起乃至走向,有着举足轻重的影响。

据此而论,30 余年来,女装业担当了引领时尚的重要角色。从 80 年代的春秋衫到 90 年代的文化衫、时装风衣、羊毛衫等,皆领风骚。倡导“内衣外穿”的新风尚,既是对传统着装方式的反叛和挑战,更为女装的丰富打开了通道。以致风采各别的职业装、休闲装、时装、淑女装、运动装等的纷纷面市,可谓花式女装百样开,令人眼花缭乱。这是市场细分化的必然。小批量、多品种,满足个性消费,是市场需要,更是对设计领域的要求。国内外具有市场号召力的品牌,皆以货品领先和个性化的设计,来应对多变的市场需求。开设个性化的直营店,从销售方面展开个性化服务。还有的开展特色设计,以满足个性化消费,让个性享有独特的市场地位。北京、上海等地区的设计师工作室,有具备此等功能。

下面根据市场实际(20 世纪 80—90 年代),按春秋类、冬装类和内衣类进行简要分析。

(一)春秋类

此类服装可包括西装、夹克衫与牛仔裤。

西装:是 80 年代男子最热门、可以排在首位的衣着形式。因为它源自西方,是新奇之装,并被视作礼服,故一袭加身,以示新潮。不少人还将左袖外侧之标识,即商标(也称袖标)长久保留,意在炫耀其正宗性。至于穿着中的笑话更是不少。西装搭西短、西服配运动鞋、衬衫穿在西裤外等。这表明当时人缺乏对西服文化的必要了解,纯属跟风盲目模仿,意在显派而已。伊夫·圣·罗朗、皮尔·卡丹等品牌,可是当年西装时髦之宠,也是商场邀请入驻的目标品牌。

夹克衫:开放初期另一广受男女老少爱穿的便装之一。舒适随意,活动自如。夹克衫的整体廓型和局部结构,颇衬托着装者的形体美。某些个头不太理想或体型瘦弱之人,尤其青睐夹克衫。因为夹克衫的廓型整体显得宽松,利于体型调整,使之上下匀称,颇可增加个体形象的风度美。青年喜欢夹克衫与牛仔裤相配,因其衣摆或短及腰际,或仅遮臀部 1/4,可使仔裤后的铜牌、商标及锃亮的拷纽、铜钉扣等,这些很有特色的装饰物显露在外,更使其潇洒、帅气感高扬。当时名牌夹克衫就是上海的“人立”。1988 年到 1995 年“人立夹克”,是市场的紧俏衣装(图 8-10),排队等开门购买夹克衫,已成南京路商业街的一大景观。“人立”创立于 1956 年,意取自毛泽东主席在开国大典上“中国人民从此站立起来了”的豪迈、雄壮之语。

图 8-10　1993 年,上海夹克衫热销的情景

牛仔裤:这款蓝斜纹面料的低腰、包臀、直筒、铜铆钉、橘红色缝

线、后腰饰有皮标签的工装裤，自美国西部诞生至今已达百余年，传入中国亦是广受欢迎，尤为年轻男女看重，加之穿着无身份和场合的区别，使其穿着范围更为扩大，老少咸宜。这在服装界是非常难得的。其长盛不衰的魅力何在？穿着外观简练，可塑造体型美。而多工艺手段的运用、更为其款式多样添采，并使货品大辐延伸，形成服装服饰系列，成了牛仔服饰的大家族。

（二）冬装类

此类应有皮装、滑雪衫和保暖内衣。

80 年代气候寒冷，裘皮服装开始走俏。因其价格昂贵，一般人难以承受，上海产猎装乘势问鼎市场，所推夹棉两用男皮装，就非常适合市场需要。皮面山羊皮，中是人造毛皮，高级衬里，里外拉链相连。拆去人造毛皮，亦成夹衣。所以，这类皮装很受欢迎。热门商品应数“雪豹”“宽鼎”等。猎装从 1983 年流行至 1990 年初，长盛不衰，愈演愈烈，甚至连平时很少受潮流影响的人，也被“裹挟”作了明确的选购（图 8-11）。可见这时皮装的诱惑力。

滑雪衫的兴起与雪地运动有关。1974 年 10 月，上海延吉服装厂（现上海飞达羽绒服装总厂）为国家登山队征服珠穆朗玛峰，成功制作登山服而名扬天下，滑雪衫也让普通百姓受惠不少。从 80 年代至 90 年代，终成服装行业的新品种而脱颖而出。面料丰富多彩，质地轻便保暖，市场前景看好。其命名也称为羽绒服、防寒服。造型由臃肿变成为合身贴体的时尚款式，成为人们过冬的可以选择的衣装之一，有大众时装之称。若论这方面的代表品牌，“波司登”当仁不让（图 8-12）。

图 8-11　增加帅气的皮装

图 8-12　滑雪衫

保暖内衣，属复合面料制品。1996 年左右，由热爱发明的俞兆林首创，辅以营销模式上全新的代理制，从而使这个新型的衣着品种，由上海迅速辐射全国。厚重、臃肿之棉衣因此而被丢掉，温度和风度两者兼顾，真正得以统一，冬装的轻松和舒适，也得到了真正的实现，使内衣领域又增新品类。其后续的拓展，若集中精力切实于技术开发、纺织材料的创新、强化产品内涵、少些概念炒作，产品才会货真价实、市场才会得以巩固、行业才会有真正的兴旺。

必须指出的是，我国现在的服装发展与60—70年代相比，其变化可以说，天翻地覆。服装设计、服装院校、服装报刊杂志、流行色研究、时装发布、服装会展、服装节、时装周、峰会论坛、时尚产业园、大师工作室等等，热闹一片。服装教育开展得有声有色，为我国的服装业输送了不少人才。这是接轨国际的必然措施。上海服装高等教育开办最早的，当数上海纺织高等专科学校（现已并入东华大学）。该校服装专业开办10余年来（1984年起），培养的学生大多在服装企业发挥了骨干作用。其间，名动上海乃至华东的上海大学生时装表演队（图8-13），也诞生于该校。

图8-13　上海纺织高等专科学校组建的上海大学生服装表演队在海军基地演出后合影

中国服装经过近30余年的发展，服装产业已出现集群化、特色化、专业化、区域化，从西装、休闲装、女装、童装、内衣、羊毛衫等都各有专属之地，并形成一批颇具影响的名镇、名市，各地还兴建了规模颇大、设施完善、环境优雅的纺织品服装鞋帽批发市场，这些市场往往集购物、休闲、娱乐为一体，从而成为新的城市地标，为百姓假日所乐意游逛之好去处。

我国服装业发展成就之巨大，世人皆知。然而还仅仅停留在加工层面的强势，1996年“出口和生产两个世界第一”的桂冠保持至今就是明证。而于服装发展之关键——品牌建设，则还刚刚开始，只有脚踏实地为中国品牌的世界化多做实事，心浮气躁、急功近利，是谓做品牌之大忌。当下我国服装市场所面临的是：既有国内竞争中不规范的影响，更有国际品牌不断涌入的夹击。因此，打造为国民称赞、世界认可的具有中国文化内涵的服装品牌，迈向品牌大国，更需要有耐心和毅力，要有终身做品牌的心理准备，要耐得住寂寞。任重道远！

思考与练习

一、新中国建立后的服装发展有哪些值得总结？

二、开放之后，国人的衣着经历了怎样的心理变化？

三、努力发展民族品牌，是我国服装业的当务之急。你认为应该从何处入手？

下篇·西方服饰史

第九章 古埃及与西亚服饰

古埃及是西方古代文明的发祥地之一。位于非洲东北部，南起努比亚，北滨地中海，东临红海，西面以利比亚为界。世界著名的尼罗河自南而北穿流全境，为一条狭长的河谷地带。

古埃及历史悠久，前王朝时代的远古文化，可追溯到纪元前一万年前。人类能够在如此荒芜的沙漠中生活，不能不归功于尼罗河谷地自然条件的恩惠。正如古希腊历史学家希罗多德(Herodotos，约公元前484—约425)所说："埃及是尼罗河的赠礼"。

古埃及是个笃信宗教和多神崇拜的民族。自然界的日月星辰、山川草木、鸟兽虫鱼等，不论生物和非生物，在古埃及人看来都具有支配世界、超越人类的力量，其中蛇、鹰、狮、猫等普遍受到崇敬和膜拜。了解这一现象，有助于学习古埃及服装。古埃及人的主要服饰有罗印·克罗斯(Ioin cloth 缠腰衣)和丘尼卡(tunic 筒形紧身衣)，前者是有垂褶的，后者是无垂褶的。至于头部装饰、化妆等饰物，也是古埃及人非常重视的。

地处西亚的两河流域，也是西方文明的重要源头。这里有最早定居两河下游的苏美尔人、有兴起两河中部的巴比伦帝国、有占据整个中亚、西亚和非洲古埃及的波斯大帝国。他们的服装亦是各有特色。

第一节　埃及早期王国服饰

公元前3000年,埃及建立了统一的国家。古埃及的文化、艺术相当发达,很早发明了文字,这都是埃及服饰文化发展比较早的基础。国王(法老)的陵墓"金字塔",就是埃及古代文明的标志。由于气候极其炎热,埃及的服饰常常具有以下三个特征:宽敞、轻盈而用布量少。由于古埃及初期的生产尚处于低级阶段,在服装面料上只有羊毛、棉花和亚麻。大多数服装样式都很简单,大致呈三角形。研究陵墓壁画、雕塑、陪葬物等,这些保存下来的珍贵史料,使我们了解到古埃及人的服饰穿戴。

一、纳尔莫的传说

古埃及在漫长的发展过程中,形成了以开罗为界的南北两部分,南部称上埃及,国王戴白冠,以鹰为保护神;北部为下埃及,国王戴红冠,以蛇为保护神。纳尔莫(Narmer,又译纳尔迈、纳尔美),据说是尼罗河流域人类的始祖(公元前2900年)。考古学家认为,他可能就是传说中的麦尼斯,是他成功地统一了上埃及和下埃及,并自立为埃及第一王朝的国王,享用两种王冠,即上、下埃及的王冠(图9-1、图9-2)。纳尔莫的服饰为头戴王冠,服装为绕身一周于左肩固定的包缠布(图9-3),这就是古埃及服装的基本形式—腰衣。

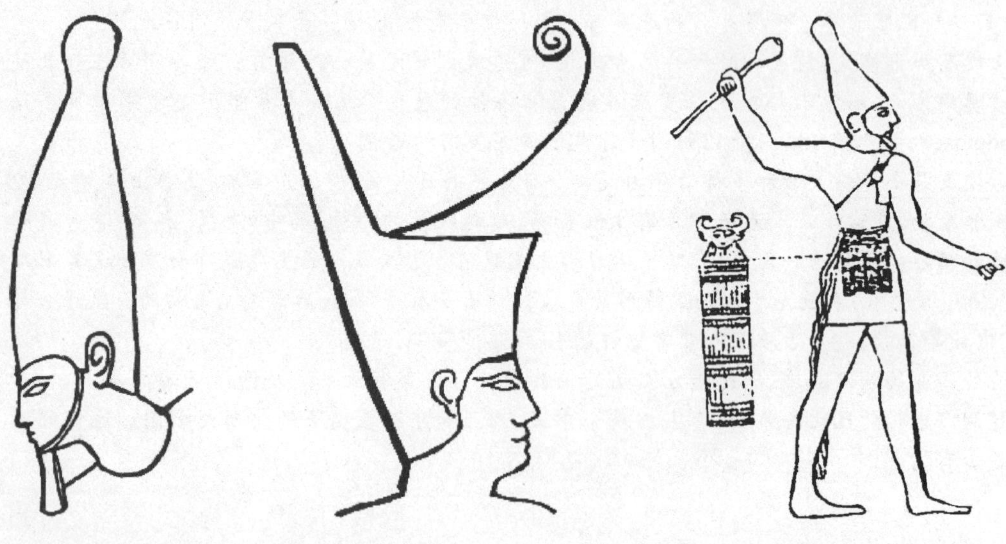

图9-1　上埃及王冠　　图9-2　下埃及王冠　　图9-3　纳尔莫形象

古埃及的奴隶制等级观念,在服装上体现最显著的特点就是具有丰富立体层次和明暗效果的褶饰。形象资料表明,凡是社会地位高的人其腰衣必定要做出许多褶饰,但观纳尔莫腰衣此饰似不明显,可能是出于艺术的需要而被虚化。然纳尔莫腰间的饰物,象征意义则更为深远。腰间饰有四条相连的念珠,每条上有一个带角的人头,是埃及女神海瑟的象征,这些饰物以后就成了王室成员的标志。纳尔莫腰侧所饰的一条长至脚踝的雄狮尾巴,是历代国王的必需装饰—表示等级高贵。纳尔莫的服饰基本是古埃及上层人士服饰形式的一个体现。

古埃及可细分为古王国、中王国、新王国三个时期，也有将古王国和中王国合称为早期王国，并与新王国（称为埃及帝国）简划两个时期的。此处以古王国、中王国、新王国三个时期为线索来阐述古埃及服装的发展。

二、古王国服饰

古王国时期(第3—10王朝，公元前2686—约公元前2181)，这一时期的服装非常简单。具有代表性的男装有斯干特短裤；女装有束腰上衣。

(一) 男装

一般平民只在大腿间施以一条束带，于臀后扎紧，遮羞布由此而来。有时候再围一条斯干特(Skeet)短裤。后来的腰衣裙是在这种最简单的束带的基础上发展起来的。而上层人士则穿叠式胯(kuà)裙，沿身体缠绕，胯裙上的束带和末端突起的垂片，既是不可或缺的饰品，更是地位的象征。

这种胯裙(腰衣裙)在外观形式上具有共同的特征：整体呈三角形(图9-4)，与金字塔的形状吻合，体现了古埃及人审美特征的统一性和完整性。

(二) 女装

古王国时期的女装，有束腰上衣，也有直鞘长衣。特别是后者，所有妇女不分阶层，都穿着此式。

直鞘长衣，也称鞘式裙，紧身筒形。裙长自胸依体而下至小腿，线条直如刀鞘，无领无袖。图9-5右边女子，即如此式装束。塑像为牧师拉赫蒂普和妻子诺福莱特。夫妇俩手按胸前，显示虔诚和尊严。拉赫蒂普围白色短腰衣裙，颈脖戴护身符。妻子诺福莱特的形象传神，体态丰满，线条柔和。深蓝色的头发上结着彩带，脖子上戴着绚丽多彩的项饰，以衬托服装的雅致。这颈饰，可以说是古埃及历史上的典型形象。

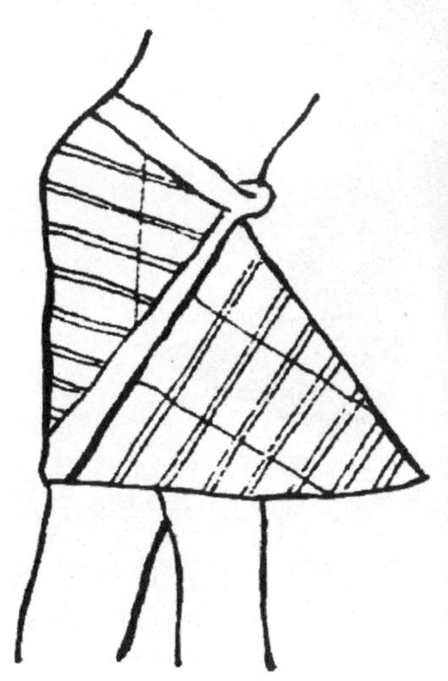

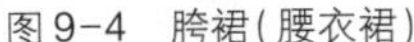

图9-4 胯裙(腰衣裙)

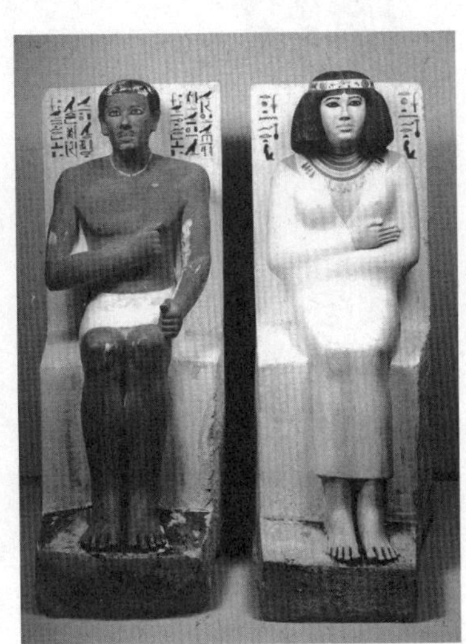

图9-5 直鞘长衣

三、中王国服饰

中王国时期(第 11—17 王朝,公元前 2040—约公元前 1786),服装多为无袖长衣(裙),发式或短发过耳,或长发垂胸(肩),显得简洁朴素。

(一) 男装

研究出土文物发现,在这一时期,男装已趋长,下移至小腿,且三角形胯裙又大为收缩,服装整体紧贴腰部(图 9-6)。对照历史遗物,人们可以发现,男装变化源自古王国时期,进入中王国后,其长度、三角造型的内收程度,明显加速,成为窄长的、贴腰的裙式衣装。

(二) 女装

中王国时期,女性的穿着还是古王国的沿续,即鞘直式衣裙。这类服装紧身合体,注重收腰。并且服装收腰很宽,直至胸部,这不仅增加了女性的体态之长,而且突出胸部的丰满,裸露的手臂更加衬托出了女性的魅力。

图 9-7 的女子衣着合身贴体,既符合鞘直衣装之形式,又显示出该形象的女仆身份。罗浮宫、开罗等博物馆,所藏彩色木刻人像,衣着皆为此式搬运物品的女仆,从而成为这时期下层女性的典型服饰。她们的服装图案纹饰很有特色:或呈曲线织物,或类圆弧组合,或近蜂状构成,这些图案纹饰被大量运用于女装中。

在开罗、罗浮宫、大都等博物馆,还藏有羽毛编织的服装实物,色彩至今鲜艳,斑斓夺目。这是远古人类获得防护邪恶的护身符(图 9-8)。

图 9-6 贴腰裙式衣装

图 9-7 女仆合身装

图 9-8 羽毛编织服饰

上述博物馆收藏人物木刻之服装图案,排列整齐规范,以深浅不同的色彩,由浅而深组合成一个单元,连续成多单元纹饰。每个单元之间都有一定的间隙,显示密中有疏,从而形成疏密有致的审美观感。

第二节 新王国服装

新王国时期(18—20 王朝,公元前 1570—约公元前 1085 年),也称埃及帝国时期。古埃及服装的发展变化是从帝国时期开始的,此时埃及的服装发生了较大的变化,主要是新款式的出现,服装趋向繁丽,服饰等级已明朗。

一、男装

由于穿着和剪裁方式的改变,男子服装出现了很多新款式。原来人们穿衣自上而下,中间并无停顿之感,体现了人体的自然美。帝国时期的服装更多体现了人工的创造美。

(一) 贯首式长衣

贯首式长衣为当时流行的男装样式。以两倍于穿着者身长的长方形面料,对折后中间及两侧开口,以方便头和手臂的进出(穿脱),即把经过加工的布料,经头往身上一套,就成了一款服装。这种衣装整体宽松、舒适。而多余面料可在腰间打结,形成褶裥。有时会在腰间束一带,起加固作用,腰带宽长,系结后下面形成一个很大的椭圆形扇面,垂至双膝。若不束腰带,可使前后衣边部分重叠,以后底边系在腰间,再用若干小饰花打结。这样,不论是束带,还是底边饰花,既可使服装牢固成型,又增加衣着的装饰美(图 9-9),也有称作“和服式”或“卡拉西里斯”(Kalasiris)的。十八王朝国王图坦卡蒙陵墓中的守卫雕像,就是穿着这种经过改革的新式服装。

图 9-9 贯首式服装

(二) 竖直长衣

竖直长衣,是帝国时期流行的另一种服装,长至双膝,或至小腿,穿在短胯裙之外。通常情况下,这种服装面料打褶,意在加强服装外观的形式美。对照图 9-10 还可看出,此种样式与直鞘式相似。

贯首式长衣和竖直裙都是衣和裙的相连,这是帝国时期服装的一大特点。衣质透明,上由

横褶波纹，说明制作的精细，面料的精良。

（三）服饰等级

服装上的等级标识已趋明朗。上层阶级的服装与平民的服装相比不但种类丰富，而且款式也不同。如法老所穿裙的下部有一圆形突出的兽头饰物，类豹或狮（图 9-11）。传说阴间掌管天平称量死者心脏、判定死者生前罪过的那个人，就是兽头人身的“阿奴比斯”神。圣职人员用此物作装饰具有威慑感，警戒民众，约束言行，以免将来到地狱再受煎熬，亦符合所饰者的身份。这可能就是兽头饰物的审美内涵。在《亡灵书》或木乃伊棺椁的彩画上，有不少“阿比奴斯”的形象，其道理大概也是如此。另外，此类服装都镶有金饰，显得富丽堂皇，如围裙的腰带，就饰有金珠、狮头、神蛇（也有在冠上的）等图案。这些都是贵族和上层社会的象征。

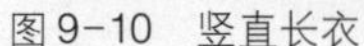

图 9-10　竖直长衣

图 9-11　服装上的等级纹饰

古埃及服装也很讲究象征性，在服装中注入一种美好的愿望。当时牧师都身着白色亚麻布服装，剃光头，以示纯洁无暇。举行宗教仪式，牧师穿上豹皮衣，象征高尚、严肃。而羊毛之类的服装被他们认为那是不洁之物，是野蛮人的装束。

二、女装

帝国时期的女性虽穿紧身长衣，在隆重的场合还须同男士一样，穿着朴素、简单的服装，但身上布满饰品，五彩缤纷，衣边还缝以白亚麻布制成的褶带，体现时代的特色。下层妇女仍然是穿那种简朴的、没有什么装饰的紧身衣。而从事艰苦劳动的妇女则是穿着早期流行的短上衣。贯首式长衣不仅为男子所穿，女性也通用。

古埃及虽然曾出现了不少鲜艳色彩的面料，但一般地说仍然以白色为主，这主要取决于当时的染布技术。

（一）窄款裙衣

女子贯首衣虽与男子的相同，但所饰腰带尺度不同：男为宽，女呈窄带状（图 9-12）。

图为雷姆希斯二世的奈佛蕾蒂莉王后（左），同是贯首衣，腰饰却颇为讲究。虽用窄带系结，可余者飘带却长长地垂落于双膝，为女子的优雅美增色。结合王后墓葬其形象画面更可证该腰饰之美（图 9-13）。这里，服装是简单的套头式，然观二位头部之装饰，可用“繁杂”二字概括。其头顶所饰兀鹫流行整个古埃及，为该民族历史的装饰之最。左面王后、右面女神，头上所戴浓密光洁的假发，上饰珠宝甚多。女神镶嵌红色玛瑙与各色宝石，两只哈瑟圣牛的尖角，呈环状围着圆圆的明月；王后头饰埃及神阿门的两片羽毛和太阳神大拉的太阳球。

图 9-12　窄形腰束的女式贯首衣

图 9-13　窄形腰束的女式贯首衣

就服装构成来说，此时出现了两件成套的服装：裙衣和围巾（肩披）。这种服装设计简单，穿着方便，其特点是覆盖双肩的长与宽相等，用料节省，制作简便。但面料考究，全部打上褶纹，外形美观，与今天的印度卷布服（纱丽）类似。当然，也有制作复杂的，且随着时间的推移，此种服装制作的复杂程度亦非今人所能理解的。

（二）束胸长裙

束胸长裙也很惹人注目。对照著名的法老阿赫那吞（一译埃赫那吞、阿肯纳德）妻子涅菲尔蒂王后的彩色石灰岩雕像，可获得具体的感受。长裙有众多呈放射状的、对称的皱纹（图 9-14），使服装活泼、轻松，显得典雅富丽。那宽宽的领饰、自然熨帖的披肩，凝重的上身与修长的下体，体现了服装的雍容华贵。其名字“Nefertiti”就含有“迄今最美的丽人”的意思。就雕塑史来看，有两位女子的雕像最美。一是法国卢浮宫的《米洛岛的维纳斯》，一是柏林国家博物馆里的《涅菲尔蒂》（一译奈佛蒂蒂），她比米洛维纳斯要早 1 500 年左右。这两尊塑像皆属无与伦比。后者服装之美，皆如上述。其服装线条之柔和，更衬人之美。该衣装的形式与前述贯首衣，颇有近似之处。

图 9-14　束胸长裙

（三）古埃及的美容与装饰

现代化妆技术有许多都是从古埃及发展而来的。美容、化妆

等具有修饰功能的技艺，古埃及人都很重视，且种类很多，特别是假发和描脸。男女都崇尚戴假发（涅菲尔蒂王后是个例外，图9-15），主要用染成蓝色的羊毛或猴毛做成，有时也用植物纤维制作，做工精致，外形美观。所做的形状、大小视个人的身份而定。女子长长的假发披散着直垂至肩下，上面点缀装饰有黄金饰带、黄金圈、五彩玻璃及各种珍贵珠宝。男子为了表示尊贵，有的带有辫形的假胡子，地位越高，假胡子的材料越昂贵。如国王的假胡子就用珠宝制成，且末梢翘起。埃及炼金术发达，化妆艺术极高，追求时髦，讲究奇特。男子把橙色的化妆品抹在脸上使肤色变深，而女子则用淡黄褐色的胭脂使皮肤变浅。用颜料描画眼、脸、嘴等部位，突出、强化自身的美，或矫正先天的不足，女性尤为突出。她们出席亲朋好友的节日庆典时，头上往往饰成圆锥形花球，里面装有膏状香料，香气四溢，炫耀自己的化妆技术。

图9-15 涅菲尔蒂头戴王冠雕像

古埃及人的装饰也很突出。她们用珍贵的材料为法老和贵族制成王冠、耳环、项链、胸饰、钮扣、腕镯、戒指、脚镯等饰物，穿戴在身上，光泽熠熠，环佩叮当，悦人耳目。成年人还佩戴项链或其他饰物。项链作为古埃及既普遍又典型的饰物，所用为不同的宝石和彩色陶瓷念珠制作，有的还是多股球体念珠，可见材质之珍贵，更显其重量感。长时间佩垂于胸，必然会产生不舒适感。为此，佩戴者一是把项链交替置放双肩之侧，以减轻颈胸之不适；还有一法是外加附饰物，使之平衡。9-12 图中的女神之过肩处，就是起平衡作为的饰物，不致左右晃动。另外，额间还有装饰秃鹰脑袋、蛇身等神符的，以作避邪之用。秃鹫是国王外出时对王后的神灵保佑，也是丈夫离家给予妻子的护身符，极具象征意义。

古埃及人装饰精美之最，当推18王朝图坦卡蒙陵墓出土的大量黄金饰物143件，其中最生动者是法老的人形金棺和黄金面具（图9-16、图9-17），而图9-18是其最精美的一件饰品，由各种宝石镶嵌的坠饰。可以说，图坦卡蒙陵墓陪葬饰物，真可谓之旷世奇珍。

图9-16 图坦卡蒙人形金棺

图9-17 图坦卡蒙黄金面具

图9-18 图坦卡蒙各种宝石镶嵌的坠饰

第三节 两河流域服饰（西亚服饰）

亚洲西部，幼发拉底河与底格里斯河的两河之间，夹有一块肥沃的大平原，史称“美索不达米亚”（Mesopotamia），即希腊语“河中间的土地”，又称“新月沃地”。这里是西方文明的源头之一。传说中的伊甸园、圣经旧约中的传奇故事，其发源地就在这里。

一、西亚社会

苏美尔人在美索不达米亚南部创建了第一个文明，从公元前3500—公元前2250年，其文明达到鼎盛。公元前十九世纪中，地处两河中部的巴比伦帝国兴起。约在公元前1300年，底格里斯河上游的亚述开始崛起，之后占领了巴比伦。公元前626年，亚述灭亡，在原地又建立了新巴比伦王国。公元前539年，波斯攻占新巴比伦王国。公元前330年，马其顿摧毁波斯帝国。

这片土地先后诞生的古巴比伦、亚述、波斯及希腊、罗马等帝国，在世界史皆有重要地位，其所创造的宝贵财富和两河文明，经由苏美尔人、阿卡德人、亚述人、迦勒底人等，影响“西亚”乃至整个欧洲世界，他们的艺术独具风貌，服装亦颇具特色。

二、西亚服饰

两河流域的服装朴实无华，富有装饰感，衣裙边缘多饰以皱褶，增加衣裙之丰富的层次性，从而透露了人类之初的审美意识。西亚的服装在色彩上有贫富之分，布料一般都是羊毛织物或亚麻布，但在色彩上有很大区别：平民的服装一般只能染成红色，统治者穿蓝紫色的服装。西亚服饰不仅带有两千多年两河流域的文化，而且在面料、样式、装饰与制作工艺上精美华丽，对以后欧洲服饰的形式有较大影响。

由于西亚各时期种族繁多，相互影响，以致语言、宗教、法律、艺术等，从变化万千到互为融合，因此很难区分他们之间的差别。只能以苏美尔服饰、巴比伦服饰、亚述服饰、波斯服饰等，来加以阐述。

（一）苏美尔服饰

苏美尔人是两河流域最早的定居者。公元前3000年，就建立了城邦。早期苏美尔男人的装束与古埃及相似，仅以一块腰围布缠裹，或缠一周，或缠几周，由腰部垂下掩饰臀部。此基本衣料叫做“卡吾那凯斯”（Kaunakes），又称考纳吉斯。这种流苏面料的款式也以此得名，但今天这种面料已无实物可以认识，只能从考古出土的雕刻中分析大致结构，对其衣上“流苏”样的装饰，目前的分析不一，从出土的石雕像上可以感觉到这种面料较为厚重且极富肌理感，猜测为毛织物或将羊毛固定在毛织物和皮革上（图9-19）。女性显得稍有不同，全身缠住而露右肩。这一现象至后期就并不限于女性了，男子也以这种衣式为主要服用对象。处于公元前2130—公元前2016（即阿卡第安统治期间），古底亚成了拉格什城的杰出领袖。他的许多雕像就有如此样式（图9-20）。这就是史书上说“大围巾式”的“缠裹型”。该围巾置左肩而下垂于前方，并经胸过右腋下躯干部分，经后背再向上左肩缠过，于右臂下固定。这种缠裹技巧的熟练人们还可从女性头巾上看出（图9-21）。

图9-19 考纳吉斯服

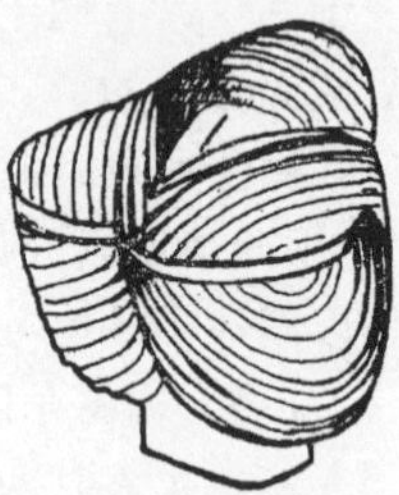

图9-20 缠裹大围巾的古底亚雕像　　图9-21 缠裹头巾的妇女

公元前2000年苏美尔的一幅绘画——“人头牛身怪”，就是显例。从中可看出苏美尔人着装的艺术：服装紧身，腰束饰带，衬托了人物潇洒、练达的仪态和风采。阿卡德国王萨尔贡一世的青铜头像，同样凝聚了这个民族的审美能力（图9-22）。头像铜盔之纹饰为平行网状结构，须发的装饰手法独特而有力，呈螺旋式紧密排列，此举既具男子的阳刚之美，又表现了国君的威严和强悍，刻画了这个以征战立国的“世界四方之王”的粗犷、豪放的个性特征。

（二）巴比伦—亚述服饰

约在公元前18世纪，古巴比伦王国开始了对两河流域的统治。据汉谟拉比王的《法典柱》（Code of Hammurabi, Codex Hammurabi，约公元前1800年）可以见其服装之概略。这是世界上所发现的最早的成文的法律条文，是研究古巴比伦经济制度与社会法治制度的极其重要的文物。在这高达两米有余的石柱上端，是太阳神沙马拉向汉谟拉比国王授予象征权力的魔标和魔环的浮雕。石雕精细，表面高度磨光。人物的表情和动态随意和自由，所着服装也紧扣这一点。太阳神形体高大，胡须编成整齐的须辫，头戴螺旋型宝冠，右肩袒露，身着长过膝盖（至踝骨）的长裙，正襟危坐；汉谟拉比头戴传统的王冠，神情肃穆，右手举作宣誓状。细究之余，人们还可发现，他们的衣着似为“大围巾”的沿用；或以缀满流苏的披肩包裹其身至颈部，明显受考纳吉斯服影响，成螺旋状（图 9–23），又称伏兰（Volant）装，与史载相符。

图 9–22 萨尔贡一世的青铜头像

图 9–23 汉谟拉比王的《法典柱》，伏兰装

与此同时，公元前 3000 年到公元前 2000 年，亚述人的城邦得以发展，至公元前 8 世纪，亚述进入帝国时期。亚述帝国时期，人们对服装的审美追求发生了很大的变化，更加注重服装外表的装饰和设计，流苏装饰被频繁地运用。流苏穗饰以及运用花毯的织法或用刺绣方法做成的花纹图案的装饰成为这一时期服装的主要特征。这种流苏装饰，往往把布料的边缘处理成毛边，又在边缘布料上饰有整齐的花纹图案。一般是红色的流苏装饰在白色的面料上，风格质朴而又艳丽。同时，这种流苏式装饰，也是地位等级的象征，上层官员的服装不仅拖长，且周身饰满了流苏，而下层官员只有小块流苏装饰衣边。

服装的基本样式仍然不复杂，宽松的筒形长衣坎迪斯（Kandys），是其基本的主要样式，纹样和流苏是其装饰特点，可单穿，亦可外披大围巾。这种衣服制作简单：将两块长方形的布在两肩上部及两侧腋下缝合，留出头部的口和大大的袖口，最后在腰部系上一条带子。穿着时，宽松的的袖子垂下时形成许多自然的褶皱。其中，亚述高层人士—那西尔二世的雕像，头发梳理整洁，胡须精心修饰，大围巾缠裹边缘的流苏，整齐密集（图 9–24），堪称典型形象。

（三）波斯服饰

公元前 550 年，崛起于伊朗高原西南部的波斯帝国，经居鲁士、冈比斯、大流士三位国王的不断开拓，波斯成为包含中亚（阿富汗、印度）、西亚（两河流域和土耳其）及古埃及的大帝国。各代国王都穿米底亚人宽松的长袍，这种长袍有完整的衣袖，肩部到腰部有开口，但不敞开织边，直到手腕才敞开。疆域的广阔，多国文化的继承，造就了波斯文化艺术的空前辉煌，即对各部族的相互融

合，成就了波斯服装融汇性的一大特色。对色彩有良好的感觉，喜欢黄色系列和紫色。

波斯人以游牧民族居多，受高原寒冷气候的影响，面料多为羊毛、皮革等厚质材料，以及亚麻布和东方绢，上饰精美刺绣图案。齐膝束腰外衣和至足长裤，是波斯的传统服装。如图9-25所示，这是服装史上最早的最完整的衣装：衣袖，分腿裤，而最右者为世界现知真正意义上的外衣，衣长至足，衣袖、衣领等廓型要素，完整、清晰可见。这可能是波斯人精于骑射而采取的衣装实用之措施。据说，这就是最早的分腿裤和衣服的袖子。同时喜欢骑马也要求他们的服装注重合体，必须“量体裁衣”。从有关资料上来看，这种有衣袖的衣服可以算是世界上第一套外衣了。

更让人称奇的是，一件公元前1250年前的雕像（图9-26），其衣装竟是16世纪欧洲的艺术风格。上为短式罩衫，合体度良好，胸部曲线明显；下配流线性长裙。衣装外部还辅以精致的装饰：流苏、金属圆片、刺绣图案。衣装整体裁剪精确，显示了高超的专业缝制技巧，乃至较强的艺术感染力。波斯人的头饰种类也很多，鞋子的制作也很精巧。

图9-24　亚述高层人士的典型形象——那西尔二世的雕像

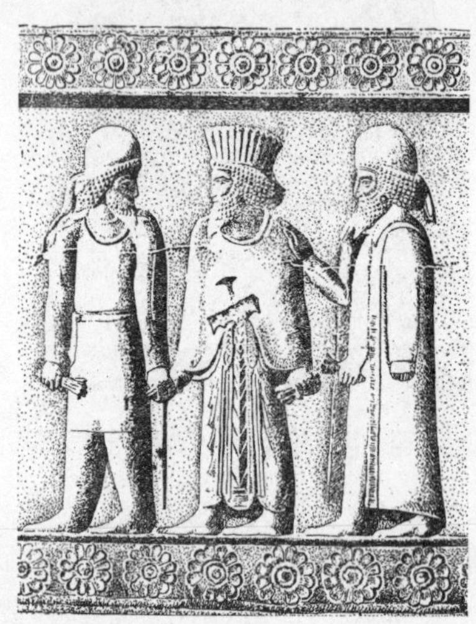

图9-25　波斯传统服装

图9-26　现代欧洲风格的波斯女装

简言之，两河流域的服装朴实无华，富有装饰感，衣裙边缘多饰以皱褶，增加衣裙的丰富性及层次性，从而透露出人类最初的审美意识。

思考与练习

一、试述纳尔莫的装束对古埃及服装的影响。

二、中王国男女服装在形式上有何特色？

三、埃及帝国时期服饰的丰富性及其等级意味表现在何处？

四、你青睐两河流域哪个区域的服饰？说说其中的理由。

第十章 古希腊罗马服饰

说古希腊罗马的服饰,就必须从克里特开始。这里是古代西方乃至欧洲文化的源头。从克里特文明到古希腊再到古罗马文明,是人类历史上最精彩,且充满艺术气息的服饰历史之一。服饰艺术设计手法上的丰富多变,配饰精致巧妙,充分地体现了古希腊罗马服饰的动人魅力。这是服装历史中无法逾越的经典印记。

第一节 克里特文明与服饰

克里特文明(Grete culture),也译作前希腊文明、米诺斯文明、迈诺安文明。该文明的发展主要集中在克里特岛,它是爱琴海地区古代文明的开始。这个时期服装款式简单,有分层裙、低胸紧身胸衣,给古希腊、古罗马的服装以深刻的启迪。

图 10-1 克里特岛上早期男女的穿着

一、克里特文明的历史

克里特文明一直被视为西方文明之源,它所创造的政治、经济、科学、艺术、哲学、宗教为西方留下了璀璨遗产。其服饰理念也蕴涵了对千年后西方社会服饰生活的深刻影响。克里特文明对西方古典文明来说很重要,它引导了西方现代服饰本源的发展,是一种神秘,又极具魅力的文明。

公元前 2000 年左右,希腊的克里特岛上有了许多宫殿,由国王统治。阳光明媚的地中海气候让当地农业兴旺(图 10-1)。这个时期的克里特文明,又被称为米诺斯文明(Minoan civilization)。

传说中克诺索斯有一位最伟大的雅典艺术家、雕塑家及建筑师代达罗斯,他为国王米诺斯修建了一座著名的迷宫,宫中通道交错,无论谁只要一走进去,就再也找不到出口。国王米诺斯将他不贞的妻子帕西法伊关在了这座迷宫里,因为他的妻子迷恋上神物白牛,并生下了一个牛首人身的怪物米诺陶罗斯。而这和传说中宫殿的仪式也有关系,在仪式上,米诺斯国王戴了一个面具,那是一公牛的头,也被称为牛头人面具,是混沌、邪恶、力量和杀戮的象征(图 10-2)。

图 10-2 米诺斯文明时期的宫殿

二、克里特服饰与装扮

克里特岛人是克里特文明岛屿上的主要民族，特洛伊的海伦就是一个有名的美丽的女王，幸存的壁画表明克里特岛女性优雅又时尚，发型设计精美（图10-3）。

图10-3　出土文物上的海伦形象

（一）克里特人的生活

克里特岛的人们会进行常规的美容护理（图10-4）。他们生产制作芳香油，并把它们储存在优雅的罐中。一些从事石油交易的商人，同时也会保持一定数量的芳香油放在家中使用。他们使用小石盆、浴缸浸泡，然后擦香油护理肌肤。

克里特岛的人们创造了闪闪发光的金色死亡的面具，为他们的国王而创造制作。面具先雕刻好，然后再用金子制作而成，面具铺在死去的统治者脸上。最有名的面具是19世纪70年代由考古学家海因里希・谢里曼(Heinrich Schilemann, 1822—1890)发现。起初，谢里曼认为他发现了特洛伊国王阿伽门农的身体，但后来证明，面具属于最早的迈锡尼国王(图10-5)。

图10-4　出土文物上的美女形象

在米诺斯，人们崇拜女神，这是极为普遍的事情。从克里特出土的印章上，常常有女神的画像。女神神情威严地伫立在山顶上，她的两旁有双狮，忠实地守卫。她的身后，便是一座庙宇，而她的面前，则有一位信徒侍立。一般来讲，女神穿的是典型的米诺斯宫廷女士的折皱裙，上身穿着紧身衣，女神头上有时无头饰，有时头戴冠冕或头巾。

在某些画像中，女神还与一位男神同时出现，而男神往往比较矮小，显然是个配角，说明女

神在米诺斯人的心目中的地位至高无上。

图 10-5　迈锡尼国王的死亡面具

美国波士顿美术馆收藏了一个作品，那是从克里特岛发掘出来的，一尊 16 厘米高的《持蛇女神》雕像。女神头戴高冠，身穿敞胸的宽大裙衫，露出丰满的双乳，表情严肃庄重，双手各持一条头部向上昂起的金蛇。女神的身体、裙衫是用象牙做的，蛇、腰带、臂环、裙子上的装饰条纹则用黄金薄片制成。这一形象完全不同于古埃及或西亚神像的神秘严肃，而仿佛一位世俗的盛装窈窕少妇。伊拉克利翁考古博物馆藏有一件女性赤陶像，她两手伸开，各抓一蛇，好像在献技或在施行魔法。头顶上蹲伏的一只狮子也属于米诺斯宗教的圣兽。公元前 1600 年前，古希腊克里特人崇拜的持蛇女神塑像，而持蛇女神也被奉为大地女神，她穿着紧身上衣和长裙，腰肢纤细（图 10-6）。

（二）克里特服饰风格

克里特人的服装非常独特，创造出和其他古代世界迥异而至今令人惊讶的服饰形态。克里特文明的服装形态经历了从古希腊的优美、简朴、无阶层、无男女之分，走向罗马作为身份地位象征物的转变过程。米诺斯宫殿的壁画揭示一种人们穿的衣服。克里特人常戴一个简单的腰带或短裙，它由羊毛或亚麻制作而成。落在前面的面料上，他们往往饰有几何图案。这种服装形态在古代非常罕见，其形态的成熟度至今依然让人叹为观止（图 10-7）。

图 10-6　古希腊克里特人崇拜的持蛇女神塑像

图 10-7　克里特岛人男女热衷于装扮自己

伊文思发掘出来的克诺索斯(Cnossus)青铜时期壁画,描绘运动员在牛背上跳跃之情景。另外有许多壁画表现了米诺斯人的生活情景。几千年前留下的彩绘至今未褪,色彩相当鲜艳。颜料都是植物、矿物和骨螺提炼的,且在泥壁将干未干时挥毫成画,色彩渗入墙壁,故能经久保存。中心庭院南侧宫墙上有一幅名为《戴百合花的国王》的壁画(图10-8),画中的国王如真人大小,头戴百合花和孔雀羽毛的王冠,过肩的头发向外飘拂,脖挂金色百合串成的项链,身着短裙,腰束皮带,风度翩翩地向前走去。一幅名为《纤细壁画》的作品,则在画中央画了几个坐着的宫女,她们神态从容,穿着各色服装,头发迷人地披在肩上,佩戴着项链和头饰,华丽妩媚。

觐见室的壁画是三只鹰头狮身、带有翅膀和蛇尾的怪兽,伏在芦苇中虎视眈眈地看着彼此。据说此怪的头、身、尾分别代表天上、地面、地下的神灵,是克里特人膜拜的图腾。皇后寝宫描绘着舞女和海豚在水中游荡的图画(图10-9)。长廊上有《蓝色的姑娘》、《持杯者》、《蛇神》等大幅壁画。

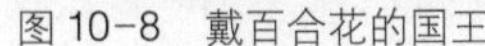

图10-8 戴百合花的国王

图10-9 皇后寝宫描绘着舞女和海豚在水中游荡的图画

有证据表明,战争是他们生活的一个重要部分。国王和贵族训练士兵,音乐家为战争高歌。当战争开始的时候,国王和贵族乘着战车,而普通士兵则步行。他们穿着简单的短裙,依赖其头盔和盾牌保护。头盔通常使用青铜作为帽尖和耳片,用流动的马鬃做装饰。国王的头盔最初是由几十个野猪的獠牙并排。战士穿着一套青铜盔甲,沉重而刚性,穿着极度不舒服。盾牌分为不同的类型,有的是由牛皮绷在木框,有的则是青铜制作而成。盾牌、剑、匕首,和其他的武器都装饰得非常漂亮。一把匕首在国王的墓穴中发现,它用金银打造,纯金的刀柄和刀片,用于在林中狩猎(图10-10)。

(三)克里特文明的代表服饰

克里特男子服装很简单。多数上身赤裸,仅在下半身缠绕腰布,但腰布通常下摆有纹样装饰,配以精美腰带。

图 10-10　穿整块皮革甲的迈锡尼战士

女子服装却异常具有现代感，米诺斯女装是复杂的。女性穿着颜色鲜艳的礼服，上衣下裙，紧身合体，有着相当高超的裁剪塑型技术。装饰有荷叶边的裙子，上身穿着一个严密而合身的紧身胸衣，胸口很低，短小的上衣紧贴身形。立领，而领口开得很大，裸露部分皮肤。腰部用有装饰纹样的腰带系扎，勒得很细，下穿一段段摆开的吊钟状裙子，每段都似乎捏有很多褶，常有很多层，甚至拖到地面。短袖束腰外衣覆盖身体的，并且看上去好像内有裙撑，臂部还围着绣了精美图案的围裙式小罩裙。克里特女性通常将脸部整理的很干净，头发松垂到背上。她们戴着金项圈，手镯，手链。有时还戴着圆锥形的高帽，有时候只饰一个简单的发带。

无论男女，克里特人都喜欢穿戴装饰品，头上戴长长的羽毛，或造型独特的帽子，帽子上装饰色彩缤纷的羽毛或贵金属，身上也挂满各种项链、手镯和戒指。鞋子只有在外出时才穿，居家为裸足。由于克里特服饰形态未有承继，历史遗存甚少，故迄今人们对克里特的服饰仍存有疑惑与想象。

19 世纪末，当考古学家在克里特的克诺索斯挖掘出精美的壁画时，人们被米诺斯妇女的华贵惊呆了：贵妇们穿着天蓝色、黄色、红色的衣裙，穿着袒胸露颈背的绣服，前额和颈项留着迷人卷发，拢着高贵发型的头部在项链和头饰的衬托下，显得雍容华贵。贵妇们姿态优雅地闲谈，观看斗牛，画面洋溢着轻松愉快的气氛。似乎 19 世纪的法国名媛贵妇带着活泼的神态，沿着时间隧道倒流到3000 多年前。

米诺斯的宫廷服饰更有特色，在他们的颜色鲜艳的皇宫大厅里，迈锡尼国王和王后举行盛大的宴会。国王和贵族穿着有简单图案的短裙，通常左胸前赤裸。男人头发松散，披在肩上，或者用一个简单的发带做装饰（图 10-11）。

在宫廷里,迈锡尼妇女穿五彩的服饰,分层裙,低胸紧身胸衣。他们的头发是五颜六色的彩带束缚松散,而一些发丝挂在她们的脸上(图 10-12)。妇女穿金戴琥珀项链和手镯,男性有金臂环。

图 10-11　米诺斯的巴黎女郎

图 10-12　游行的女祭司

第二节　古希腊服饰

古希腊是位于爱奥尼亚海、爱琴海诸岛及小亚细亚西岸一带奴隶制城邦的总称。于公元前 146 年希腊并入罗马版图。希腊人以自由的精神、批判的眼光、理性的分析探索一切奥秘,希腊服饰也继承希腊自由的精神,希顿是其最主要的款式。

一、古希腊的历史背景

从北方迁入亚加亚人、爱奥尼亚人、伊奥利亚人和多利安人,他们占据了希腊诸岛,毁灭了高度发达的爱琴文化,于公元前 8 世纪建立了许多奴隶制城邦,并在黑海和地中海沿岸许多地区建立了殖民地(图 10-13)。公元前 5 世纪中叶到公元前 4 世纪中叶,希腊经济、政治、文化高度发展,达到鼎盛期,成为一个繁荣的希腊文明的中心。

在古希腊众多的城邦国家中,南希腊伯罗奔撒半岛的斯巴达和中希腊亚提加半岛的雅典很具代表性。居住于斯巴达的主要是多利安人,居住于雅典的主要是爱奥尼亚人,这两个民族作为古希腊代表性的民族,在美术、建筑和服装上创造了成为后世规范的两种文化样式。多利安式具有简朴、庄重的男性特征。爱奥尼亚式则具有纤细、优雅的女性特征。这些特征在建筑、雕

图 10-13　古希腊剧场依山而建造

刻和服装上都得到了充分的体现。

《掷铁饼者》全身肌肉鼓足，两臂如弓背，承受着瞬间爆发的力量，而腰腹部处于收缩状态，腿部弯曲，似乎下一刻即将发出强大的反作用力。它以精心定格的一个瞬间动作，表达了多种力量集聚、对抗、较量的立场。而希腊雕刻所崇尚的理想化脸型，椭圆面容、直鼻梁、平额、弧形眉、扁桃形眼睛，微微鼓起的嘴唇，宁静严肃若有所思的表情，和其千姿百态、充满动感的人体姿态结合成一体（图 10-14）。古希腊人通过艺术表现深邃的哲学思想，作为西方艺术的传统保留了下来。

图 10-14　《掷铁饼者》雕塑

二、古希腊服装与生活

温和晴朗的地中海气候在希腊表现得最为典型，既无欧洲冬季的严寒，更没有非洲夏日的酷热。海洋主宰了它的气候，也在一定程度上影响了它的历史和文化。希腊人生性活泼，喜好体育运动和炫耀肉体的健美，在运动场上，无论男女常是裸体的。其服装不是用来区分身份地位的，因此也就无需经华丽和复杂来表现某种权威性，甚至连男用女用也没有严格的区别。

（一）希腊人的生活

大多数希腊女人知道如何纺羊毛，织布（图 10-15）。大部分希腊人的妻子在家中，从事纺布的工作，为家庭成员提供所有面料。有钱的女人则是将此当做一种爱好。

在古希腊早期，男人和女人都留着松散的长发，用绳和细带系扎，或编成发辫盘在头上。公元前 500 年开始，男人的头发变得更短，成一簇簇的波浪小卷，他们的胡子修剪得很整洁。贵夫人们经常洗发、烫发，把头发染成金黄色，扎成各种各样的发髻，用缎带、串珠、花环、发簪、兜帽、

图 10-15 女性在织布机上纺布

方巾、丝网等，挽成美丽端庄的发式(图 10-16)。希腊人头发是黑色的，但喜欢染发，经常染成金黄色，有时也戴假发套。

图 10-16 古希腊常见发型

古希腊妇女花了很多时间和精力使自己看起来漂亮。他们常洗澡和经常往身上擦橄榄油防止皮肤干燥。使用大量香水，也用橄榄油擦头发使之闪耀。她们用特殊的药膏来增白肌肤，把眉毛描黑，用胭脂在脸上，涂口红、擦白粉、镶牙。

古希腊的女人只化淡妆，因为她们想让自己看起来洁净自然，美丽大方。她们的唇膏是用氧化铁和赭色的黏土做成的糊状物，或者是在橄榄油中拌入蜂蜡而成的。红粉也经常用来擦脸（图 10-17）。眼影膏是用橄榄油和木炭粉混合而成的。古希腊人还喜欢连贯的眉毛。为了让她们的眉毛连贯起来，她们就用深粉色来妆扮眼睛。

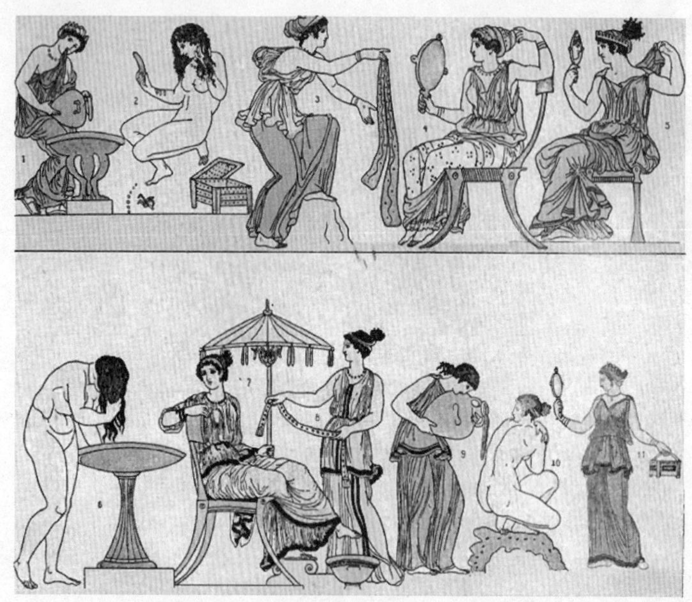

图 10-17　希腊女人在用油洗头

（二）希腊的服装形态

古希腊充满民主自由、哲学思辨、艺术气质的人文环境，地中海的蔚蓝海水、和煦阳光和徐徐暖风的自然环境，影响并形成了古希腊的服装形态。

在希腊，气候温暖、干燥，人们不需要很多的衣服。男人和女人都穿着简单的外衣，天冷了增加一件斗篷。用针或胸针固定，可以很平凡，也可以很复杂。通常人们光着脚，有时穿着简单的皮凉鞋。希腊人最典型的服饰是希顿，它也是人类服装历史中最原始的形态，即不裁剪不缝合或极少缝合的服装样式。

希顿是由一块长方形的布，固定在肩膀和左一侧打开（图 10-18）。其构成极为单纯、朴素，不需任何裁剪，通过在人体上披挂、缠裹或系扎固定，塑造出具有优美的悬垂波浪褶饰的宽松型服装形态。

在古希腊，不同地位的妇女的服装穿着有所不同。有地位的妇女把希顿作为内衣穿用，但在家里可以做日常穿用，如果外出，或参加宗教节日集会、观看戏剧、在仆人的陪同下到市场，一般都要在外面穿戴古希腊式的披风，如包缠长袍希玛纯（Himation）或短斗篷克拉米斯（Chlamys），甚至需要戴面纱。但妓女可以自由出入各种公共场合，在酒宴等场合经常穿着短小的跳舞服装，甚至裸体。其穿着的袍上也有特别装饰，可能是被有所要求，即穿着特别装饰的袍子，以便和那些受人尊敬的妇女区分开来。而女仆则穿者简单的希顿，作为日常穿用服装（图10-19）。

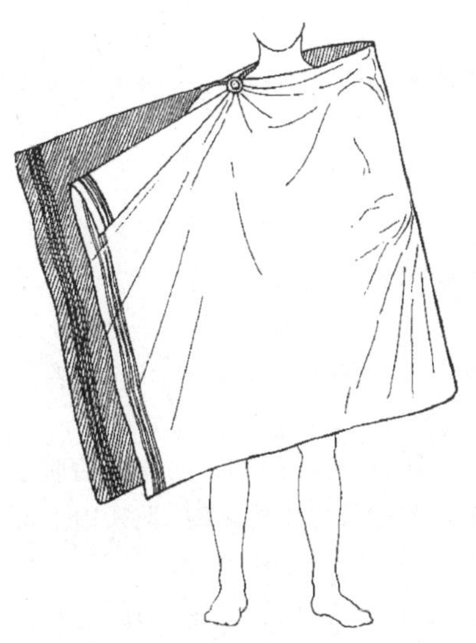

图 10-18　希顿(Chiton, Khiton),古希腊语,意为“麻布的贴身衣”

图 10-19　希顿的穿着方式

大多数的希腊男子穿着简单袍,缝在一起,在肩膀用针或胸针扣紧。年轻人穿着短袍,而老年人和贵族穿长及脚踝的长袍。工匠、农民和奴隶,经常戴着缠腰布。

(三) 古希腊的面料特点

古希腊面料大多由羊毛织物、亚麻织物制成,既有粗犷厚实的,也有精细柔软的。希腊半岛的多山地貌很适合羊群放牧,从而可以生产大量羊毛。希腊人也用亚麻,特别是公元前 6 世纪以后,亚麻也许来自埃及,也可能是来自很多希腊人定居的爱奥尼亚地区。公元前 5 世纪,一些富有的人穿着进口丝绸或棉服装(图 10-20)。

图 10-20　雕塑上简单质朴的古希腊服装

这个时期的衣料色彩不会很多。但有关于衣料鲜艳色泽的记录,例如黄色、靛蓝色、绿色、

紫罗兰色、暗红色、暗紫色，及其他矿物颜色。使用彩色植物制成的天然染料，也会使用昆虫和贝类。几何图形非常受欢迎，图案包括几何形的齿状装饰、圆圈或方形排列成月桂、常春藤的形状，还包括神话中的生物。

三、古希腊代表性服装款式

以多利安式希顿、爱奥尼亚式希顿、希玛纯包缠式外衣、克拉米斯斗篷等为代表。

（一）多利安式希顿（Doric Chiton）

多利安式希顿也称作佩普洛斯（Peplos），是公元前 6 世纪古希腊的多利安人穿用的束腰外衣，其形式风格与当时的多利安建筑类似，所以称多利安式希顿。

多利安式希顿简洁潇洒，通常它由一块长方形布料构成。布料的长边约为伸平两臂后两肘之间距离的 2 倍，短边等于从下巴到脚踝的长度，再加上下巴到腰际线的长度。穿着时，把长边上部向外翻折，折的量等于从脖口到腰际线的长度，这段折返叫做“阿波太革玛”（Apoptygma）。然后把两条短边合在一起对折，包住躯干。在左右肩的位置上从后面提上两个布角，两边肩部用约 10cm 的长别针固定。双臂裸露，宽敞衣料自然垂挂于身，多余的布料自然地垂挂在身上（图 10-21）。

别针款式多样，做工精美，一般对折右侧不缝合，在科林斯湾和阿提卡地区，也在腰线下缝合成筒装。为了强调优美的衣褶和便于行动，希腊人在这希顿上系一条腰带。用绳子以不同方式系扎，形成优美的垂褶。系扎腰带时，要把布向上提一提，使布在腰带上形成膨鼓的余量，以至垂下来盖住腰带，并在便带处随意调节纵向垂褶的疏密。

随着时间发展，上身布料向外翻折越来越深，既可下垂形成优美衣褶，折返下来的“阿波太革玛”还可从后面竖起来包头。“阿波太革玛”的量除了齐腰际线外，还可长及下腹，甚至可长达大腿中部，这时腰带系在阿波太革玛上面，形成尤如上下分离的两件套装的形态。

斯巴达女子还有一种穿法，把一条带子系在阿波太革玛下面的高腰身处，另一条带子系在低腰身处，在上半身创造两层纵向的衣褶，使这种垂褶更加复杂，衣服便于活动（图 10-22）。

图 10-21 多利安式希顿的常见形态

图 10-22 多利安式希顿的穿着方式

多利安式希顿的特点是没袖子，造形单纯、粗犷。走动时，宽敞的衣裙随风摇曳，在右侧的敞开处，健美的肉体时隐时现，给人以无限美好的遐想。

布料为羊毛织成，毛织物厚重，垂感好。颜色为本白色，染成靛蓝色、藏红色，公元前5世纪之后，它有了图案，在布的边缘还织着色线装饰。

（二）爱奥尼亚式希顿（Ionic Chiton）

这是源于腓尼基人的一种样式，原是小亚细亚西岸的爱奥尼亚地区人们穿的衣服。最初是男子的衣服，在公元前550到公元前480年，男女均着（图10–23）。

图10–23 爱奥尼亚式希顿形态

它由一块长方形布料构成，长边等于两手平伸时两手腕之间的距离的2倍，短边等于脖口到脚踝的距离再加上系腰带时向上提的“科尔波斯”的用量。两短边对折，侧缝处留出伸手的一段外，其余全部缝合为筒状，双肩到两臂用别针在不同位置固定。从双肩到两臂用安全别针一段一段固定起来，约需用8~10个别针，形成长长的袖子。

公元5世纪希腊历史学家赫罗多托斯（Herodotos）有如下记载：“在雅典，本来一般都穿多利安式的衣服，但当女人们犯口角争吵激烈时，多利安式衣服上的别针就成了凶器，这种别针曾刺死过人。因此多利安式衣服被禁止穿用，爱奥尼亚式取而代之。”（图10–24）

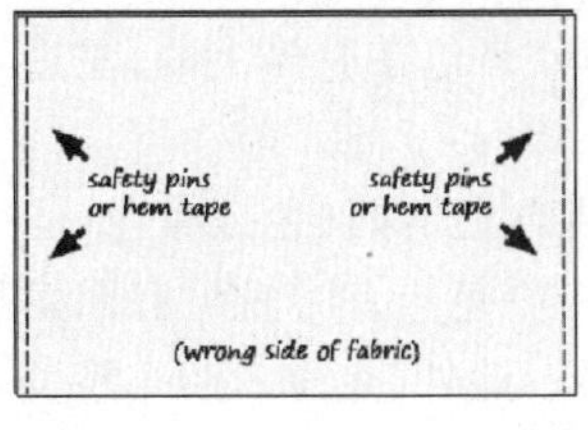

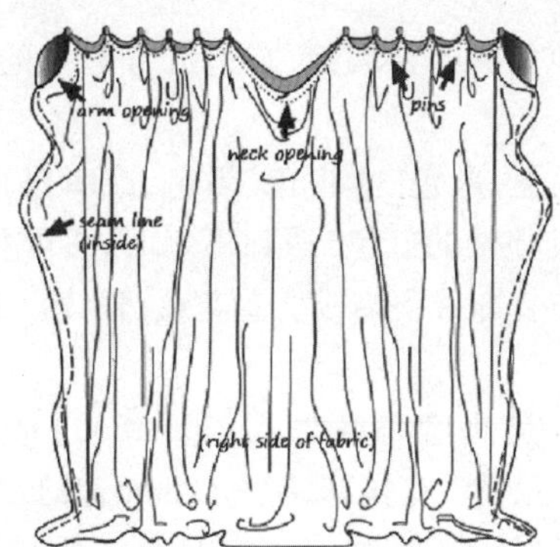

图10–24 爱奥尼亚式希顿穿着方式

固定多利安式希顿的别针最初是象簪子或女帽的饰针一样，针尾部有装饰，针尖十分锋利，长约10 cm左右，后来因上述原因被安全别针取代。

在腰部系以不同形态的绳子，精心安排出优美的褶皱。通过在身上不同部位系上绳子，或随布料上身的翻折长度不同，服装可以宽大潇洒、也可以纤细灵活、层次丰富，创造出千变万化的整体着装效果。系腰带时把衣服向上提出“科尔波斯”的量。其结果看起来很象有宽袖的连衣裙。劳作时为了方便，有时从肩到腋下用绳子扎上，有时把绳子在胸前交叉扎起来。系腰带是创造优美的褶饰和潇洒的造型的一个非常重要的因素。

材质是轻薄的羊毛或亚麻织物，类似绉纱，或来自小亚细亚科斯的薄纱面料。白色为主，还有绿、茶、金、黄等色，其中黄色多为女子使用。

（三）希玛纯包缠式外衣（Himation）

这是古希腊男女皆穿的一种包缠型外衣。一般把希顿作为内衣，把希玛纯作为外衣来理解，披在希顿的外面。希玛纯没有固定的造型，从用途上可分为有里子的外出用的和没里子的平常用的两种，其大小种类也很多。

它是一块长是宽3倍的长方形毛织物，其材料应季节分别选用毛织物或麻织物。最常见的包缠外衣是将布料一头先搭在左臂左肩，从背后绕经右腋下再搭回左肩背后，四角缀有小重物以使衣角自然下垂，而右肩裸露（图10-25）。

已婚妇女把全身和头手都包裹起来。上层女子，希玛纯的用量较大，常把遮盖左肩、左臂的布展开，把头和手都包起来。地位高的男子也采用同样穿法。

多利安年纪较大的男性、哲学家和学者们出于清高喜欢把这种包缠长衣直接披在裸身上。女性在希顿外面披希玛纯多出于美化的目的。

图10-25 希玛纯包裹式外套形态

迪普罗依斯是古希腊时期一种变形的希玛纯，右边折合起来的部分是包在躯体上的，左边的部分是垂挂在右臂前后的。

希玛纯的颜色多是天然的羊毛色、白色、赤褐色、黑色，或者染成猩红色、深红色或紫色，还有用名贵的紫色染料染成的紫色或朴素的红色，遇到不幸时，多使用淡墨色。有时候织有图案并带镶边，随着时代的变迁，也有的装饰着条饰或绣着花纹（图10-26）。此外，克拉米斯斗篷及其配件等也不能疏忽。

克拉米斯斗篷（Chlamys） 这是比希玛纯外衣（himation）体量小的长方形羊毛织物斗篷。它起源于马其顿或意大利，法语称“克拉米多”（Chlamyde）的室外衣服（图10-27）。一般男性穿在较短的希顿外，而年轻男子喜欢直接披在身上。最初为骑士们使用，后用于士兵和旅行者。

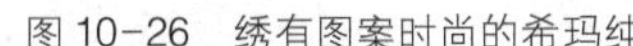

图 10-26　绣有图案时尚的希玛纯

图 10-27　克拉米斯斗篷的穿着方式

一般为 1 米左右见方的布，把布往身上一披，在右肩或者胸前用别针固定即可。这样便于活动，轻巧实用，既能遮风挡雨又显风度翩翩。许多希腊画瓶上的战士便是如此披挂。

另有小披风，为斜肩小披风（diplois）和贯头小披风（diploidion），一般都穿在希顿外面，都是简单地用别针固定，或在布料中间剪挖一个洞，披挂在身上，形成丰富而优美的波浪褶。面料都采用相当结实的毛织物。有红、土红等暗色，两端织有白色带状边饰。

古希腊帽子主要品种有旅行者、传令使和狩猎者戴的宽檐毡帽（Petasos）、圆锥型的毡帽和球型便帽。

古希腊人穿凉鞋，以木或皮革做底，皮条子缠绕在脚腕和脚背上，或者皮革透雕而成，并有各式装饰，叫做克莱佩斯（Crepis，图 10-28）。在现代服装设计中，常常有人以此为灵感设计鞋子。古希腊一般为平底，也有高底鞋（妓女或为了增高的女性使用）。古希腊人在室内都赤脚，外出才穿鞋，下等人和奴隶在室外也都赤脚。还有一种长及小腿的长筒靴，里面还有毛皮，士兵、猎人、旅行者穿用。鞋的色彩男子为自然色或黑色，女子为红、黄绿等鲜艳色。

图 10-28　古希腊的各种鞋子

希腊妇女喜欢佩戴用各种贵重金属制作的首饰，包括耳环、项链、戒指、手镯、臂饰、脚饰、胸饰、头饰等(图10-29)。富有的希腊人穿着有金、银、珠宝和象牙，而穷人的珠宝是铜、铅和骨。珠宝商有时加釉的颜色制作首饰，宝石只是在希腊时期快要结束时使用。常见的古希腊配饰还有各种造形的扇子和遮阳伞

古希腊人喜欢看戏剧，一到节日就会有大型的公共戏剧供公众观看。国王、王后、男神、女神、喜剧角色、悲剧角色、奴隶都有着不同风格的特定服装、标志或颜色来区分。悲剧演员戴着悲剧面具，戴着高高的假发，脚穿厚跟鞋，引领观众进入特殊的戏剧氛围。

古希腊战士身穿由嵌片编成的皮革胸甲，头戴皮革头盔，脸颊两侧嵌片可以活动，战斗时这些嵌片能够放下来以作保护，腿上穿戴护胫甲，一手持盾牌一手持武器，威武潇洒。重装步兵作战时候他们穿着短上衣，上半身是由青铜和皮革保护，青铜头盔保护他们的头部。他们脚上穿着结实的皮凉鞋。斯巴达士兵穿着朱红色的衣服，头盔几乎覆盖全脸。

亚力山大国王带领希腊人出战，穿着传统装甲。短袖束腰外衣、金属胸甲、一条裙子、有金属条的袖子。一件紫色的斗篷显示皇室身份。脚下穿着至小腿肚的靴子。

古希腊人喜爱举办体育竞赛，大多数奥运体育项目是由裸露的选手，但赛跑运动员必须穿着沉重的盔甲(图10-30)。每个选手穿着青铜头盔和护膝、背上沉重的盾牌。这个运动的起源可能是因为希腊重装步兵的严格训练而诞生。女性通常穿着齐膝的裙子，这个裙子较为松散，可以进行大量的运动。

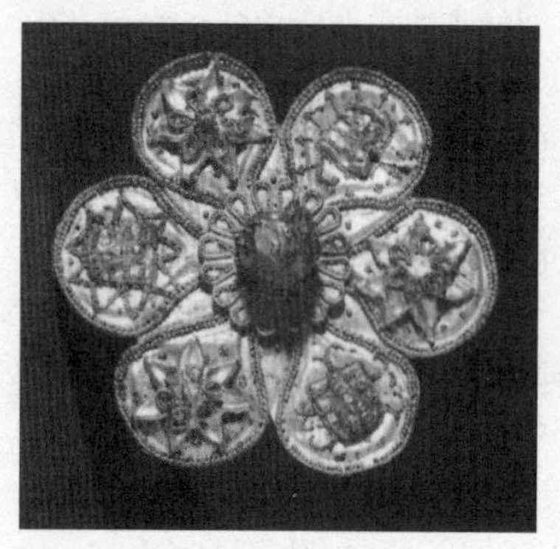

图10-29　古希腊花型黄金胸饰

图10-30　希腊重装步兵为主题的花瓶，冠的头饰带圆形盾各有自己独特的设计。

第三节　古罗马服饰

罗马帝国开始作为一个小的，生活在意大利的台伯河岸的农民社区。渐渐地，从农村扩展成为一个小镇，然后发展为城市。意大利半岛的海上交通十分方便。古罗马的居民很早就与外

界往来。古罗马的服饰风格多变，丝绸和棉也成了可选择的面料。托加是这时期主要的服装款式。

图 10-31　第四世纪罗马诗人维吉尔华的画

一、古罗马的历史背景

古罗马发祥于狭长的三面环海的意大利半岛，这里气候温和，雨量充沛，适宜居住。东部多山，适于畜牧，西部有肥沃的平原，宜于种植橄榄、葡萄等水果和作物，社会发展迅速。

罗马水陆交通便利，对外交流频繁，中国的丝绸这时也辗转进入罗马，成为上流社会的珍品（图 10-31）。与罗马帝国统治阶级日趋腐化、穷奢极欲的生活相对，广大的奴隶和劳动人民却在贫困和死亡线上挣扎，随着奴隶与奴隶主阶级矛盾的激化，公元 3 世纪奴隶制进入危机时期，作为封建因素的隶农制不断发展。

2500 年前，中国的丝绸已经开始流传到西方，丝绸作为东西方之间经济和文化交往的载体，沟通着东西方的文明。通过丝绸之路，中国的丝织品、茶叶、瓷器等传送到中亚和欧洲。而中亚的毛皮、毛织品、玉和牲畜，波罗的海的琥珀，罗马诸省的玻璃、珊瑚、珍珠、亚麻布和黄金也回馈到中国。

罗马人积极展开和印度的直接海上贸易，这时，"昔日仅限于贵族使用的丝织品，现已不加区别地扩大流传到社会各等级手中，甚至包括最低的等级。"罗马政权的衰微使中亚人依然控制了可获取贸易暴利的通道。直至 6 世纪中期，拜占庭人成功地将一些放在桑叶上孵化的蚕卵从东方偷运回国。丝绸业在叙利亚开始发展起来，并传播到希腊和地中海西部地区。

二、罗马的服装与生活

演剧是罗马人生活中的重要方面。服装是东方文化与发达的古希腊文化的融合，且极其注重配饰及化妆（图 10-32，图 10-33，图 10-34）。

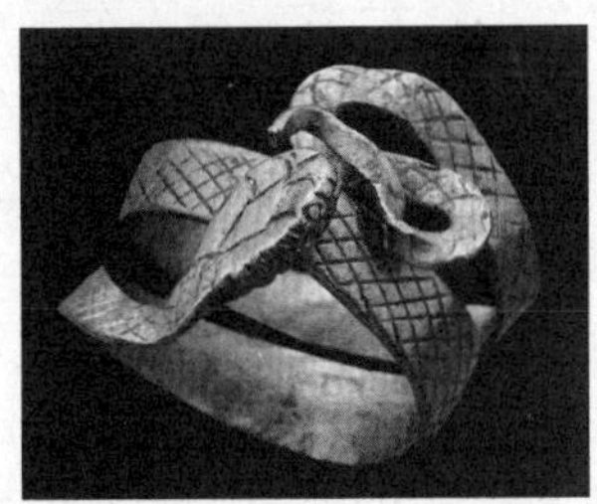
图 10-32　古罗马戒子

图 10-33　古罗马的配饰

图 10-34　古罗马的配饰

(一) 罗马的生活

古罗马戏剧场景通常巨大,多在户外剧场表演,以围绕中央级高圆排座位。由于这些剧院规模庞大,演员要带特殊的面具,这种面具非常热。面具有孔的眼睛和一个非常大的嘴孔,它放大了演员的声音,让剧院的每个人都听到(图 10-35)。演员们戴着夸张的面具和大假发,许多演员添加额外的填充物在服装里,以增加自己的体型。

图 10-35　古罗马面具

戏服相当简单,通常由上衣和斗篷,演员穿的衣服颜色帮助确定自己在剧中的角色,悲剧人物都穿着黑色的长袍,而快乐的人物有鲜艳的服装。最具有特色的是合唱团,其成员穿着服装,有时甚至打扮成动物或鸟类。

在罗马很少房子有卫生间,大多数人去公共浴池(图 10-36)洗澡。像现代的健康俱乐部,罗马浴池提供运动和日常美容,许多罗马人在浴室里练习举重、摔跤或球类游戏(图 10-37)。

图 10-36　古罗马浴场

图 10-37　古罗马人在浴室内玩球

(二) 罗马的服装

古罗马文化受伊特鲁里亚人独特民族文化的影响,融汇古埃及、古西亚的东方文化,最后延承了发达的古希腊文化。服装也经历了相同的变化:从早期的简单束腰衣,逐渐融入东方宽衣文化,最后主要延续古希腊服装形态,形成了贯头型的束腰内衣和宽敞的缠绕式外衣的基本组合。值得一提的是,古罗马服饰文化的一个重要功能是:服饰成为罗马人身份、地位、性别的象征,服饰的文化象征功能越来越成为人类文明的重要部分,一直延续到现代社会。

罗马帝国的奴隶制商品经济结构,元首军政独裁和地方自治结合的政治结构,爱国主义精神和依法治国的观念相结合的意识形态结构,相互依存,互为因果,构成支撑罗马帝国的稳定框架。希腊社会的"美"的理想在罗马社会物化为国家机器,浪漫主义的成分消失殆尽,而理想主义则体现为法律和财产关系,体现为一种功利色彩浓重的世俗英雄主义。罗马慷慨悲歌的英雄主义超越希腊时期狭隘而奢靡的个人自我完善,从而使历史摆脱了瘤疾的折磨,获得了新的生机。

古罗马的服装文化与美术、音乐、哲学、文学等其他文化现象一样,受希腊文化影响很大。罗马人虽然在武力上征服了希腊,但在文化方面却拜倒在希腊人的脚下。服装上几乎没有什么创新,基本形态是贯头形的内衣和宽敞的缠裹式外衣的组合。但是,与希腊相比,罗马是古代最有秩序的阶级社会,所以,服装作为表示服用者身份的象征物发挥着重要作用。

古罗马人喜欢穿着的服饰,往往由一条羊毛或亚麻布构成。他们也有一个简单的斗篷,可以绕在上面或在脖子上,以一枚胸针固定。身份贵重的男人,穿着长袍。这是一个很长的条状呢绒,裹住身体,搭在肩上。然而,宽外袍是非常沉重和笨拙的,所以只有在特殊场合穿长袍,它通常是白色的。

大多数的罗马的衣服是羊毛制成的,它是在家里手工编织而成。在城镇和城市,罗马人把他们的毛织物在漂白车间里进行清洗和处理。首先,布被特殊液体浸泡,然后用一种粘土搓擦干净。之后,布被捶打,拉伸,漂白。罗马还有清理和修补衣服的人,有时候罗马人用细麻布衣服,这是从埃及传来的穿着方式。还有来自印度和中国的丝绸。

罗马的穿着简单,由两个矩形束带羊毛缝制外衣。长袍通常由未漂白羊毛达到膝盖。罗马妇女穿长的无袖连衣裙,称为“斯托拉”。一个大的矩形披肩,称为“帕拉”,可以搭配披在肩上或罩在头上。女孩穿着白色服饰直到她们结婚,婚后她们经常穿颜色鲜艳的衣服。

(三)罗马人的妆扮

罗马人很注重化妆,开发了很多供女性用(有时男性也用)的化妆品,现代化妆品中的润肤剂、洗面奶、增白剂等,在古罗马均被开发和使用。罗马女人用蜡或石膏拔汗毛,用黑色眉粉描眉,为了掩盖脸上的斑点,还用月牙型的小片(类似中国古代的螺钿)贴在脸上。

图 10-38 古罗马的耳环

罗马人的服饰品很发达,其中宝石的使用量很大,这是罗马人夸耀自己富有和身份的重要标志。在各种服饰品中,最受重视的是戒指,最多时每个手指上都戴好几个戒指,甚至连脚趾上也截上了宝石戒指。结婚戒指就是罗马人的创造。

耳饰也是罗马人喜用的服饰品之一,其样式常是中间一颗大宝石,下垂三个小宝石,象枝形吊灯一样,比起造型,更加注重其“声响”效果(图 10-38)。镶嵌着金和宝石的头冠也曾流行。项链也有很多造型和种类。

图 10-39 古罗马女性精致的发型

古罗马大多数妇女的头发简单的包在头后面,时间久了,帝国的一些非常复杂的款式开始流行。有钱女人的头发是卷曲的,编织堆积成精致的风格(图 10-39)。特殊的庆祝活动,富有的妇女戴假发,新娘为了婚礼而带着假发。有些妇女剪去奴隶的头发,把它制成假发。还有人购买进口假发,这些进口假发中,黑头发来自亚洲,而金色和红色的头发是从北欧进口。有些罗马人用核桃壳和野葱来染棕色的头发。罗马男人保持最短头发,要么向前梳或卷曲。他们通常是刮得光光的。

富有的罗马妇女依赖化妆品来让自己看起来漂亮。罗马非常流行女性的脸色苍白，她们通过粉笔或有毒的混合物制成的铅，涂抹在脸上，让她们看起来白皙。

共和制初期，流行把发辫盘在头上的“伊达拉里亚式”发型。贵夫人们都使用技高手巧的女奴每天为自己设计新发型。公元1世纪，以奢侈淫荡闻名的麦萨莉娜王妃每天都要花几个小时让专属美容师为自己做发型。当时最流行的发型是用金属框架支撑。在头顶盘成圆锥状的发髻。为女主人做发型的奴隶如果做得不好，轻则遭鞭打，重则连命都没了。现在我们看到的罗马雕像中漂亮的发型，可以说都是奴隶们冒着生命危险创造的艺术。

三、古罗马代表性服装款式

古罗马代表性服装大致有托加、丘尼克连身衣、拉塞纳披风、斯托拉-希顿、帕拉包缠式外衣等。

（一）托加（Toga）

古罗马男子服装的代表是托加（Toga）。这不仅是世界上最大的衣服，同时也是古罗马人的身份证。只有那些拥有罗马市民权的人才可穿用，是区别服用者所属及其社会地位的象征物（图10-40）。

图10-40 古罗马人身穿托加

托加一般为白色毛织物，铺开平面形状为椭圆形，面积大小不一。最庞大的托加长约5米或6米，宽2米左右，以长轴对折后，经左肩至右腋下松松地多次回绕，形成宽松复杂的衣摺。古罗马人通过穿着托加的形态、装饰方式、颜色等，区别穿用者所属及其社会地位。越是位高权重的人穿用的托加越庞大，一般人的托加多是一块半圆形的布料。

托加产生于公元前6世纪前后，随着古罗马阶级社会的逐渐发展，在不同时期有不同的形态。在初期王政时期，托加还只是有希腊的短斗篷(chalamys)大小，并且男女均穿用。到了共和制时代，托加成为男子的专用服装，形状接近圆形。到了帝政时期，托加发展形成长达6米，宽2米成椭圆形，并且作为一种礼仪服使用。这种可称为世界上最大的服装，托加成为上流社会的专用品。后来，随着国力衰落，托加逐渐变得窄小，帝政末期的托加几乎小到失去原有的特色。到了拜占庭时期，托加演化为一条宽15~20厘米的带状装饰物。

(二) 丘尼克连身衣(Tunic)

丘尼克连身衣(tunic)，是一种罗马式的束腰贯头衣、及膝外套。它起源于伊特鲁里亚人，原是日常穿用的服装，但随着希腊服饰文化的影响(图10-41)。其外面男子披裹上托加，女子披裹上斯托拉-希顿(stola)或帕拉包缠式外衣(palla)等，丘尼克连身衣逐渐作为专门的内衣穿用。丘尼克连身衣的构成很简单，前后两片织物，剪出伸头的领口和可伸出两臂的袖口，在两侧和肩上缝合，袖长及肘，衣长或及膝或及踝，以腰带在腰间一束即可。随着时间的发展至帝政时代，托加发展得过于庞大，日常穿用极不方便，这种连身衣(tunic)开始被叠加穿用，套在最外面的逐渐成为平常外衣。

(三) 拉塞纳披风(Lacerna)

随着古罗马版图向北扩张，一种源自西欧古尔(Gaul)地区本地居民的防寒用披风被吸收过来，称为拉塞纳披风(laoerna)。这是古罗马人喜穿着的半圆及膝的一种斗篷式披风。拉塞纳披风一般为毛织物，有紫、红等颜色，下摆呈半圆形，衣略长于腰际线，一般披在连身衣(tunic)或盔甲外面，在右肩或者前胸用别针固定，上流社会的权贵们经常用镶有宝石的别针(图10-42)。后来逐渐发展出带有风帽的库库鲁斯披风(cucullus)和佩努拉外套(paenula)。

图10-41 丘尼克连身衣

图10-42 拉塞纳披风

古代罗马男女服装较少有性别差异，且早年的生产力水平低下，服装的品类不会很多，有些服饰仅在于称谓的不同。古罗马女子服装几乎完全模仿了古希腊女子服装，只不过在色彩和面

料上更为丰富一些。斯托拉(stola)的希顿,是古罗马女子的腰带长外套,样式类似爱奥尼亚式希顿。一块面料对折,在肩臂处用安全别针固定,返折下来部分通过腰带的系扎形成优美的垂褶。罗马女子喜欢用红、紫、黄、蓝等颜色。面料有毛织物、亚麻织物和棉织物,上流社会还用通过丝绸之路进口的中国丝绸,有的还用金线刺绣各类装饰纹样(图10-43)。

图10-43 斯托拉希顿

帕拉包缠式外衣(Palla)与希腊人的希玛纯包缠式长袍(himation)相同,都是一块长方形的织物,通过缠绕在内衣或者斯托拉希顿(stola)外面,也可以拉到头上当包头或者面纱,是一种包缠型外衣(图10-44)。斯托拉希顿和包缠外衣主要是已婚女子或者有罗马市民权的女子穿用,下层女子一般只穿用丘尼克连身衣。

罗马的男女一般都不戴帽子,这一点与希腊相同。但特殊场合也使用帽子,如希腊式的派塔索斯仍为旅行者所用,由奴隶转成自由民(解放的奴隶)的下层人常戴一种无檐的帽子,所述"库库鲁斯"这种外套上带有风帽,在葬礼或宗教仪式时常打开托加把头包起来。

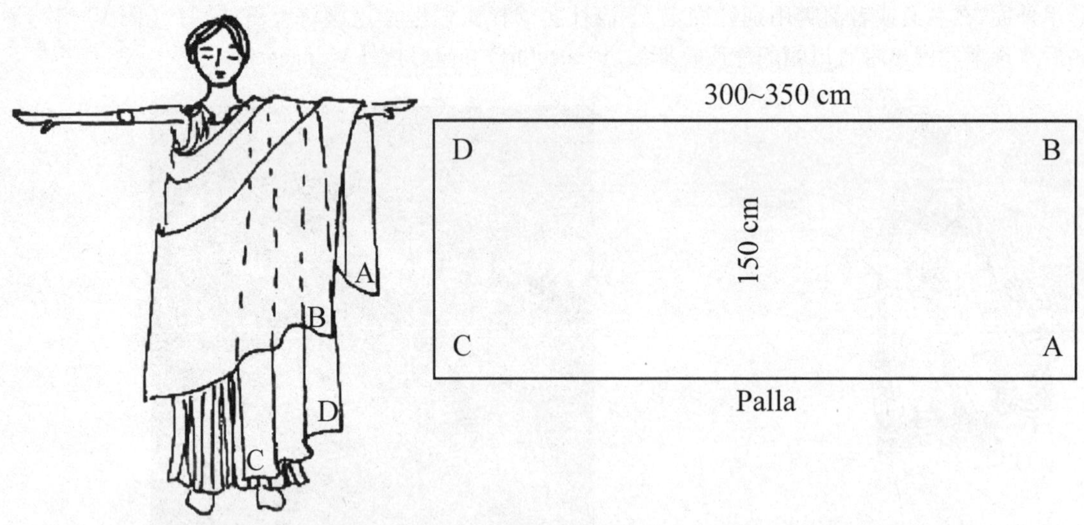

图10-44 帕拉包缠式外衣

罗马一般庶民的鞋是用未鞣制的生牛皮的皮条制成的凉鞋,叫做"卡尔巴蒂那"(carbatina)。另一种男女平时都穿的皮条编的短靴叫"卡尔塞吾斯"(calceus),禁止奴隶穿用。贵族穿的短靴叫"卡尔塞吾斯·帕托里基吾斯"(calceus patricius),元老院成员穿的靴子是用柔软的小牛皮制作,皇帝的鞋是用红色皮条编成的。古罗马人在鞋上也能区分出等级。实行帝制以前,一般鞋的颜色都是黑色,后来被染成白色。古希腊和古罗马的演员有时会穿着特殊的鞋子,让他们看起来更高。

罗马人不仅在室外穿鞋或靴子，在室内也穿类似现在的拖鞋一样的轻便凉鞋“索莱阿”(soles)，是一种木底或革底的凉鞋(图10-45)。鞋对上流社会的达官贵人是一种十分重要的时髦消费品。贵族们常在鞋上装饰宝石，赫利奥嘎巴鲁斯(Heliogabalus，罗马皇帝A. D. 218—222年在位)皇帝就曾穿过装饰有钻石的鞋。当时还曾出现过穿红色高跟鞋的“奇装异服”，令保守的元老院十分恼怒。

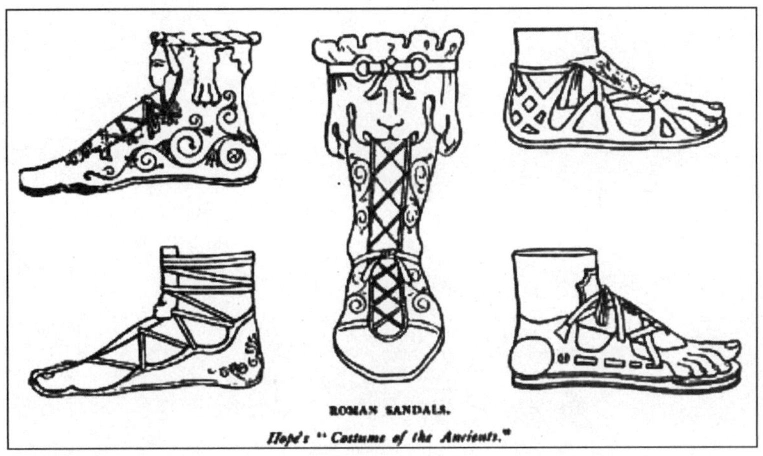

图10-45　古罗马人的鞋

历史上，每个民族都有它的个性，生活态度，服装形态。这是历史长河中，难以磨灭的一个时刻。罗马人当初与希腊人稍有接触，就觉察到自己的文化比较粗野和低俗，希腊文化在许多方面无比地优越和高雅。布匿战争之后，年轻的罗马人怀着艳羡的心情学习希腊语，研读希腊文献，模仿希腊建筑，延聘希腊雕刻家。这对于服装的延续有很好的推动作用。希腊风格的服饰与初期罗马风格进行了衔接和过度。

思考与练习

一、以克里特岛女装造型为依据进行设计训练。

二、谈谈古希腊文化气质和其服饰形态的关联。

三、试以罗马服饰文化为依据进行现代服装设计。

第十一章 中世纪及拜占庭服饰

中世纪(Middle Ages),也叫“中世”或“中古”。“中世纪”一词出于欧洲文艺复兴时期,意指古典(希腊、罗马)文化期与古典文化复兴期之间的时代;历史学上通常用来指欧洲封建时代,约从公元4世纪、5世纪到15世纪。即自西罗马帝国灭亡到东罗马帝国灭亡的这一段时期。

第一节　中世纪艺术与服饰

历史上的一个重要事件是,罗马帝国的大帝君士坦丁将首都向东迁到拜占庭。从此,罗马帝国的命运出现了巨大的变化。公元395年,罗马帝国最终分裂为东西两部。横跨欧洲、亚洲、非洲的庞大罗马帝国就此开始走向瓦解。西部仍称为罗马帝国,而东部建都拜占庭,地跨亚非欧,将古罗马文明、古中东文明、新兴基督教文化有机的结合在一起,变得越发强大,被称为拜占庭帝国,并成为封建制国家,日益繁荣昌盛,延续了1 000年之久。公元476年,随着北方日尔曼人的入侵,西罗马帝国灭亡。公元1453年,东罗马帝国(即拜占廷帝国)被奥斯曼帝国所灭。从西罗马的灭亡到东罗马的灭亡,这段时间就是历史上的中世纪。

一、"黑暗时代"迎春天

这是欧洲历史上的一个变革和战乱时期。这个时期的欧洲没有一个强有力的政权来统治。封建割据带来频繁的战争,造成科技和生产力发展停滞,人民生活在战火纷飞、饥饿、贫穷和毫无希望的痛苦中,在这900年中,古典文化停滞不前。所以中世纪或者中世纪早期在欧美普遍被称作"黑暗时代",这是欧洲文明史上发展比较缓慢的时期。按照时间和区域特点,这一时期在艺术及服饰成就比较突出的两个时期,分别是"拜占庭时期"和"哥特式时期"。

伴随着西罗马的灭亡,东罗马却形成了以首都君士坦丁堡为中心的蓬勃发展局面,尤其是艺术方面。在中世纪的这1 000年中,东罗马继承和发扬了希腊、罗马的文化传统与艺术风格;同时,吸收了东方的文化传统和艺术风格,最终形成了东西方文化相结合的具有特色的君士坦丁堡文化。这一文化对世界艺术文化产生了深远的影响。中世纪末期,欧洲已经跨越了文化与艺术的寒冬,逐渐迎来了文艺复兴的春天。

二、着装严谨重衣窄

中世纪时期的服装受政治、建筑、艺术、宗教等方面的影响,融合了东罗马帝国、日耳曼民族等不同地域的服饰文化特色,形成了多元风格的服装特点。浓重的宗教色彩是中世纪服装的显著特点,受禁欲思想影响,男女穿着都讲究密不露体,着装风格庄重、严谨。拜占庭作为一个重要的枢纽,将中国的丝绸和蚕桑纺织技术传向了西方其他国家,对世界服饰和面料交流,产生了重要影响。丝绸之路将中国的丝织品源源西运,使亚欧各国都接触并喜爱上了丝绸,人们对丝绸的需求不断增加,对服装面料的要求不断提高,这也间接促进了世界丝织技术的发展。

中世纪服装的另一个重要特征是后期出现的窄衣文化。中世纪后期,北方异族的窄衣文化不断冲击着西欧的宽衣文化,服装逐渐脱离了古代服装的平面性,而进入立构时代。这是西方服装史上的一个重要转折点,奠定了西方服饰结构和裁剪的发展方向,并与东方服饰的发展分道扬镳。与东方的坚持平面结构和平面裁剪的方式不同,西方服装开始了三维立体的结构,也出现了立体裁剪的雏形,为世界服装的设计和裁剪开创了新的审美观念和裁剪方法。从此,东西方服装开始出现了明显的分化,各自沿着自己的模式发展并最终确定。即东方服装追求平面的装饰效果,重视二维裁剪。而西方则追求服装的立体效果,喜欢紧窄合身的效果,以突出立体感,开始出现三维裁剪工艺。因而中世纪正是古代到近代、东方和西方服装构成的分水岭。

第二节 拜占庭帝国服饰

公元324年君士坦丁统一整个罗马帝国，很多学者将其看成是拜占庭文明形成的起点。坦丁皇帝将帝国的首都从亚平宁半岛的罗马城迁移到拜占庭。此后，君士坦丁堡成为东罗马帝国的首都。在新都建设期间，他令人把希腊和亚洲的许多古城中的有价值的珍宝、古代的神像、英雄的雕像以及各种具有宗教意义的圣物等等，都收集来装饰自己的宫殿、元老院以及贵族的府邸。为了强调拜占庭城与罗马城之间的联系，他把新都称为“新罗马”。

一、罗马战服唱主角

因此，拜占庭时期主要是指东罗马帝国从建立到消亡的这段时期。拜占庭文化是希腊、罗马的古典理念，东方的神秘主义和新兴的基督教文化三种完全异质文化的混合物。战乱的同时，也从侧面刺激了文化的交流和融合，这个时期的服装，是很重要的一个交会期。罗马帝国东迁，直接促成了欧洲和西亚服装的相互影响。这是一个文化大流动的时代，各民族服装亦互相影响，各种着装形象，犹如历史上的匆匆过客，瞬间出现，很快又消失身影。这也是一个战乱的时代，许多服装都与战争有关。战服也就成为当时流行的主要的服装风格。而且罗马人一贯英勇善战，他们的服装都是战服或者有利于作战的，在罗马帝国所征服的大部分地区，都自然地吸取了罗马的服装风格。所以当时的欧洲以及地中海一带战服相当普及。拜占庭帝国的服装，在相当程度上保留着英勇善战的风貌。

二、奢华年代面料美

拜占庭时期，已经有了发达的染织业，当时的面料不仅有羊毛和亚麻布、棉布，还有从东方传来的丝织物，锦，金丝纺织的纳石失等面料，因此也一度被称为“奢华的年代”，精美的染织面料成为拜占庭文化中华美篇章的重要组成部分。

从历史进程来看，拜占庭作为东西方文化交流的重要枢纽，已经出现了东西方文化的交流，欧洲和西亚之间的相互影响以及中国开启的丝绸之路，促使亚洲之间、亚欧之间的服装融合，这也正是西方服装史上的重大开拓时期。考古学家已经认证，拜占庭已经出现了中国的上等丝绸面料。如在希腊巴底依神庙里有一座女神像（前438～前431年），她身穿透明长衣，面料质软，衣服有优雅的褶纹，考古学家认定为丝绸衣料。除了外来面料的融汇，拜占庭时期的服装主要表现是面料薄、透。克里米亚半岛库尔奥巴出土的希腊女神（前3世纪）的穿着为面料透明，纤细的丝质，有学者断定这是中国的上等丝绸面料。

拜占庭帝国宫廷最喜爱的色彩组合是金色刺绣的红紫色织物。几乎所有的纹样都有宗教象征意义；圆象征永恒，羊是基督教的象征，鸽子象征幸福、和平，十字形是基督教信仰的表白。白为纯洁、青为神圣、红是神的爱、紫表现威严、绿赞美青春等。

同时，与之配套的饰品，也很有必要了解，大致包括以下这些：

鞋履：受东方文化的影响，拜占庭男子一般都穿长统靴，紧身的霍兹常常塞在长统靴里；贵族女子则穿镶嵌着宝石的浅口鞋。皇后穿紫色鞋，其他女子穿红色鞋。

发饰与冠帽：男子均短发，女子留长发。基本不戴帽，只有皇帝皇后戴王冠，农民戴宽檐毡

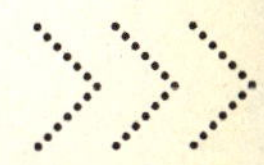

帽。女人习惯一种叫做“贝尔”的长方形面纱遮脸。

佩挂武器 在威严的战服配套中,帝王们总要以手执或肩佩武器来显示勇武,以致形成风格。这明显区别于东亚各国。因为东亚文武官职的着装形象是有其明显区分标志的。除武官外,文官有时佩剑,帝王一般不佩任何武器。

三、服装款式

拜占庭时期服装类型主要是紧身衣与斗篷。紧身衣,曾被作为罗马帝国时期充分体现英武之气的服式。公元11世纪时,拜占庭帝国皇帝奈斯佛雷斯·波塔尼亚特,身着更为庄重典雅的紧身衣。它由最高贵的紫色布料制作而成,周身用金银珠宝排成图案。

(一)紧身衣与斗篷

除典型的紧身衣在这一时期向高水平发展之外,其他如斗篷、披肩等也有程度不同的提高。随着日耳曼人陆续占领西欧,罗马人在西欧大陆上传播罗马文化逐渐衰落下去。但是,紧身衣和斗篷的着装形象,仍然被西欧人所保持着。以至中世纪初期,男女服装主要是由内紧身衣和外紧身衣构成,尽管衣身的长短随着装者身份和场合而定。在紧身衣外面,再罩上一种长方形或圆形的斗篷,然后将其固定在一肩或系牢在胸前。

公元11世纪的男子着装形象为腰身以是带袖紧身衣,领口饰有刺绣丝带,在裁剪与缝合技巧上,更加趋向于适中合体。腰身以下则趋向宽松,好似裙衣。裙衣部位除了刺绣饰带以外,还有整朵的花纹。作为王室成员的一种庄严象征,一些上层社会的男士继续穿着长长的紧身衣,长衣之外,再披上一件大斗篷,并饰以金饰扣将斗篷固定于右肩。紧身衣与斗篷共同构成配套服饰,是带有尚武精神的服装。它早期为上阵的勇士所穿着,后来则遍及于各阶层人士之间,并装饰得更加富丽堂皇,但紧身衣所显示的尚武精神不变。

(二)主要服装款式

拜占庭初期的服装,基本沿用罗马帝国末期的样式,整体风格仍然是宽衣文化。随着基督教文化的传教和普及,此时的服装开始变得平板、僵硬。服装的表现重点转移到了到面料和纹饰上,主要的服装种类有达尔玛提卡、帕鲁达门托姆、帕留姆、丘尼卡等,下面略加介绍。

达尔玛提卡:拜占庭时期流行一种贯头衣常服。这种服装是从罗马帝国末期与基督教一起出现和普及的。通常是把布料裁成十字形中间挖领口,在袖下和体侧缝合的宽松的贯头衣。这种常衣男女通用,只是男装较短,女装长及脚踝。此款服装平铺后呈现“T”字型,有两条红紫色装饰条从领子侧边直接通向底摆。这种装饰带被称作克拉比,是带有宗教色彩的一种装饰手法(图11-1)。拜占庭后期,“达尔马提卡”的造型开始发生变化,衣身日趋纤瘦,男式衣袖变窄,女式衣袖展宽(图11-2)。

帕鲁达门托姆:这是一种极有特色的侧开身的大斗篷服饰(图11-3)。这种方形大斗篷,穿法是披在左肩,在右肩用安全别针固定或用扣子装饰。为表示权贵,在前身开口处,即胸前缝一块菱形的精美织绣布作为装饰,这种装饰物叫做“塔布里昂”,上面刺绣着金色纹样,有时绣有家徽、族徽。

帕留姆:与“帕鲁达门托姆”一样,都是取代托加和帕拉的常用外衣。主要出现在6世纪以后,女用的帕拉逐渐变窄,称为“帕留姆”,与达尔玛提卡一起作为外出服使用(图11-4)。

图 11-1 达尔马提卡

图 11-2 后期达尔马提卡

图 11-3 帕鲁达门托姆

图 11-4 帕留姆

丘尼克:男子上身穿无袖的皮制丘尼克,下穿长裤,膝以下扎着绑腿(图 11-5)。女子上身穿短小紧身的丘尼克,筒袖袖长及肘,裙子为筒形;用带穗的带子系扎固定,带上装饰着用青铜或金做的饰针(图 11-6)。

图 11-5　公元 1 世纪的日耳曼服饰,男子上身穿无袖的皮制丘尼克,下穿长裤,膝以下扎着绑腿。

图 11-6　公元 3 ~4 世纪的日耳曼服饰,女子上身穿短小紧身的丘尼克,筒袖袖长及肘,裙子为筒形;用带穗的带子系扎固定,带子上装饰着用青铜或金做的饰针。

霍兹:拜占庭时期裤子的主要形式是霍兹,是一种像连裤袜的裤子,有紧身和宽松这两种裤型(图 11-7)。

布里奥:这是从达尔玛提卡演变过来的外衣,也是长筒形丘尼克式衣服。领口、袖口和下摆都有豪华的滚边或刺绣缘饰,衣长较霍兹的短,长及膝或腿肚,女服略长于男服(图 11-8,图 11-9)。

图 11-7　丘尼卡-霍兹

图 11-8　布里奥男服

图 11-9　布里奥女服

（三）腿部装束

中世纪受战服影响，当时的男子习惯将腿用裹腿布、裤子或长筒袜紧紧包裹。这种显露下肢肌体结构的装束，为欧洲男性着装形象的特征之一，并与东方着装形象形成根本区别。

当时的裤子分衬裤和外裤。衬裤的布料由亚麻纤维织成，为上层社会成员所专用。其裤管长至膝盖部位，有的略上，有的略下。外裤长大，腿部有开缝。上层社会男子多用羊毛或亚麻布为质料，普通百姓则主要是用羊毛粗纺的布料。这一时期的男式袜子有长袜、短袜，袜筒的纤维很挺括，有的上部边缘可以翻卷，有的则镶或直接绣上花纹。短筒袜高至小腿部位。还有一种更短的袜子，略高于鞋帮。穿着时，裤子与长筒袜或短筒袜可同时并用。裹腿布作为战服的一部分，仍在这一时期保留着。裹腿布的宽窄不同，但是缠绕的情况以及上端部位的扣结表明，每条腿是用两条裹腿布绑裹。这些裹腿布大多用羊毛或亚麻织物，也有的是用整幅皮革制成。一般来说，在野外从事重体力劳动的人，特别是骑马的人，只在腿上包一块长形布，以使腿部免受伤害，而王室成员的裹腿布，则要以狭窄的布条在缠裹上做出折叠效果，以显示尊贵。不管是哪一阶层的人都用裹腿布，本身即说明了战服在这一时期中仍被人们喜爱，并在一般常服中占有重要位置。

第三节　哥特式建筑与服饰

西罗马帝国于公元 476 年因奴隶起义和日耳曼人入侵而灭亡，从此欧洲结束了奴隶制社会，步入封建社会，日耳曼人成为欧洲历史舞台上的主要角色。日耳曼人最初在寒冷的北欧过着以狩猎为主的原始生活，公元 1 世纪后转入定居的农耕生活。因阶级分化，出现了贵族，并分为东、西、北三支向南辗转迁移。向东的一支迁移到南俄罗斯一带，称为东日耳曼，向西的一支迁移到高卢（现法国）一带，称西日耳曼最后分裂为德意志、法兰西、意大利王国。留居北欧的日耳曼人社会发展较缓慢，8 世纪后分出的诺曼人沿海南下，在英国建立诺曼王朝。从而形成西欧的封建割据新局面。“哥德式”一词则于文艺复兴后期出现，是当时意大利人对中世纪建筑等美术样式的贬称，含有“野蛮的”意思，语源来自日耳曼的哥特族（Goth）。这是一种发祥于北法兰西、普及于整个欧洲的国际性艺术样式，包括绘画、雕刻、建筑、音乐和文学等所有文化现象。

12 世纪中叶，欧洲进入中世纪的第二大国际性时代—哥特式时代。哥特式是由罗马式发展而来，整体风格是夸张的、不对称的、奇特的、轻盈的、复杂的和多装饰的。哥特建筑是完全原创的，崭新的，它与古罗马建筑之间的区别远远大于古罗马与古希腊建筑的差别，以频繁的使用纵向延伸的线条为其一大特征。就建筑样式而言，一反罗马式建筑那种厚重阴暗的半圆形拱顶，广泛采用线条轻快的尖形拱卷，造型挺秀的尖塔，轻盈通透的飞扶壁，修长的立柱或簇柱，以及彩色玻璃镶嵌的花窗，造成一种向上升华、天国神秘的幻觉。垂直线和锐角的强调是其特征，反映了基督教盛行时代的观念和中世纪城市发展的物质文化风貌当时是讽刺日耳曼人的粗俗和野蛮以及他们对古罗马文明的践踏。

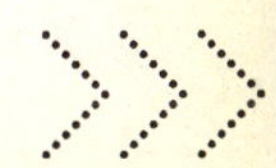

一、哥特式建筑

哥特式建筑(Gothic architecture),或译作歌德式建筑,是一种兴盛于中世纪高峰与末期的建筑风格。其起源于12世纪下半叶的法国,在13~15世纪流行于欧洲(图11-10)。哥特教堂是哥特建筑最杰出的代表,它比同时代的一切其他艺术形式(绘画、雕塑)更加能够代表时代的风貌。哥特式教堂盛行的时期,也正是西欧社会发生深刻变革之际,无论是文化中心还是宗教中心,最终都不可逆转地从修道院转移到了城市,而哥特式教堂在西欧的风靡,正是这一时期巨大社会变革的外在表现之一。这种崭新的教堂风格,能被当时的人们所接受喜爱,并迅速传播开来。

图11-10 哥特式建筑之德国科隆大教堂,被认为完美地结合了所有中世纪哥特式建筑和装饰元素

(一)哥特式建筑经典

特式建筑由罗曼式建筑发展而来,为文艺复兴建筑所继承。主要用于教堂,多见于天主教堂,也影响到世俗建筑,在许多城堡、宫殿、大会堂、会馆、大学,甚至私人住宅也可见其踪影。哥特式建筑的特点是尖塔高耸、尖形拱门、大窗户及绘有圣经故事的花窗玻璃。在设计中利用尖肋拱顶、飞扶壁、修长的束柱,营造出轻盈修长的飞天感。新的框架结构以增加支撑顶部的力量,使整个建筑以直升线条、雄伟的外观和教堂内空阔空间,常结合镶着彩色玻璃的长窗,使教堂内产生一种浓厚的宗教气氛。哥特式建筑主要由石头的骨架券和飞扶壁组成。其基本单元是在一个正方形或矩形平面四角的柱子上作双圆心骨架尖券,四边和对角线上各一道,屋面石板架在券上,形成拱顶。采用这种方式,可以在不同跨度上作出矢高相同的券,拱顶重量轻,交线分明,减少了券脚的推力,简化了施工。由于采用了尖券、尖拱和飞扶壁等建筑形式,哥特式教堂的内部空间高旷、单纯、统一。装饰细部也都用尖券作主题,使建筑风格与结构手法形成有机整体。

整体风格为高耸削瘦,且带尖,以卓越的建筑技艺表现了神秘、哀婉、崇高的强烈情感,对后世其他艺术均有重大影响。哥特式建筑以其高超的技术和艺术成就,在建筑史上占有重要地位。最富盛名的哥特式建筑有法国巴黎圣母院以及凯旋门、英国威斯敏斯特大教堂、德国科隆大教堂和乌尔姆主教堂、意大利米兰大教堂、俄罗斯圣母大教堂。下面简略介绍。

法国巴黎圣母院:法国教堂一般矗立于城市中心,力求高大,控制城市,重视结构技术,比如法国的巴黎圣母院(图 11-11)。两边一对高高的钟楼,下面由横向券廊水平联系,三座大门由层层后退的尖券组成透视门,券面满布雕像。正门上面有一个大圆宙,称为玫瑰窗,雕刻精巧华丽。

意大利米兰大教堂:哥特式建筑于 12 世纪由国外传入,主要影响于北部地区,哥特风格本于罗马风格,是罗马风格的发展。意大利没有真正接受哥特式建筑的结构体系和造型原则,只是把它作为一种装饰风格。最著名的有世界上最大的哥特尖塔建筑是米兰大教堂(图 11-12),它是欧洲中世纪最大的教堂之一,14 世纪 80 年代动工,直至 19 世纪初才最后完成。教堂内部由四排巨柱隔开,宽达 49 米。中厅高约 45 米,而在横翼与中厅交叉处,更拔高至 65 米多,上面是一个八角形采光亭。中厅高出侧厅很少,侧高窗很小。内部比较幽暗,建筑的外部全由光彩夺目的白大理石筑成。高高的花窗、直立的扶壁以及 135 座尖塔,都表现出向上的动势,塔顶上的雕像仿佛正要飞升。西边正面是意大利人字山墙,也装饰着很多哥特式尖券尖塔。但它的门窗已经带有文艺复兴晚期的风格,并不强调高度和垂直感,正面也没有高钟塔,而是采用屏幕式的山墙构图。屋顶较平缓,窗户不大,往往尖券和半圆券并用,飞扶壁极为少见,雕刻和装饰则有明显的罗马古典风格。

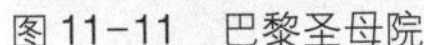
图 11-11　巴黎圣母院

图 11-12　米兰大教堂

英国韦斯敏斯特修道院亨利七世礼拜堂:亨利七世礼拜堂的平面为 3 廊式,位于伦敦西敏寺东端开阔的乡村地域中,作为复杂的修道院建筑群的一部分,比较低矮,与修道院一起沿水平方向伸展。使用多种精巧的木屋架,很有特色,装饰风格朴素亲切、自由新颖。建筑的精粹部分在于其内部装修的华丽,其中最著名的是室内顶棚的钟乳石装扇形装饰肋拱。每组扇形肋拱以跨度方向上 1/4 距离处为中心垂下并放射形展开。形成扇形肋拱的基本元素是经过雕刻的、厚约 10 cm 的石板,然后按照所定位置砌在一起,其施工过程的难度和最终结果的精湛达到了令人难以置信的程度,是类似做法中登峰造极的作品(图 11-13)。

图 11-13　亨利七世礼拜堂

德国科隆大教堂:位于科隆市中心,始建于1248年,由建造亚眠主教堂的法国人设计,几经波折1880年最后完成。大教堂至今也依然是世界上最高的教堂之一,并且每个构件都十分精确,时至今日,专家学者们也没有找到当时的建筑计算公式。它是欧洲基督教权威的象征,有法国哥特式教堂的风格,歌坛和圣殿同亚眠教堂的相似,是哥特式宗教建筑艺术的典范。它为罕见的五进建筑,内部空间挑高又加宽,高塔直向苍穹,象征人与上帝沟通的渴望。除两座高塔外,教堂外部还有多座小尖塔烘托。教堂四壁装有描绘圣经人物的彩色玻璃;钟楼上装有5座响钟,最重的达24吨,响钟齐鸣,声音洪亮。科隆大教堂内有很多珍藏品。它的中厅和侧厅高度相同,既无高侧窗,也无飞扶壁,完全靠侧厅外墙瘦高的窗户采光。拱顶上面再加一层整体的陡坡屋面,内部是一个多柱大厅。二战期间,教堂部分遭到破坏,近20年来一直在进行修复,作为信仰象征和欧洲文化传统见证的科隆大教堂最终得以保存。夜色中的科隆大教堂最为壮观(图11-14)。

图 11-14　夜色中的科隆大教堂

德国哥特建筑时期的世俗建筑多用砖石建造。双坡屋顶很陡,内有阁楼,甚至是多层阁楼,屋面和山墙上开着一层层窗户,墙上常挑出轻巧的木窗、阳台或壁龛,外观很富特色。

威尼斯总督宫:威尼斯世俗建筑有许多杰作,圣马可广场上的总督宫被公认为中世纪世俗建筑中最美丽的作品之一。它曾经是强盛而富庶的威尼斯共和国的政府办公楼,现在则成了世界上一个最有趣的艺术博物馆。总督府的"大使厅"被精心地装饰得异常豪华。似乎在修建这座大厅的时候,建造者就想让外国人感受到威尼斯共和国的强盛和荣耀。因此,"大使厅"的宏伟规模、屋内家具陈设的豪华和装饰材料的昂贵都能与无价的艺术作品媲美。其中的四幅巨画最为出色,《俯首于圣女、天使和圣者前的元首安德烈·格里特里》《圣凯瑟琳的订婚仪式》《永世荣耀的圣女》和《元首莫切尼乔在他的救世主面前》。立面采用连续的哥特式尖券和火焰纹式券廊,构图别致,色彩明快。威尼斯还有很多带有哥特式柱廊的府邸,临水而立,非常优雅。

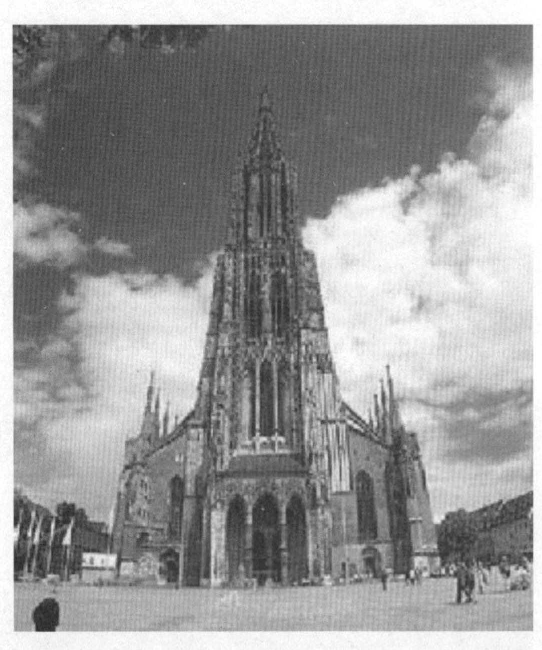

图 11-15 德国乌尔姆主教堂

德国乌尔姆主教堂:即乌尔姆敏斯特大教堂,共有三座塔楼,东侧双塔并立,西侧教堂主塔高耸入云,十分壮观。乌尔姆建造一座大教堂的计划始于1377年,同年6月30日埋下基石。敏斯特大教堂是该市数百年来最显著的标志和世界第一高度的教堂,当地人为此自豪不已。更为重要的是,这座砖石结构的教堂从设计到最终建成经历了近600年人世沧桑,凝结了数代工匠的智慧和血汗(图11-15)。

(二)哥特式建筑特色

哥特式艺术是夸张的、不对称的、奇特的、轻盈的、复杂的和多装饰的,以频繁使用纵向延伸的线条为其一大特征。表现在建筑上,就有尖拱券、小尖塔、垛墙、飞扶壁和彩色玻璃镶嵌等典型元素。哥特建筑创造了一种崭新的建筑体验:在室外部分,耸入云霄的建筑下面通常密布着扶壁和飞券等支撑部件,就像是没有拆卸的脚手架,给人一种骨瘦嶙峋的感觉;而在室内部分,则是把厚重的墙面减少到极限,到处填充着花窗玻璃,这种明亮的室内空间是前所未有的。这种充满视觉震撼力的效果是因为建筑的结构体系发生了根本变化:之前的古罗马建筑和罗马式建筑都是依靠拱和穹顶等各种块面的整体受力体系,而哥特建筑则是主要依靠框架的受力体系。框架之外的部分可以变得极为轻薄,所以可以不砌墙、完全用窗户填充。

哥特大教堂的典型特征:哥特式建筑最常见于欧洲的主教座堂、大修道院与教堂。它也出现在许多城堡、宫殿、大会堂、会馆、大学,甚至私人住宅也可见其踪影。哥特式建筑的整体风格为高耸削瘦,以卓越的建筑技艺表现了神秘、哀婉、崇高的强烈情感,对后世其他艺术均有重大影响。哥特式大教堂等无价建筑艺术已列入联合国教科文组织的世界遗产,其也成了一门关于主教座堂和教堂的研究(图11-16,图11-17,图11-18)。

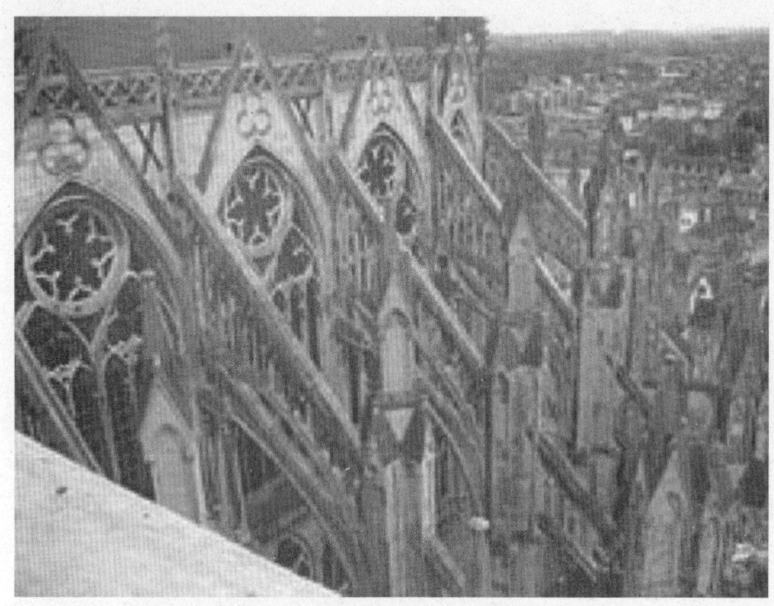

图 11-16　法国亚眠主教堂

图 11-17　法国圣礼拜堂教堂

哥特建筑的结构体系主要有肋架券(图 11-19、图 11-20、图 11-21、图 11-22、图 11-23 显示了肋架券引起的拱顶演变)、尖肋拱顶、飞扶壁(图 11-24,图 11-25)、花窗玻璃等重要部分组成,都不同程度对服装发生影响。

图 11-18 大教堂框架示意图

图 11-19 德国施派尔主教座堂

图 11-20 德国美因茨主教座堂

图 11-21 法国沙特尔主教座堂

图 11-22　法国圣德尼圣殿

图 11-23　英国西敏寺

图 11-24　巴黎圣母院成排的飞扶壁

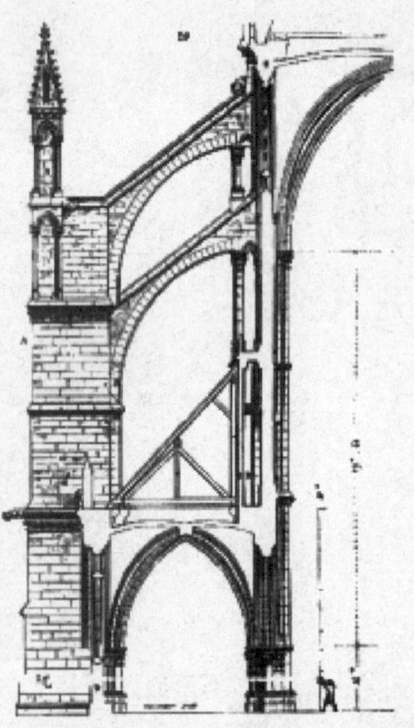

图 11-25　法国亚眠大教堂

二、哥特式服装

建筑与服装,这两个理性与感性,坚固与柔软的差异性设计,却总是有着千丝万缕的联系,总是有着类似的时代的印迹。黑格尔曾把服装称为“流动的建筑”,也有称为“贴身的建筑”,道出了建筑与服装的微妙关系。在哥特式服装中我们看到各种锐角三角形好似哥特建筑伸向高空的塔尖。13 世纪以巴黎圣母院为标志的哥特式建筑很快从法国波及到整个欧洲,受其影响,欧洲服饰造型也开始用尖顶的形式和纵向直线,甚至连鞋、帽、头巾等,都呈尖头形状的。哥特式服装受建筑影响较大,其服饰上的特点是多采用纵向的造型线和褶皱,使穿着者显得修长,并通过加高式帽来增加人体的高度,给人一种轻盈向上的感觉。哥特式风格的服饰特别重视外表的浮标效果和线条。典型的哥特服装特点是高高的冠戴、尖尖的鞋子、衣襟下端也呈尖尖的形状,或者做成锯齿等锐角形式。比如贵妇戴的高高的尖顶帽,绅士们穿着的长长的尖头鞋以及服装左右不对称的奇异色彩,这些都与教堂的尖塔和绚丽的彩色玻璃以及其他宗教的思想相呼应。而织物或服饰表现出来的富于光泽感和鲜明的色调是与哥特式教堂内彩色玻璃的效果相呼应的。哥特式服装风格见证了时代和历史,它是从整个中世纪至今全球服装史上一个重要的环节。所有的观念、所有的理想都汇聚在一件件透着复古风的神秘、奇异、古怪的服装上。

下面就 13 世纪、14 世纪的哥特服装分别进行叙述。

(一) 13 世纪哥特服装

哥特式初期,男女服装的造型区别不大,都以宽敞的筒形为主。从哥特式服装开始,衣服有了“省道”,衣服裁剪方法从古代的平面二维空间构成的宽衣时代发展到近代三维空间构成的窄衣基型(图 11-26)。

图 11-26 罗马式的立体化裁剪

13 世纪,罗马式的收腰合体意识得到发展,出现了立体化的裁剪手段,使包裹人体的衣服由过去的两维空间构成向三维空间构成的方向发展。过去宽衣时代的服装为平面构成,属古典式或东方式的“直线裁剪”。从此,东方与西方服装的构成形式和观念上彻底分道扬镳。

13 世纪,欧洲服装的一个重要特征是出现了“省道”(Dart),受建筑风格影响,裁剪方法出现新突破,从前、后、侧三个方向去掉胸腰之差的多余部分,在腰身处形成许多棱形空间,这就是现代衣服的“省”,同时,出现了衣片中未曾有过的侧面结构。通过立体化的剪裁手段展现了人体的曲线美,确立了近代三维空间构成的窄衣模型。由于上身的“省”与下身裙子从四个方向加进三角形布,大大增加了量感,并形成纵向的长褶,强调的垂直线感觉正好与哥特式建筑向上升华的垂直感觉一脉相承。

13 世纪,贵族男子身穿名为柯达第亚上衣下裤形式服饰,其面料、色彩和局部装饰都非常考

究华丽。

(二)十四世纪哥特服装

14 世纪中叶,男服出现了来自军服的上衣—普尔波万与肖斯组合的二部式形式。从此,这种富有机能性的上重下轻形二部式取代了传统的筒形一体式样式,使男服与女服在穿着形式上分离,衣服的性别区分随之在造型上明确下来。男子服装上重下轻,富机能性;女装上轻下重,富有装饰性。普尔波万的用料也很豪华;有天鹅绒、织锦、丝绸和高档的毛织物(图 11-27)。

家徽图案的流行:14 世纪盛行尊崇身份和门第的风习,人们把自己家族的家徽图案装饰在衣服上。西方的家徽纹章最早出现在 13 世纪十字军的军装、军旗上,为分清敌我,在各种武器上画、绣或雕刻上家族的纹徽。后来家徽图案成了显示自己身份和所属家族的标志(图 11-28)。

图 11-27 军服的上衣—普尔波万与肖斯的组合

图 11-28 家徽图案服装装饰,袖子部分是修尔科,衣上鸟纹是家徽图案

(三)常见服装形式

希克拉斯:一种男女通用的外衣,是无袖筒形宽松外套。其前后衣片完全一样,两侧一直到臀部位置都不缝合,可直接套在筒形内衣外面。希克拉斯有两种,一种是常用的,一种是礼用的,后者较长,拖至地面,底摆有流苏装饰。此形式于 13 世纪末开始流行。

科特:筒状外衣,男女基本同形。区别是男子衣身较短,面料一般为素色毛织物,装饰较少,主要穿在外衣里面,外出时在科特外罩“修尔科”贯头式筒形外衣。女服收腰,衣身较长,强调曲线美,袖子是宽松的土耳其“多耳曼”式连袖,上半部袖子是宽松型,从肘到袖口收紧,用纽扣固定。裙摆褶皱较多,腰带较高(图 11-29)。

修米兹:长筒状内衣,用柔软的亚麻或丝织物制成。只在露在外面的部分有装饰,比如领口、袖口常有刺绣装饰,到 14 世纪用蕾丝(一种网眼花边)装饰(图 11-30)。

图 11-29　穿科特(内)和希克拉斯(外)的男子

图 11-30　穿修米兹(内)和希克拉斯(外)的女子

图 11-31　苏尔考特(修尔科)的少女和普尔波万、肖斯(霍兹)的男子

修尔科(Surcol):一种用料华丽的装饰性外衣,贯头式筒形衣。面料通常为织锦缎,并用毛皮做边饰。袖子长短、宽窄变化很多,也有无袖的。男女样式类似,男子衣身较短,两侧开衩到胯部,以便于行动;而女子衣身则较长,裙摆宽大,成喇叭状,与之对应的袖口也为喇叭状,且为半长袖,以露出里面的紧口袖,富有层次感(图 11-31)。当时,女子常把多余的长裙在腹部提前,做成堆褶状。据说,这是因为对圣母玛利亚的崇拜而形成的流行样式。

曼特:一种大型斗篷,形状有半圆形,3/4 圆形、圆形、椭圆形等,衣为夹层,里外不同色,穿时用系带系牢。布料一般为毛织物、丝织物或天鹅绒,长可及地,穿在身上显得雍容华贵,行走时缓步昂首,斗篷里颜色时隐时现,在优雅中有一种神秘。通常用于盛装时,披在外衣外。

科塔尔迪:14 世纪出现的华美贵族服装,是向奢华方面发展的外衣。起源于意大利,从腰到臀非常合体,在前中央或腋下用扣子固定或用绳系合,领口大得袒露双肩,臀围往下插入很多三角形布,裙长托地,袖子为紧身半袖,袖肘处垂饰着很长的别色布,叫“蒂佩特”,臀围线装饰的腰带是合体的上半身和宽敞的下半身的分界线。腰和臀处非常贴体,在前腰或腋下或后背用扣子固定或用绳系合,以显露体形曲线。

男子的科塔尔迪是紧身合体的丘尼克型衣服,衣长在臀围线上下,一般为前开,用扣子系合,袖口开得很大,可以及地。女子的科塔尔迪是连体衣裙形式,上身贴体,领口较大,袒露双肩;下身宽松,裙摆加大,呈喇叭状,后裙裾托的较长;贴体的上身和宽松的下身分界线是在臀围线附近缀有宝石的腰带。整个衣裙常常采用不对称的色彩和图案,很容易使人联想到教堂里彩色玻璃窗。

男子的科塔尔迪则是上衣下裤形式,上衣通常连帽披肩,帽后有长长的帽尖下垂,与其尖尖的鞋头对应。两边衣袖通常做成长长的垂袖。下身则是紧瘦包腿的长筒袜,有的是在袜底缝制上皮革直接当鞋子穿,有的则是在袜底做一个圈,套在脚上,外面再穿鞋子。衣身、垂袖和裤袜

通常也都采用不对称颜色。从这以后,男女服装在外观造型上开始有了各自不同的审美标准(图11-32,图11-33)。

图11-32 穿科塔尔迪和曼特的英国王妃

图11-33 戴U形艾斯科菲恩头饰及穿吾普朗多外衣及科塔尔迪的女子

图11-34 萨科特

萨科特:罩在科塔尔迪外的无袖长袍,即开口的修尔科,这是14世纪女服中修尔科的发展(是有开口的修尔科,是没有腋下部分得长袍),袖窿开得很深,前片比后片挖得更多(图11-34)。

修尔科-托贝尔(Wurcolouvert):即敞开的修尔科,女子外衣,有很强的装饰功能,使用大量的金属、宝石或者皮毛装饰,上身有领圈和两个袖口,袖口是从肩部直接通向臀部的大敞开袖口。腰部配有华美腰带,衣身前中央有一排宝石纽扣作为装饰,下身裙子宽绰有褶,长至地面,用毛皮做镶边处理。

三、后哥特时代服装

公元15世纪的西欧已经转入了哥特式后期,这个时代被称为"后哥特时代(Post-Cothie Age)。后哥特时代的男女服装已经出现了较大的分化。

(一)后哥特时代女子服装

14世纪末到15世纪中叶,在统治阶级和大商人男女中都流行一种叫吾普朗多的装饰性外衣,是哥特式后期服装样式的代表。后哥特时代的女子服装样式主要以"吾普朗多"(Houppolonde)为主,吾普朗多的肩部较为合体,从肩部向下衣身非常宽松肥大。女士的吾普朗多是高腰的宽松裙子,袖子宽大可达地面,白貂皮衣领,边缘装饰繁琐,整件尽显豪华。较之前,后哥特时代的女子服装更加贴身,袖子也改为紧袖,并配带尖顶高帽("汉宁帽"),帽子前沿带有轻薄面纱。这种尖顶高帽等服饰的出现,使哥特式服装的发展达到了一个新的高度,与哥特式建筑的造型遥相呼应。

（二）后哥特时代男子服装

后哥特时代，男服二部式最终确立。14 世纪中叶，男服出现了来自军服的上衣—普尔波万与肖斯组合的二部式形式。从此，这种富有机能性的上重下轻形二部式取代了传统的筒形一体式样式，使男服与女服在穿着形式上分离，衣服的性别区分随之在造型上明确下来。15 世纪晚期开始，筒形衣服完全退出男装主流，成为女装的专用形式。

常见款型有普尔波万、吾普朗多、肖斯，下面分别介绍。

普尔波万（Pourpoint）：哥特时代的法国男装开始采用纽扣装饰。这一时期的服装有两大完全不同的种类。以普尔波万和裤子相结合的式样和筒形衣服吾普朗多。普尔波万是第一种正式与长裤搭配的男装。普尔波万的用料也很豪华。有天鹅绒、织锦、丝绸和高档的毛织物。自 14 世纪中到 17 世纪中的路易十四时代，普尔波万作为男子的主要上衣延续了整整 3 个世纪之久。这一时期的普尔波万在紧身、短小的基础上又变化出新的类型，仍然是紧身装，腰部收细，衣长到腰或臀，前面用扣子固定，袖子为紧身长袖，从肘到袖口用一排扣子固定。袖子上部分和胸部用羊毛或麻屑填充使之鼓起膨大。上衣有不对称纹章，当时流行搭配左右裤腿异色的紧身裤。普尔波万一般无领，后来才出现立领。同时，还出现过一种纽扣开在腋部的名为 Gippon 的上衣，它与普尔波万的区别不是很大，因此到 1420 年以后就很少出现了。

吾普朗多：吾普朗多原来是长度及地的筒形衣，由于受普尔波万的影响而逐渐缩短，并与裤子搭配，造型依然是宽松袖子和宽松的衣身。吾普朗多的另一个特点是领子很高，可以遮盖到耳朵附近。衣服的面料是有花纹的缎子和有四方格图案的毛织物。还有左右异色或者从左肩到右襟异色的织物。

肖斯：英语称霍兹，是与普尔波万组合穿的下衣，男女适用。左右分开、无裆，很像紧身裤，有的保持了袜子状、有的进化为裤子状，左右不同状，布莱变为短内裤，穿在肖斯里面。随着男上衣的缩短向上延伸至腰部，无裆，左右分开，用绳子与普尔波万的下摆或内衣的下摆连接，着装外形像紧身裤，实际是长筒袜。

（三）服饰品

帽子：此时期帽子的形式丰富多样，以“艾斯科菲斯帽”和“汉宁帽”为典型。艾斯科菲斯帽是指在头上横向张开的两个发结上罩个网。网外套上金属丝折成的骨架，再在这个骨架上披纱。此造型有 U 形和蝴蝶形。造型各异，装饰着花边织物的帽子的统称（图 11-35）。带有花边的薄纱或其他装饰细节从头部向脸庞和肩部垂下，形成自然的褶皱和飘荡魅惑的阴影，将女人的脸庞衬托的更为妩媚动人。汉宁帽圆锥形的高帽子，是哥特式尖塔的直接反映。还有一种叫做“夏普仑”的男士帽子，帽尖呈细而长的管状，披在肩上或垂于脑后，最长可达地面。

图 11-35　各种造型的艾斯科菲恩

发型与配饰：艾斯科菲斯帽是指在头上横向张开的两个发结上罩个网。网外套上金属丝折成的骨架，再在这个骨架上披纱。此造型有 U 形和蝴蝶形。造型各异，装饰着花边织物的帽子的统称。十四十五世纪的哥特时期，女子

流行佩戴金银或者宝石项链、手镯、戒指和无指手套,以及带象牙柄或金柄的小扇子。男女都盛行在脖子或皮带上挂各式造型奇异的银铃。佩带的链带又大又重。女子的金、银、宝石项链、手镯和戒指也很令人注目。14世纪女子时兴戴无指手套,以紫罗兰香水手套最为时髦。15世纪男子时兴用手杖,扇子从东方传来后已成为妇女的必备品。有象牙柄或金柄,饰有鸵鸟、鹦鹉和孔雀毛,还镶有宝石。时髦男女把小镜子装在小绸袋随身携带(图11-36)。

鞋子:哥特式时期,无论男女都喜欢穿秀气的软皮做的尖头鞋,人们以其长为高贵(图11-37)。男子的尖头长度按等级不同有严格的差别。据说王族鞋子尖头长度为脚的2倍半,为使细长的脚尖挺起,鞋尖装有填充物,甚至用铁丝加固。由于过长的鞋尖有碍行走,就用金链子束于膝部,鞋尖的长度在14世纪达到高峰,最长可达1米左右。当时流行的是用软牛皮制作的尖头皮鞋"波兰那",是男子尖头鞋。鞋很窄,材料为柔软的皮革,鞋尖用鲸须和其他填充物支撑。以尖为美,以长为高贵,这和又尖又长的山羊胡子以及汉宁帽一样,都是哥特精神在服饰上的反映。

图11-36 哥特时期配饰

图11-37 哥特式尖头鞋

思考与练习

一、服装脱离古代服装的平面性而进入立构时代的标志是什么。
二、拜占庭时期服装有那些特色。
三、试说哥特式建筑与服装之间的关系。

第十二章 文艺复兴时期的服饰

文艺复兴开启了西方历史的新纪元,"西方"历史就是从这个时期开始超过东方的。十五世纪中叶,意大利是文艺复兴的中心舞台,服装流行意大利风。16世纪上半叶开始,德国因宗教改革运动而引人注目,欧洲时尚流行起德意志风。德国风带来了服装上的切口装饰,增加了繁复的装饰感,丰富了层次感,还表现出浓浓的日耳曼浪漫风情。16世纪中叶到17世纪初,西班牙风格成为了欧洲的时尚流行潮流。整体而言,文艺复兴开始于意大利,这一文化运动于15世纪后半期扩及欧洲许多国家,16世纪达到鼎盛。

文艺复兴以人为本的文化鼓励对服装时尚的个性追求,表现着外向的性感,体现了人本主义精神和古典主义艺术的融合。随着禁欲主义的的衰落,人文主义又复兴了,在服饰上体现为:男子服饰强调上身的宽大魁伟和下体的收紧,构成箱形造型;女子服饰强调细腰丰臀,形成倒扣的钟式造型,同时出现了宽大的袒胸低领口,并不再羞羞答答用饰布遮住,这种风格加上东方丝绸、折扇以及精巧的服饰配件,构成了文艺复兴的主旋律。同时,资产阶级逐渐成为时尚的主导者,服装的审美趣味在曲折中发展出世俗化的总趋势。

第一节 14 世纪服饰

进入 14 世纪,欧洲尚处于哥特式时代的晚期,也是文艺复兴思想的萌芽时期,由"十字军东征"带来的东西方文化、贸易的广泛交流。欧洲大量进口东方的丝绸品和其他奢侈品。同时,手工业从农业中分离出来并得到快速发展,随着社会对奢侈品需求的日益增长,手工业快速细化分类并成立了各种行会,如服饰业就被划分为裁剪、缝制、做裘皮、滚边、刺绣、做皮扣、首饰、染色、揉制皮革、制鞋、做手套、做帽及发型等不同工种的独立作坊。尤其是纺织技术和染织技术得到高速发展,使得服饰材料品种、品质都得到长足发展。社会技术的发展改变了人们的生产与生活方式,也促使人们越来越不满宗教的束缚,寻求变革的思想也越来越浓。思想与艺术界已出现文艺复兴萌芽。但在服饰上,物质文明的进展虽然使这一时期的服饰豪华多彩,新兴贵族的宫廷生活也产生和形成的服饰潮流。但其特征依然表现出哥特式时代独特的服饰文化特征。

一、男装

14 世纪中叶,男装逐渐向二部式方向发展,男子流行穿军服式上衣——普尔波万(pourpoint)与肖斯组合。从此,带有机能性的上重下轻的二部式逐步取代一体式筒形样式,从而使男装与女装在穿着形式上分离了,衣服的性别区分也随之在造型上被确定了下来。

普尔波万这个名称来自法国古语 pourpoindre,原意是"绗缝的衣服"。本来穿在士兵的锁子甲里面或外面,为防止肉体损伤用数层布纳在一起的结实上衣。最初士兵的衣服长自膝部。到十四世纪中,衣长变短到腰或臀,在男子中广为流行。非常紧身,胸前用羊毛做填充物,使其鼓起了,而腰部收紧,袖子也是紧身长袖,从肘部到袖口用一排扣子固定,前期是无领的,后来也出现立领。绗缝是普尔波万的特色,两层布中间夹上填充物,用绗缝进行连接,线迹一般左右对称。开前门襟用扣子锁定是普尔波万又一特色。这种形式来自亚洲,富有机能性。至此欧洲男装就把这种形式固定下来,扣子作为固定件和装饰件从此也被固定下来。因此,贵族们的扣子一般用贵金属或宝石来制作,使用的数量也远远超过实用所需,前门襟可多达 38 颗,袖口也多达 20 颗。扣眼锁法更是流传至今。普尔波万的用料很奢华,那时最为流行的是天鹅绒、织锦、丝绸和高档的毛织物等,普尔波万开始于 14 世纪中叶一直延续到 17 世纪中叶的路易十四时代,在近 3 个世纪的漫长时间里是欧洲男子主要的上衣形式(图 12-1)。

图 12-1 穿普尔波万和肖斯的男子

与普尔波万相配的下装叫肖斯(chausses),是中世纪男女通用的袜子,只不过随着男子上衣的缩短向上伸长至腰部,但依然保持左右分开,无裆,并各自用绳子与普尔波万的下摆或内衣的下摆相连,它实际上就是非常紧身合体的长筒袜。肖斯在脚部的形状有的保持袜子状,脚底部还用皮革做底。

有的改为裤子状，长至脚踝或脚踵处。其用料多半为丝绸、薄毛织物、细棉布等，时常左右不同色。这主要还是受哥特式文化的影响，如同哥特式建筑中的彩色玻璃画一样绚丽多彩。

二、女装

14 世纪的女装，还沿用着一种罩着科塔尔迪外面的无袖长袍——萨科特（surcote），与 13 世纪盛行的希克拉斯如出一辙，但无论是造型还是色彩、花纹都更讲究，更精致。其特点是袖窿挖得更深，而且前片比后片挖得更多，可以看到里面科塔尔迪和那条装饰在臀围线附近的精致华美腰带，而身体的运动在萨科特里子的映衬下显得格外突出。萨科特通常用鲜艳的单色，但夹里的用料和用色与外料不同，因此，在设计时就得考虑表、里面料与色彩的搭配，同时也要考虑科塔尔迪与萨科特的色彩调和关系。萨科特在前门襟处装有一排扣子，贵族们的扣子常使用金属和宝石做成。着装后，前门襟的一排扣子与里面科塔尔迪装饰在腰带上的宝石以及袖口上成排的扣子一起，相互呼应，光彩夺目，成为 14 世纪女性着装式样的典范（图 12-2）。

图 12-2 穿萨科特的女子

三、家族图案的流行

14 世纪的欧洲还非常盛行把家族图案装饰在服装上，这原本是源于“十字军东征”时把家族图案绣、刻于军旗、军装、剑盾、马鞍、帐篷和其他日用器皿上的习性。到了 14 世纪，尊崇身份与门第的风习盛行，这种图案就成为显示身份和所属家族的标志，连一般市民与农民也把各自的家徽来装饰自己。家徽图案一般都在规定的盾形中表现，纹样题材以动、植物为主，鹰与狮子最为常见，也有日、月、星辰与人物图案。那时人们习惯把衣服用前门襟和腰线为界，把上衣分为上、下、左、右四个面来进行装饰，一般左右用不同色地，从肩开始到脚，无论前后，通身用贴布和刺绣方法，绣上放大的家徽图案进行装饰。不仅衣服的衣身左右色地不一样，两个袖子与衣身颜色往往还成对比状。已婚女子通常要把娘家和婆家的家徽分别装饰在衣服的左右两侧。而左侧通常装饰门第高的一方。儿童服装使用父亲家族的家徽。家徽装饰在十四世纪欧洲被广泛用于当时的所有服饰品中（图 12-3）。

图 12-3 家徽装饰

第二节　15世纪文艺复兴发展期的服饰

文艺复兴是指13世纪末在意大利各城市兴起，以后扩展到西欧各国，演变到16世纪，在欧洲兴起了一场思想文化运动，带来了一段科学与艺术的革命时期，被认为是中古时代与近代的分界线，是人类文明史上的伟大变革。

文艺复兴（Renaissanice）一词的原意是"再生"即希腊、罗马古典文化的复活。当时的社会精英提出让希腊、罗马文化再生的真实含义是对政教合一、教皇、神学高于一切的这种社会模式的不满。要求让社会回归以人为本，提倡人文主义精神，肯定人的价值和尊严，主张人生的目的是追求现实生活的幸福，倡导人的个性解放，认为人是现实生活的创造者和主人。反对迷信的神学思想和神学中心论。

所以，文艺复兴可以说是打着复兴希腊、罗马古典文化的旗号，发起的一场弘扬资产阶级进步思想和文化的运动。

一、意大利风格时代（1450—1510）

文艺复兴从意大利开始有其必然性，从地理位置讲意大利处于欧洲基督教文明和中东的伊斯兰文明交汇的前沿（尤其以今日之土耳其）。在中世纪，欧洲教皇发动了著名的"十字军东征"的战争。战争一方面破坏了当时的社会秩序，而另一方面是强迫性让两大文明发生碰撞和交流。而意大利的佛罗伦萨、威尼斯、热那亚等城市迅速成为东西方的通商口岸，成为欧洲的贸易中心。带有资产阶级早期特征的商人、企业主得以发展。资产阶级的人文思想得以传播。一批有资本、善管理、懂技术、能交流、通晓法律的社会精英人士和一批有理想、善创作的建造师、艺术家云集于这些城市中，客观地形成了一种不同于政教一体的封建宗教文化，从而产生一种符合人心发展的新文化。这一文化运动于15世纪后半期扩及欧洲许多国家，到16世纪达到高潮。

服装反映时代历史，早在14世纪就开始的文艺复兴运动，还是哥特式服装在西欧各国盛行时期。佛罗伦萨的艺术家就在实力雄厚的梅迪契家族（Madici）的支持和庇护下，开始有目的的研究古罗马艺术。并尝试创作注重人性的新艺术。起先是在宫廷建筑上大量采用圆拱形屋顶，矩形门窗，水平线的强调取代了哥特式典型的尖塔顶、尖拱顶、彩色玻璃窗和大量垂直线的感觉。而这种在建筑领域中的新变化马上也在人们衣着上出现相对应的效果。使得佛罗伦萨居民的服饰与同期欧洲其他地方服饰完全不同，具有开放、明朗、优雅的风格。15世纪中叶时意大利大多数地方服装造型还延续细长的外形，到16世纪，男女装都开始向横宽方向发展，两性服装差异巨大，性别特征非常明显，男装变得雄大，女装变得更浑圆。

意大利是欧洲文艺复兴的发源地，时尚也从意大利开始流行。当西欧的其他国民还沉浸在哥特式风格的服饰中时，意大利已经穿上了裁剪精到、优雅奔放的新式服装。

文艺复兴时期的意大利，纺织业非常发达，能够大量生产天鹅绒、织锦缎，能在各种丝绸面料中织进金银丝，使得面料看上去高贵、华丽无比，具有极强的视觉欣赏价值。其最典型的服饰就是奢华衣料的应用，精美的提花织锦、锦缎、天鹅绒和精巧的蕾丝花边等成为时尚衣料的首选。另外皮草在文艺复兴时期服饰中也颇为流行，各式各样的貂皮、松鼠皮、狐皮、兔毛等作为

图 12-4 留缝隙露亚麻内衣，可拆卸袖子的服装

饰边出现在人们的时装上。因此、贵族们的服装也就竭尽所能展示华丽的面料，使得服装上出现宽大平坦的平面，或整理成规则的普利兹褶饰。还依然流行哥特时期在服装的某些缝合处有意留出一段不加缝合的方法，使得人们可以窥见到白色亚麻内衣。这一方面是一种盛行的装饰效果，精美的亚麻内衣本身具有良好的表现力。另一方面；是服装更符合人体运动的需求，由于受当时的纺织技术的限制，各类精美面料都比较厚，不利于人体的各种运动，所以在服装设计中就有意在人体运动的一些关键部位，如肩、肘部位留出缝隙，用绳或细带连接各个局部，亚麻内衣即从这些缝隙中露出，手臂可以自由活动。这种形式后来被德国人发展成可拆卸的袖子。由此开始袖子独立裁剪、安装（图 12-4）。

（一）女子服饰

文艺复兴早期的意大利女子典型的服饰叫罗布（Robe），是在腰部有接缝的连衣裙。领口开得很大，有方形领、V 字领和一字领，胸口袒露的很多，高腰身，裙长拖地，袖子常见的是窄袖贴身和一段段用绳子扎成一节一节莲藕状。往往在上臂和肘部有许多裂口，露出里面白色的修米兹（Shirt 衬衫）。女子的外衣常使用华丽的丝绒外加刺绣、色彩明快、艳丽。造型上采用高腰节（图 12-5）。贵族妇女的服饰形象就是一种衣身宽松肥大，衣内衬有毛皮里子，多为白色亚麻衣料，衣身垂地，衣身后则在地上拖有很长的一截。白色内衣的穿用正好与华丽外衣面料相搭配，满足了视觉的审美效果需要。

这段时期的女装还保留着袍的痕迹，带有中世纪服饰的延续性。一直到文艺复兴的中后期。人们逐渐接收新文化思想。开始上衣和下裙有了明显的界限。虽然上衣和裙子仍然连在一起，但是裁剪上已经上下分离，显示出把整件衣服分成若干个部分的基本构想，这也是后来女装外形变化丰富、裁剪多样性的前提（图 12-6）。

图 12-5 意大利女子身着的罗布服饰

图 12-6 裁剪上已有上下分离意识的袍

（二）男子服饰

此时男装典型是道伯利特紧身衣（Boublet），内衣也用白色亚麻布修米兹（shirt 衬衫）和外衣杰肯（jorkin）的组合。修米兹的袖子很肥大，在手臂的腕部打褶。道伯利特是穿在修米兹外面的，一般有袖子，后期发展成袖子可以拆装，装袖是系在袖孔上，但裁剪上与当今一片袖把接缝放在手臂内侧的方法相反，那是的道伯利特袖子把接缝放在手臂的外侧，两端用数条绳子相系，而相系的缝隙能露出白色的修米兹。外衣洁肯通常是无袖的，前身开襟，能看到道伯利特紧身衣。

此时意大利男子的下装盛行紧身的筒袜加短袜，或短裤加长筒袜（图 12-7）。

二、装饰

那个年代，帽子对成年男女参加出席礼仪场合，都是必不可少的。那时还比较盛行无檐帽，女帽比男帽装饰多（图 12-8）。

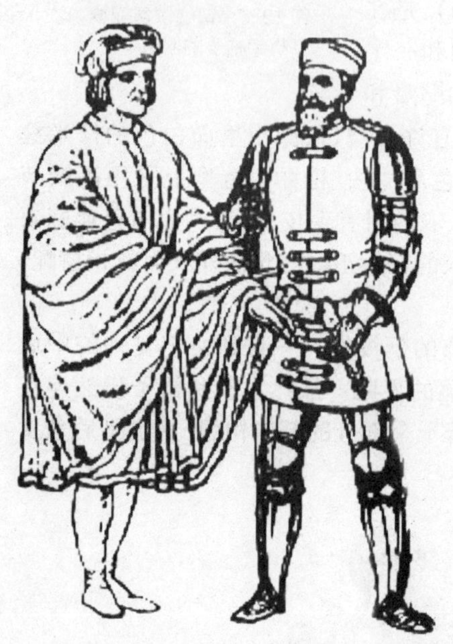

图 12-7　着道伯利特紧身衣、白色亚麻布修米兹衬衫和外衣杰肯的组合

图 12-8　女帽

由于女装发展越来越重视下装，裙子肥大，为拉伸裙子的视觉效果，裙子被越做越长。于是，在威尼斯开始出现一种叫乔品（chopin）的高底鞋。据说这种鞋最初是土耳其人穿的，16 世纪后被威尼斯人接受，后还传入法国、德国、西班牙、英国等西欧各国。乔品的底是木制的，鞋面用皮，做成拖鞋状。鞋底高度一般达到 20～25 cm（图 12-9），超高的也有 30 cm，穿乔品时的感觉犹如踩高跷。走路时需要有侍女扶持。但由于裙长拖地的关系从外面是看不到鞋子的。到 16 世纪末，女性骑马兜风变得时尚起来，通常在长裙子里还会穿上一种叫德罗瓦兹（drawers）的，是专门为骑马设计的宽马裤。这样笨重的乔品就无法被裙子遮挡，逐渐被后来的高跟鞋所取代。

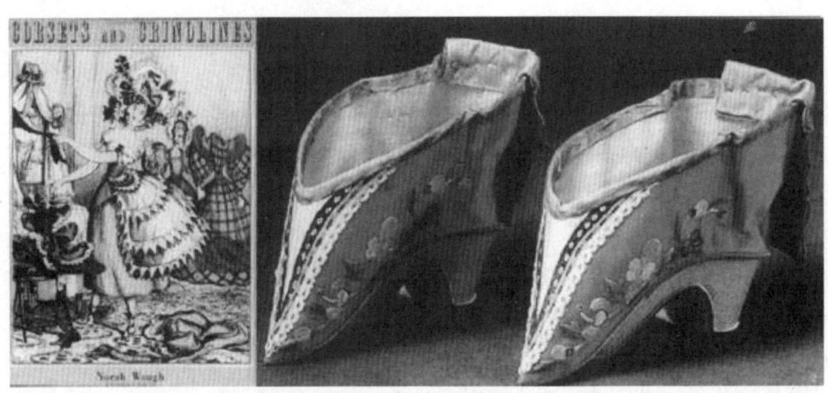

图 12-9　取代乔品的高跟鞋

这时期,手套也做的非常精致,款式已经和今日的皮革手套十分相似了。而且当时手套碗口上的丝绣工艺恐怕是今日手套都望尘莫及的。与此同时,贵族妇女出门时总要戴上透明的面纱,上也装饰有宝石、珠宝或缎带,精致奢华。

第三节　16 世纪文艺复兴鼎盛期的服饰

进入 16 世纪,文艺复兴运动已经蓬勃发展,在欧洲各国盛行起一场思想文化运动,迅速从意大利传到了法国、西班牙、德国和英国。揭开了近代欧洲历史的序幕,被认为是中古时代和近代的分界。期间,涌现出大量的艺术作品。具体表现在科学、宗教、文学、艺术和教育等诸多方面。这方面的作品在思想无不称颂世俗以蔑视天堂,标榜理性以取代神灵,反对来世和禁欲,肯定人本身和现世生活,宣传人文主义精神。人文主义者要求文学艺术表现人的思想感情,要求科学为人生谋福利,要求教育发展人的个性,即把人的思想、感情和智慧从神学的束缚中解放出来。所以他们提倡人权反对神权,提倡人性反对神性,提倡个性自由反对中古时期的宗教束缚。他们的这些思想和行为都在当时的历史时期里冲击了宗教和封建文化,有力地推动了历史的进步,对于继承古代优秀遗产、打破教会权威、消除封建愚昧进而拓宽近代科学、文化、艺术和思想的发展道路,都具有无与伦比的历史意义。这场运动其实质是欧洲从封建主义到资本主义这一历史阶段的过渡在意识形态领域的反映,是资产阶级为自己登上历史舞台而最终夺得统治地位而进行的舆论准备。

一、德意志风格时代(1510—1550)

德意志风格的主要特色是斯拉修(shash)装饰,斯拉修的原意是裂口、剪口的意思,是 15 世纪到 17 世纪流行于整个西欧的一种衣服上的裂口处理装饰手法。做法是把服装外层面料剪成一道道有规律的口子,或横、竖、斜向的平行切割、或切成各种有规律的花型。这种切开裂口,露

出内衣或衬衫，这些手法常用于外衣的肩、胸、背、裤腿处，在每个裂口中分几段用绳子、纽扣等手法进行系结，有时各裂口两端还嵌入各色宝石、珍珠，产生极强的装饰效果。这种手法如何产生的，为何产生的有两种说法，第一种说法，是来自瑞士雇佣军军服，远征的瑞士士兵在胜利后把敌人的帐篷、旗帜及遗弃物中高贵的丝织物撕成条状来缝补自己破烂不堪的军服，这样军服就让不同质地、不同颜色的面料表现出异样的效果。这让德国士兵非常感兴趣，他们对外衣进行剪口，有意露出部分内衣来模仿瑞士士兵的服饰效果。第二种说法是德国士兵为了显示自己英勇无比，有意在衣服上划出一道道裂口来表现自己杀入敌营、冲锋陷阵、作战勇敢。而创作出的一种装饰手法。但无论哪种说法都说明了该装饰手法来自军队，并在德国普通百姓中迅速流行开来，很快传遍欧洲各国。该手法极盛时，手套、帽子、裤子、鞋子上都纷纷使用。成为文艺复兴时期男女服装上很具时代特色的一种装饰（图 12-10）。

（一）女子服饰

德国女子服装初期与意大利的差不多，方形的底领口，裸露的脖子和胸口装饰着叫做科拉（koller）的立领式的小披肩，以后逐渐演变成高领，科拉也变成有碎褶的小领饰。这些装饰也是后来演变成大褶饰领以及拉夫领的先兆。袖子起先很大，随着领口变小，袖子开始收窄，袖子上一般都有斯拉修装饰。裙子是那个时代的女性主要性别象征，采用高腰设计，重点突出肥大的裙子造型，上用大量的普利兹褶，再罩上围裙，围裙依然用大量的普利兹褶。整体造型是窄肩、细腰、丰臀大裙子、腹部尤其宽大与细腰形成对比，为使裙子膨大，常在里面穿几层亚麻内裙。而裙子面料常使用色彩各异的厚地材料做成，除了普利兹褶外，还有许多刺绣花边和丝绒边（图 12-11）。

图 12-10　德意志风格的男装

图 12-11　德意志风格的女装

（二）男子服饰

男子服装依然保持着哥特式时期的构成特征，只是德国人把上衣改成道伯利特（doubler），有普利兹褶，立领，而且很高，领口加小碎褶花边。内衣领通常也是立领。道伯利特外面穿无袖带裙身的茄肯(jerkin,这是夹克 jacket 的直接语源)茄肯也可直接穿在内衣外,最外面穿夏五贝(schaube),这是当时男子主要外出的上衣,衣长至膝、也有长至踝。衣身袖子宽松,可以是无袖的,也可以是有袖的,在领面、袖口和下摆处常常露出裘皮进行装饰。

男子的下装已有改变,在紧身的筒袜外穿上了膨胀起来(如灯笼造型)的短裤"布里齐兹"(breeches),布里齐兹有两种形式,一种类似灯笼型,里面靠填充物让其膨胀起来,极端的大到小孩头的大小,表面一般采用不同面料的条状拼接,产生凹凸感。另一种是造型较为紧瘦长至膝部的紧身裤,但在裤裆部位用一块称为"科多佩斯"(codpiece)的布饰挡住裆位,还特地做成口袋状挂在两腿中间,赤裸裸地表现男性的第一特征。考究的科多佩斯上还装饰斯拉修,从斯拉修的裂口中露出薄薄的白丝绸和精美的刺绣、镶嵌宝石、珍珠。这种装扮是 16 世纪欧洲男子普遍的着装方式(图 12-12)。

(三)装饰

德国男女都戴宽檐大帽子,男子的大帽里常还有一顶软帽。女子的大帽子上多半绣有花饰,如羽毛、宝石等,帽边有斯拉修装饰。这种最为典型的斯拉修装饰,这是一种破坏性的装饰手法。从众多的画像中可以看到着装者的上衣、裤子、手套,甚至鞋子上都装饰着大大小小、宽宽窄窄的撕裂的裂口。

而这时的鞋子已从哥特式的影响中走出来,不再是尖尖的了,而是向方形方向发展,鞋头比脚的实际宽度宽得多,上面有斯拉修的装饰。男子都腰佩匕首和短剑、剑鞘装饰是男子身份的象征,非常华丽。不少女子也配小匕首和装饰袋。男女都非常崇尚戴戒指和项链,几乎每人都戴好几个。但那时的德国女人不用化妆品,也不喜欢喷香水(图 12-13)。

图 12-12 穿道伯利特,外面套夏五贝外出上衣的男子

图 12-13 德国男女的帽子,男子配匕首

二、西班牙风格时代(1550—1620)

16 世纪,可以说是西班牙世纪。从欧洲北意大利到奥地利都属于西班牙的领地。随着西班牙海上力量的不断壮大,哥伦布发现了新大陆,大西洋彼岸的美洲大陆的主要部分都成为西班

牙的殖民地，甚至远涉太平洋，控制菲律宾，西班牙拥有举世闻名的无敌舰队，成为当时国力十分强盛的政治、经济、文化中心国家，使得贸易重心迅速从地中海区域移至大西洋沿岸，给西班牙王国带来巨大的财富。与当时的日耳曼人自发性地模仿和追随拜占庭风俗不同，西班牙国王是强制性地向欧洲各国推行西班牙服装，企图使人们顺应西班牙意志，因此，法国、英国、德国都受其影响。男装的明显特征是轮状皱领和衬垫填充物，女装则是突出表现紧身胸衣和裙撑的使用。这种上身为紧身胸衣，下装为裙撑的组合方式，从此影响了欧洲日后近400年的女装样式。

西班牙服装的外观特征是威严、正统、沉着的单色，尤其是黑色，洋溢着天主教的神秘主义和禁欲色彩。这个阶段在服装史上被称为填充式(bombaststyle)时代，其实使用大量的填充物早在中世纪的男装上就有所体现，使得衣服的肩胸鼓起，让男子的上肢显得挺括雄伟。到了文艺复兴时期，填充物的使用被大大发扬。垫衬的使用被扩大化了。男子上身从肩部到大腿都鼓胀饱满，形成四四方方的造型，特别夸张了男性的形体宽阔雄伟，而下身则穿着紧瘦长袜，形成上重下轻的视觉效果。与此相反，女子用衬垫填充主要在臀腹部，使得裙子在紧束的纤腰下突然鼓胀起来，构成上轻下重的女装视觉效果，并在柔美秀丽中显示出高贵的气派，与男子雄伟形象交相辉映。

（一）女子服饰

女子拉夫领(ruff)：西班牙的男女服装是封闭的，在那高高的立领上装饰着白色皱褶花边，这种皱褶花边通常是立于衣服之外的一种领饰，就叫拉夫。从16世纪到17世纪都非常流行，是文艺复兴时期又一个独具特色的服饰部件。拉夫领早在德国风格时期就已见端倪，不过那时这些褶饰是连在内衣高领的领口上，在领子上的所占比例不大，视觉效果并不很突出。到西班牙风格时期，拉夫完全脱离内衣，成为独立制作，可以穿脱的装饰领型(图12-14)。

图12-14　早期的拉夫领

拉夫呈现车轮状造型，而且形状是越做越大，制作拉夫领的技术要求非常高，往往需要长度为5~6米的亚麻布或轻薄的纱罗织物，先要用浆糊均匀涂抹布料，使其变得硬挺，以便造型。其次使用特制熨斗把面料按照造型要求进行熨烫成型，再缝合到领布上。过于宽大的拉夫领下常用铁丝加以支撑，戴上又硬又厚的拉夫领之后，头就无法自由活动了，这样就强制性把人塑造成一种高傲、尊大、不可一世的形象。由于戴上拉夫领不方便人们吃饭，所有又出现了把下颌处空出一个三角形的拉夫。

拉夫产生后，迅速传遍欧洲各国，法国、英国的贵族们首先模仿，西班牙贵妇们也立刻跟进。那时时髦的女性仍然保持意大利风格的低敞领的基本样式，但用轻薄透明的面料罩住胸肩，并在脖子上与拉夫领连接，形成独特风格的领饰。而把拉夫领发扬光大的要属英国的伊丽莎白一世，她由于脖子特别细瘦而情谜拉夫领的掩饰能力，为此，她特别创作了“伊丽莎白领”的豪华拉夫领，这种拉夫领不是圆盘式的，而是向左右打开，在颈后竖立起来，具有很强的装饰感，从正面看人脸后像一把打开的精美绝伦的小折扇(图 12-15)。

图 12-15 "伊丽莎白领"的豪华拉夫领

裙撑:与男子使用填充物来夸大衣服造型的手法相应,女装尝试让裙子鼓胀起来,在德国、法国、英国大都使用多层内裙和毛毡制的内裙使裙子膨胀化,到 16 世纪后半叶,西班牙贵族们率先创造了裙撑"法勒盖尔"(farthgale),法勒盖尔裙撑呈吊钟形或圆锥形,在亚麻布上缝进好几段鲸鱼须做的龙骨,有时也用藤条、棕榈或金属丝做龙骨。穿衣服时,要先穿上这种法勒盖尔,然后再套上裙子,由此,裙子呈现出过去没有的优雅、华丽的造型。很快传遍整个欧洲大陆,法国、英国的贵妇们争相模仿,裙撑迅速盛行起来,成为女子不可缺少的整形用内衣。而各国在模仿中也都有各种各样的改进,如英国人的裙撑不是做成圆锥形的,而是做成椭圆筒形,把裙子向左右两边撑开,左右宽,前后扁,罩在英国式裙撑外的裙子,在腰臀部出现两层,上面一层从腰部向四周打了很多有规律的活褶,里层就是捶地的裙子(图 12-16)。而法国式的裙撑做得更像轮子样的环形填充物,围绕在腰以下的臀腹部,两个顶端用带子固定系结,这样外裙罩上去后就会被撑起,显得圆满,造型更为夸张。与西班牙、英国式的裙撑比起来,法国式的更便于人的活动,很快在喜欢骑马兜风的女子中风靡起来(图 12-17)。

图 12-16 英国人把裙撑做成椭圆筒形,非常夸张

图 12-17 法国人的裙子

(二) 男子服饰

西班牙男子服饰最大特点就是填充物的大量使用。除了在胸部、肩部与腹部大量塞进填充物。使得上身效果特别雄伟夸张,加强了服装的塑形效果,倍显男子的阳刚之气。而且在袖子里也塞入填充物使其鼓起来,常用的有三种形式,一种是叫"帕夫,斯里布"(puff sieeve,泡泡袖),主要在袖山处塞入填充物,使其膨胀,上臂和前臂都紧身合体。第二种叫"基哥"袖(gigot,

羊腿袖),这种袖子也是在袖山处加填充物,袖山肥大,但在袖身到袖口是逐渐变细。第三种叫"比拉哥斯里布"(virago slssve,莲藕袖),这种袖子的填充物在袖身上,做成一节一节的莲藕状,早在意大利时期就出现过(图12-18)。然而,过多的使用填充衬垫造成了衣服的僵硬、厚重,呆板,大大妨碍了人体的运动,这种忽略人的本质形态的服饰是文艺复兴时期人们的着装审美标准。

图12-18 "基哥"袖服装

男子服装中典型的一种款式叫斗牛装。斗牛,是西班牙的传统习俗活动,斗牛士一般有着专门风格的服装,就好像蒙古摔跤服一样。也是在华丽之中塑造出一位闪光的勇士。斗牛士男子一般头戴三角帽,身穿白衬衣,外罩长及腰际的坎肩或带袖上衣。下身穿紧腿裤,裹着长长的绑腿,是用钢片折叠而编成的。斗牛士身上的斗篷红里黑面,肥而长。使得斗牛士显得精明强干。这是一套华丽的服装,无论是短上衣,还是裤子,上面都有精致的刺绣。也是一套民族色彩十分浓郁的运动兼表演装。

(三)装饰

西班牙时期化妆品和香水得以普及,欧洲人为掩盖浓重的体味大力开发各种香水,各种化妆品业蓬勃发展。女子烫卷发,最流行的叫着圣母发型(图12-19)。男子也是中等长度头发烫成波浪卷。这时无论男女都已经不穿哥特时期的长尖头鞋了。鞋头宽肥的方头、同时也出现了圆尖型、小方头型等。到16世纪后半叶,高跟鞋开始流行开,逐渐取代了"乔品"高底鞋(图12-20)。

图12-19 烫发女子

总之,这场发生在14世纪中期至16世纪末,从佛罗伦萨扩展至欧洲各国的文化运动,在服饰上有这么几个重要特征。除上述乔品外,还有斯拉修、科多佩斯、拉夫领、裙撑和珠宝及香水等方面,简单归纳如下。

斯拉修,裂口装饰艺术,意在露出内衣或衬衫。从15世纪到17世纪,流行于整个西欧的衣饰处理手法。极盛时,该装饰手法甚至在帽子、手套、上下装、背包、鞋上都出现了,成为必不可少的装饰手法(图12-21)。

科多佩斯,展示男性性特征的装饰物。这是16世纪欧洲男子的普遍装扮。有的甚至借助斯拉修的裂口艺术,使之露出薄薄的白丝绸和精美的刺绣,乃至镶嵌的珠宝(图12-22)。

拉夫领,一种独立制作、独立使用的褶饰领,从16世纪到17世纪,是欧洲男女最主要的装饰物之一。拉夫领呈环状套在脖子上,其波浪形皱褶呈"8"字形的连续褶裥,随着流行的发展,其形状越来越大,变化也越来越多(图12-23)。

图 12-20　乔品

裙撑，裙子内衬，由大量填充物发展而来，目的是让裙子从腰以下膨胀起来，夸张女性的臀部曲线美。分别有西班牙式、法国式、英国式三种流行风格（图 12-24）。

珠宝、香水装饰。西班牙凭借发现美洲大陆、无敌舰队的实力，通过大量的海上贸易和殖民地的掠夺，成为了当时世界上最富有的国家，对珠宝的品位和鉴赏都非常出众。西班牙珠宝匠偏爱采用细丝工艺和瓷釉技术来制作珠宝首饰，从那时起，出现了长长的垂饰耳环，并几乎流行于整个欧洲。那些王公贵族们开始使用黄金纽扣和真丝天鹅绒制成服装。女装中则首次出现了西班牙紧身胸衣和撑架裙这种上轻下重的正三角形造型，男装则注重上半身的体积感，轮廓鲜明的缝合和裁剪技术的兴起使得服装更加贴近人的身体，开启了西方服饰史的近世纪服饰时代。伊丽莎白一世不仅继承了亨利八世奢华的风格，而且将它发展到近乎贪婪的程度，从她的头饰开始，项链、面纱、拉夫领、外套、裙子、鞋子处处镶嵌着各色珍珠，全身上下达数百颗之多（图 12-25）。

香水虽然早就有了，但到文艺复兴时期，富裕的西班牙人大力开发了各种香水并加以推广普及，从此成为欧洲人不可或缺的装饰物品。

图 12-21　“斯拉修”裂口装饰手法的服装

图 12-22　穿着“科多佩斯”的男子

图 12-23　呈“8”字形连续褶裥的拉夫领

图 12-24 带裙撑的裙子

图 12-25 满身珠宝的伊丽莎白一世

思考与练习

一、文艺复兴产生的背景是什么,文艺复兴时期的艺术家们主要弘扬什么？反对什么？这场运动对服装发展具有什么意义。

二、拉夫领是什么时代开始兴起的,什么国家首先流行起来?

三、文艺复兴时期的裙撑主要有那三种风格?

第十三章 17 世纪服饰

17 世纪的欧洲，是有史以来人类生产力发展最快的时期，同时也是一个新的社会制度诞生并取代旧的社会制度的时期。进入 17 世纪，资产阶级的力量越来越强大，开始在政治上与封建势力较量。整个欧洲历经磨难——一系列的社会政治动乱席卷整个欧洲，极大地震撼了欧洲国家。政治上中央集权制和君主制取代教会统治；经济上出现商业资本主义和君主商业；政治、经济和军事权力集于君主一身，并以国家的形式出现，形成前所未有的城市规划和建设能力。资本主义的发展给欧洲带来了新的生机。

自由活跃的思想影响了服饰行业，使服饰业得到空前的发展。在 17 世纪前期，整个欧洲都流行着荷兰样式的服饰。17 世纪后半期，第一批时装商店出现在巴黎，出售成衣，生意最兴盛的是妇人时装店。同时，还有帽店、鞋店、毛皮店、手套店、假发店和美容店等等。与此同时，巴洛克艺术家们充满激情的作品，富有人情味的曲线，鲜艳的色彩，更多地强调紧张、亢奋、激扬的情绪，华丽恢宏的艺术风格正好迎合了当时宫廷和贵族追求奢华和感官刺激的需要，最终造就了 17 世纪一幅富丽堂皇的艺术场景。

第一节　17 世纪服饰

服装史上，巴洛克一词指17 世纪欧洲的服饰。巴洛克风格是路易十四的精神所在，它色彩艳丽、富丽堂皇的风格在欧洲宫廷贵族中得到大力提倡。男子服饰进入最艳丽最疯狂的时期，出现了许多新鲜的时尚，烘托出巴洛克时期的繁荣与精致。而女装则解脱束缚，追求自由。巴洛克服装的发展经历了两个历史阶段，即荷兰风时代和法国风时代。

一、十七世纪艺术特点

16 世纪末，荷兰共和国诞生后，工业、经济迅速发展。17 世纪的社会政治和生活如这一时期的艺术形式同样不平凡。以德国为战场，因路德教会和罗马天主教的冲突引起，几乎所有的欧洲实力国家都卷入了这场举世闻名的30 年战争(1618—1648)。这场战争具有德国内战和国际混战的双重特点。在威斯特伐利亚和平法之后，这场恐怖的战争才结束，每个德国小诸侯都有权决定自己的宗教信仰。政治、经济、宗教等方面的变革与争斗，剧烈地改变着各国的面貌。30 年的战争导致宗教问题日趋严重，最终把北欧和南欧分成新教和天主教两大宗教派别阵地。

(一) 宗教艺术

宗教改革带来了欧洲社会的风云变幻，传统宗教的地位逐渐开始动摇，教堂建筑冷冰冰的外表也不再具有吸引力，为了和新教争夺教徒，艺术宣德教化的作用得到了空前的重视，教会企图通过在教堂加入更多人性和世俗气息来重新吸引人们，鼓励宗教艺术新的发展，教堂建筑的发展成了巴洛克时代最具有代表性的成果。

其建筑大量使用各种贵重材料，细部采用华贵繁复的装饰，强调运动和变化，追求起伏的节奏和波浪式的转折，营造令人眼花缭乱的空间效果，用绚丽繁复的装饰效果代替了简洁明快的风格。在建筑设计中大量采用雕塑和壁画，造成统一的空间效果。绘画不那么重视线条，不刻意追求明晰的轮廓线而偏好运用明暗块面造型。富有动势，充满力量的巴洛克风格克服了16 世纪后期消极影响，成为了天主教争取信徒的新工具。

(二) 巴洛克风格的主要特征

巴洛克艺术形式其最基本的特点是打破文艺复兴时期的严肃、含蓄和均衡，崇尚豪华和气派。巴洛克一词来源于葡萄牙语 Baroco 或西班牙语 Barrueco，意思是“不合常规”，特指各种外形不规则有瑕疵的珍珠，泛指各种不合常规、稀奇古怪的事物。

巴洛克风格起源于建筑。规模宏大、充满动感、装饰奢华、雄健有力是巴洛克建筑风格的主要特征。法国的卢森堡宫、凡尔赛宫的主要宫殿(图 13-1)、英国的圣保罗大教堂等，都是典型的巴洛克风格建筑。

图 13-1　巴洛克风格建筑凡尔赛宫

巴洛克艺术追求的是繁复夸张、富丽堂皇、气势宏大、富于动感的视觉感受。它是一种激情的艺术，它打破理性的宁静和谐,具有浓郁的浪漫主义色彩,非常强调艺术家的丰富想象力。

巴洛克风格的特征是强调感情的表现,强调变化与动感,从建筑到服饰品,到处都大量使用华丽的曲线装饰,这一时期的艺术崇尚变化,追求与众不同。

二、巴洛克风格服饰的主要特点

艺术上的变化也引起了服装款式上的变化。从服装的外形线上可以看出受巴洛克风格影响,多呈现曲线造型。文艺复兴之后带来的思想解放,古典建筑理论的发现,古希腊和罗马纪念性建筑的发掘和测量,导致了对古典雕塑和装饰艺术的崇拜。随着新权贵的出现,以及他们对古代帝王的物质和享乐生活的发现和向往,使古典艺术成为附庸风雅的华丽外衣,并日趋雕琢和繁琐。

(一) 装饰繁多

巴洛克服饰最大的特点就是繁多的装饰。华丽的纽扣、丝带、蕾丝、蝴蝶结等元素被大量使用(图 13-2)。时尚的香粉、高跟鞋、手套、手袋、领带、领结等各种配饰也纷至沓来。

图 13-2 巴洛克风格男子服饰

在服装廓形上,巴洛克风格也一改之前灰暗而直板的艺术风格,把目光再次移到了人与自然的联系上。服装变得更为自然、松弛、线条流畅。

巴洛克时期把服装部件完整的链接在一起,形成一种流动的、统一的基调,服装界限消失、整体感增强,表现出强有力的、跃动的外形特点。巴洛克风格服饰的繁荣与精致,打破了文艺复兴时期僵硬的服装线条,代表了路易十四富丽堂皇的精神特质。历史上没有一个时期的男人像这个时候一般妩媚化。

(二) 图案点缀

在与服饰品相关的染织艺术中,织物常用树叶形植物图案、特殊的动物图案进行装饰点缀,纹样精致美观。兽纹、花卉、镶嵌等图案,不论是刺绣或织造,都繁复而精美。图案造型上讲究高贵华丽,在颜色表现则以深色调为主,色调精致金碧辉煌。巴洛克时期的染织艺术风格反映了当时人们追求人文主义的审美思想,表现出与优雅、和谐的古典主义的对立,强调标新立异,强调外在形式的多边性,并注重表现手法与艺术形式的统一。

第二节 荷兰风时期服饰 (1620—1650 年)

16 世纪尼德兰对西班牙统治者进行的大规模的民族解放革命战争取得胜利。南方几省因上层与西班牙关系密切,所以虽也独立却与西班牙仍有着宗主似的关系。北方七省则完全摆脱

西班牙的统治,独立成立了联省共和国。北方7省中荷兰的土地最多,经济上占七省总收入的75%,一切遥遥领先,故称之为荷兰共和国,也就是16世纪末期,荷兰共和国——世界上第一个资本主义国家就此诞生了。16世纪末,荷兰依靠毛纺织工业和与东方的贸易而富强起来,在17世纪前期的时装领域也起了主导作用。他们反抗先前统治者的僵硬刻板、虚饰浮华和拘泥俗套,青睐舒适和自由,这些大大影响了17世纪的风格。1602年成立的荷属东印度公司和1612年成立的荷属西印度公司,使荷兰的经济达到顶点,商业贸易遍及世界。在荷兰,因为对贸易的重视,一大部分新兴中产阶级兴起。那些人拥有的服装数量也令人惊奇。例如,阿姆斯特丹的一个富人家的女儿的嫁妆就有150件衬衣和50件丝巾。而某小镇的一位镇长的服装清单中就列出了40条内裤、150件衬衣、150个领饰、154个车轮领、60款帽子、92顶睡帽、20件非正式场合穿的外裙、一打睡袍和35副手套。工业和经济的迅速发展,使得荷兰的文化艺术也空前繁荣。在这样的背景下,荷兰的服饰也得到了长足的发展。

由于30年战争的影响,荷兰人将便于活动的骑士服装发展成一种时髦,促使服装风格向实用化方向发展。荷兰风样式的服装把西班牙风格时期分解的衣服部件组合起来,服装线条从僵硬走向柔和、从紧束走向宽松,尤其男子服装中的填充物被取消了,从此把自由活跃的设计风格传遍欧洲。

一、男装

在17世纪的前20年里,男装仍延续着16世纪末的特征。男装的装束由以下内容构成:衬衣、紧身上衣、夹克、宽松短罩裤以及及膝的短裤。人为化的造型和装饰仍然存在,如松垂和鼓胀的宽松短罩裤。此类男装款式体现出男性对自身的自信,男人通过"超越自然"的服装样式,折射出"大男子主义"的豪迈和扩张感。

而到了荷兰风时期,男式服装的特点是减少过去人工制作的衬垫、框架和填充物,使衣服向着较为自然的形态发展。服装整体造型变得宽松,线条更为柔和,服饰上衣肩部已不见文艺复兴时期的横宽和衬垫效果,代之而来的是溜肩,支立或膨起的造型也不见了,取而代之的是下垂或合体的造型。两性对立的造型被男女装统一的胖乎乎的外形所取代。领子、袖口和裤角开始用大量丝带和花边作为装饰,代替了文艺复兴时期的金、银、珠宝。该时期男子流行留长发(Longlook),服装上流行大量装饰蕾丝(Lace),同时流行大量穿戴皮革制品(Leather),因此荷兰风时期的男装风格也常被称为"三L"风格。

(一)普尔波万

这一时期的男子紧身上衣"普尔波万",去除了文艺复兴时期男装臃肿的填充物和衬垫,恢复了人体的自然比例。紧身上衣穿在衬衣外,并通过蕾丝和短裤相连。领子仍然是立领,但较前期已经缩小了。上衣肩斜变大,发展为溜肩的自然线条。前襟上纽扣密集,上衣变长、盖住臀部,上衣腰线上移并且更多地出现收腰。在收紧的腰和垂布之间的接缝中,安插进鲸须或金属丝等硬质的细丝,以使纤细的腰部固定形成"V"字形。早期的款式是在腰下有个小垂片,在胸前和后背有几个(panes)裂口或(slits)裂条做装饰,里面露出衬衣或彩色的里布颜色。在紧沿着腰线的接缝上有扣眼,用来吊裤子。外面装饰成蝴蝶结状,装饰在腰线上。腰节下半部打开或为波浪状下摆,除与上衣分裁外,边也不缝合,穿时用带或扣系拉腰部与上衣相连。服装左右前襟和两袖上臂处,有很长的竖切口,开缝并露出衬衫(图13-3)。

上衣“普尔波万”里面露出的衬衣自然化十分明显。它属于整体服装的组成部分，裁剪得很宽松。多用柔软、轻薄的浅色亚麻或丝绸制作。平坦的“拉巴领”代替了轮状的拉夫领，柔软的环领取代了原先僵硬的皱领，大翻领或平铺在肩上的披肩状领子成为男装主要领形（图13-4）。

图 13-3 荷兰风样式男子服装

图 13-4 男子拉巴领造型

袖口有花边装饰或直接露出衬衣的装饰袖口。漏斗状蕾丝袖克夫与拉巴领相呼应，受到男士欢迎。这种袖克夫发展至后期，袖口越来越细，袖克夫越来越宽，最宽的袖克夫可达15厘米。众多的袖口和衣领的花边装饰取代了上衣所有的衬垫，增强装饰效果和节奏感。

17世纪初期保留了南瓜裤造型，但去除了填充物，变的较为松弛。短裤从腰下一直长到膝盖，整个都很宽松或逐渐地收拢到膝部，在裤口处用系带勒紧，裤口底都有蕾丝或缎带装饰。1630年出现了紧身半截裤，用丝带或吊袜带扎口，有时垂以缎带，有时系扎蝴蝶结，整体裤形接近今天的萝卜裤。1640年出现了长及腿肚子的筒形长裤，再加上饰带或花边几乎可达踝部，这是西洋服装史上首次出现的长裤，是现代男士长裤的鼻祖，一般在膝下有6英寸的边饰（图13-5）。

图 13-5 男子筒形长裤造型

荷兰风时期男子户外造型变的更为简洁，主要样式有斗篷、披肩和大衣。其形状为环形的，通常只披在一肩上，通过小绳固定在宽领下。斗篷和披肩都有很宽的领

子。还有长大衣款式,袖子宽松,衣身肥大,直到大腿部甚至更长。男子外出时主要穿短的披肩斗篷或翻领短大衣,具有轻便飘逸的形式,用深色、厚质面料制作,为男性增添不少魅力。尤其是斗篷,在当时对男子来说意味深长,被赋予许多侠义之情。

(二)男式服饰造型

大多数男性留长卷发,后期又开始流行戴假发。络腮胡子也只修理一点,嘴唇上留着八字胡或者山羊胡,胡子下端修剪成尖状。法国和英国的时尚男性还留着一长绺头发比其他的头发要长,并在梢头系上饰带。男女都时兴戴呢绒或毡制的浅顶宽帽檐的软帽子,称为"巴拿马帽"。帽檐的一侧向上翻卷着,并插有长而柔软的羽毛。

服装的穿着搭配方式为内穿衬衣,外穿紧身外套,衬衫从外套切口中自然流露。在紧沿着上衣腰线的接缝上有扣眼,缎带穿过小洞,连接裤装。而连接用的缎带在外面装饰成蝴蝶结状,装饰在腰线上。

图 13-6 男子穿着靴子

男士们为搭配短裤,最初多穿长过膝盖的靴子,靴子长及膝盖和短裤相接。水桶型的长筒靴,靴口很大,可向下翻折,靴口边用蕾丝等元素装饰。随着男士裤子的加长,靴子相应变短,通常长及小腿肚。另外马刺不论骑马与否都要饰在靴后(图 13-6)。

流行至今的高跟鞋也始于17 世纪,高跟鞋倾斜的流线条改变了人们的身姿,并影响着整个时代的礼节,因此受到广泛欢迎。该时期高跟鞋出现初期两侧宽大,并张开,通过鞋带在脚背处系住。直到17 世纪 30 年代,流行圆头款式。发展至后期,鞋头变方,在高耸的方鞋舌部分有大量的花形缎带装饰。而男女鞋跟都流行红色,被认为是贵族的象征。

靴子和鞋子都是直底高跟,不分左右脚。有些鞋子和靴子有底掌,只钉在前掌部,后掌没有。当行走时,前掌着地,这样是为了避免后跟陷入软一点的地面中。这一时期的袜子也称为紧身袜,则是及膝,穿在鞋子或靴子里面。

男性走路时常拿着细长的被称作是"文明棍"的长杖,或手持宝剑。男子也佩戴首饰,装饰花边、喷撒香水香粉,并使用卷发器造型。

二、女装

17 世纪早期,女装仍流行车轮状的裙撑。后来逐渐地裙撑在前身部分变得平坦,整体的服装外形变得平缓、柔和和浑圆。领子开的很低, 流行圆领。在吊袖下有合体的袖子,整个袖子看上去层层叠叠。拉夫领变得更加庞大。30 年代末后,尽管裙撑仍在西班牙宫廷里逗留,但在欧洲大部分国家它都过时了,一种全新的女装造型代替了它,也就是荷兰风时期造型。

荷兰风时期女士衣裙的特点为:去除了多余的人工造型,变得松垂、多褶、曳长,比文艺复兴时期柔和、自然、大方、富有革命后的浪漫气息,更显出女性自然的妩媚(图 13-7)。女性除了外边的罗布以外，还要穿三条不同颜色的裙子，即衬裙、内裙和外裙，以代替有碍身体活动裙撑架。下裙穿多层肥大而多褶的裙子，使下体显得鼓大，以增添体积感和层次感。

（一）女子服装

女子服装仍采用裙装造型，裙装去除了多余的填充物，腰线上移，整体的服装外观线条不再僵硬，变的柔和、浑圆。裙子出现多层套穿，并且内侧的裙子比外侧的裙子色彩明度要高。

图 13-7 女子柔和自然的造型

衬裙一般由白色亚麻制，贴身穿着。衬裙的作用很重要，腰间的褶裥和不时用手提起的外裙，常常露出衬裙。外裙由紧身胸衣和裙子在腰处缝合而成，后来有些改变——从前面打开，也是多层服装中的一层。

外裙的上半部分由两个部分组成：紧身内衣是用鲸鱼骨制的，非常僵硬，保持挺括。在紧身胸衣的外面又套了一层，并在腹部有一个长长的 U 形部分被称为三角胸衣。外裙外可套穿夹克，夹克和裙子一块穿，在胸前或侧面有柔软缎带花结做装饰，在衣襟下面装饰着一条条长度不等的小垂片，裙子上的挂钩与垂片上的环相扣。在家穿的夹克通常衍缝，宽松，并不是很时尚的那种，也没有复杂精美的袖形。

为了方便行动和提裙子，裙装面料不再使用织锦缎等厚重织物，而多用轻便的薄织物。为了使得臀部在视觉上增大，常把外裙拽起，系于臀部周围，并露出内裙，既增大了体积又增加了层次（图 13-8 ）。

图 13-8 17 世纪早期女子裙装

裙装上衣部分，领线开的很低，造型不一。仍然采用紧身胸衣，但比过去要更为松软合体，紧身处仅限于乳房以下部分。袖子仍然是造型重点，袖子被上大下小，被一节节系扎成为藕节状，整个袖子看上去一层一层的。袖子的上半截常有裂口装饰。而下半截多为节式的层层装饰并带有层层花边装饰，当时的作家们称之为“virago sleeves”悍妇袖，袖口处露出里面的白色衬衣。

领形部分也产生了变化，僵硬的轮状“拉夫领”垂下来，或变成在领口部收拢，从领口到肩散开来的领子，或通过小绳在下颚处系住的宽领。还有大的颈巾。一字领通常都配有宽的坦领，现在来说就是披肩领。除了与男服一样的披肩领以外，也出现了大胆袒胸的样式。

女士外出或骑马时，披上长而宽肥、深色厚质的大斗篷，或者穿上和男子的长大衣相似的细腰身、喇叭裙式下摆、长至腰下的短外套，通常都很宽松。外套的袖子较肥大，有 3/4 臂长或仅

盖住肘部,有时从中间做大的竖直切口，露出里面的衬衫袖子。有翻折过来的坦领,有些还用毛皮饰边。

（二）女式服装造型

女性发式趋向自然,留刘海,耳鬓留蓬松卷发。1630 年前后最时兴的发型是较宽的方形发式。1650 年以后头型趋长,头发在耳后绕成一个卷,或在脑后戴个假髻,前面的头发在脸侧绕成许多伸出来的长卷(图 13-9)。

女性的帽子,可以选择和男士一样的宽檐帽,有时还扎头巾,也就是一块丝织、毛织或花边的方巾,从头上包下来扎在下巴处。

女士的鞋样式和男子的相似,多为鞋帮深浅不同的高跟皮鞋。在糟糕的天气里,可能会穿木底鞋,鞋头处有鞋帽,在脚背系带,没有鞋跟。这样一来就可以保护鞋子并不沾到湿的地面。

这一时期的女性很少佩戴首饰,但喜欢手持各种精美的扇子,材料多为羽毛或绢制。

图 13-9　女士趋于自然的发型

第三节　路易十四与法国风时期（1650—1715 年）

17 世纪中叶,荷兰渐渐失去了欧洲商业中心的地位,取而代之的是波旁王朝专制下兴盛起来的法国。法国在 30 年战争期间获得了更多休整机会。从路易十三时代起,法国在加强中央集权的同时,推行一系列抵制进口货、扶持和发展本国工业的经济政策,使国力得到发展。

路易十四亲政以后,使法国在政治、经济和军事上取得了长足发展。绝对君主制的统治下变成了一股极为强大的力量,路易十四鼓励艺术创作,还大兴土木,修建了凡尔赛宫。在权贵、名流的追捧下,凡尔赛宫成了路易十四统治的荣耀和威望的象征,是全欧洲羡慕和效仿的人间天堂(图 13-10)。

图 13-10　法王路易十四

法国凡尔赛宫是上流社会社交的中心。朝臣们不是聚在宽敞豪华的宫殿里,就是呆在附近自己的房子里,或是赶往巴黎。正是从这时起,巴黎成为欧洲乃至世界的服装流行发源地。装有巴黎最新时装的“潘多拉盒子”源源不断的从巴黎运往世界各地。

简陋寒酸的服饰显然不能与富丽堂皇的凡尔赛宫相匹配。服装设计师们在巴洛克建筑样式的熏陶下，创造出各种前所未有的服装样式。从 17 世纪后半叶开始，法国风格不仅支配了文学和艺术的品位，甚至指导了整个欧洲的吃、穿、住、行。

一、男装

1650 年后，法国风盛行，服装上开始大量使用缎带装饰，衣装上使用更多的排扣和蝴蝶结装饰，装饰风格越发趋向华丽，构成巴洛克风格的明显特征。到了路易十四亲政时期，特别是 1661 年之后，由于路易十四对于艺术创作的鼓励，和他本人对于服饰装饰的热衷，男性服装又呈现出一种新的浮华，继续向着更加豪华艳丽的方向发展而去。

（一）男子服装

衬衫更加趋向肥大且装饰繁复。多用白色或其他浅色的柔软高级丝绸制作。前面部分变得很大，在腰间和袖子上用饰带系结，成多层的灯笼状，柔软细碎的褶裥更加重复而纷繁，形状上像个围兜。袖口和领边有蕾丝饰边装饰，更添华丽。领子可以和衬衣连在一块也可单独卸下。1665 年后，领子可以换成一根麻布制的带子。这种衣服常在背部用纽扣扣住。由于紧身上衣有了缩短的变化，衬衣露在外面的机会更多，款式质地也就变得更为重要了。

17 世纪 60 年代，紧身上衣演变成了短袖的或无袖的波莱罗式短夹克。衣长及腰或更短，不再如荷兰风时期讲求收腰。小立领，衣襟前有密密麻麻的一排扣子，扣子只扣上一半，里面华美的衬衫就从领口、腰腹和短袖里露出来，充分展示出衬衣重叠繁复的褶裥，造成自然、流动、闪烁不定的生动观感。肩部有肩饰，下摆较短。领口和袖克夫上的装饰也很突出。发展后期，上衣越做越短，后来就形成了无袖短小精干的坎肩，而且没有领子，这也是现在西服坎肩的起源。紧瘦硬挺、颜色深重的上衣或坎肩与肥大柔软的浅色衬衫成为对比，展现了冲突的视觉层次，体现了鲜明的设计意图（图 13-11）。

图 13-11　短上衣搭配肥大的衬衫

直至 17 世纪 80 年代左右，出现了一种更为合体的长外套，名为“贾斯特克”。这种上衣外套衣长至膝，与当时的裤长接近，衣身细长，曲线优美高雅，有利于大幅度活动。腰身裁制成合体曲线，但下摆宽肥，在衣身两侧下摆处有数个集中在一起的褶裥，向边缘扇子般地撒开，使大衣下摆成喇叭裙形。后下摆中缝开叉，便于男士骑马。大衣前身的两片下襟各有一个大口袋，没有兜盖，有装饰扣，口袋位置很低，装东西很方便，整个造型重心向下移，优美实用。袖子也是越靠近袖口越大，袖口上有一对翻折上来的袖克夫。无领设计，前门襟一排纽扣到底，扣子上装饰有金缠子丝绸纽扣（图 13-12）。

图 13-12　男子“贾斯特克”服装

图 13-13　男子半截裙裤造型

“贾斯特克”里面一般搭配穿着紧身收腰、后背破缝的“vest”背心，并在领口系有漂亮的蝴蝶结的“cravat”领饰，而“cravat”被认为是现在领带的起源。“ cravat”领饰一般是一条长长的用薄棉布、亚麻布或薄丝绸制作而成的狭长带子。两头镶有花边，绕于脖子上，打个松结即可。

1630 年以后，南瓜裤的造型不再时尚，短的、直裁的仅到膝盖或宽松的裤款流行起来。裤子到膝部时收紧，包紧袜子，并用系带扎住。17 世纪中叶，还出现了一种裙裤，和现在的女用裙裤相似。裁剪得非常宽松，看上去就像一个短裙，长度刚好过膝。腰围处有很多碎褶，在外观上具有豪华的建筑般的结构，由此可见巴洛克建筑在服饰上的体现。裤子是半截的，刚好过膝，有的在裤脚口外侧钉着一排三个扣子，便于穿脱，有时还在腰间围上真正的围裙。在裤腰前腹部、裤腿两侧和裤脚边缘，都镶有用锻带做的花结和饰带圈。饰圈和花结装饰，是这个时代的风尚（图 13-13）。

外出服仍然包括斗篷和披肩以及大衣，全都很宽松，有的还长及膝，遮住了里面的服装。这一时期的斗蓬五花八门，是男女皆宜的外出服装，简便实用潇洒，形制有长有短，颜色多为深暗色，厚质面料制作，衬里色彩较艳丽。

（二）男子服装造型

受到路易十四本人喜好的影响，这个时期男士化妆的最大特点就是有的男性将头发剃去，并佩戴卷曲的长假发套，它成了时髦男士穿衣打扮的一个重要部分。起初是从中分的地方向下垂下发卷；到 70 年代，它成了巨大的螺旋卷，挂在脖子、后背和胸部之上。假发制作精良，卷曲精致，佩戴者还会在假发上撒上大量的香粉和金粉，是男子高贵的象征（图 13-14）。到了 17 世纪后期，流行的男士假发套变得越来越大，假发开始向头顶上发展，头发都堆在头顶上，成了两个尖，不再只为了掩饰头发稀少，而成了时尚必需品。有些假发套上还撒有白粉，但大多数是自然色的。

图 13-14 男子佩戴假发、头戴三角帽

因为硕大的假发套,帽子也变得巨大无比。但通常不是戴在头上而是夹在腋下,这也成为当时的一种礼仪。许多平坦的帽子都将帽檐翻折,或竖起来成一个或多个的尖角。尤其是将帽檐在三个地方翻折起来形成一个三角形,成为三角帽。这种帽子从1690年开始时兴,延续了100年。时髦的人根据个人爱好将帽子大加装扮,在帽子上插上驼毛或五颜六色的羽毛,从中间向下垂,而非直立,有钱人甚至花重金在帽檐上镶上珍珠。男士在室内、外出和教堂时都戴帽子。帽子颜色通常是黑色的,沿着三角帽整个边都装饰上金属丝带或镶边。同时在17世纪末最后10年里,时髦男士刮干净脸跨入了18世纪。

便帽在17世纪后期也很重要。这种帽子有个封闭的翻边,常用绣花的布料制成,在非正式的场合和在室内穿戴来代替假发。

男士鞋子都装饰有精美的玫瑰花结以及缎带和环扣,由于鞋子的环扣通常很昂贵,因此可以从一双鞋上移到另一双鞋上。鞋子比较松宽,方形鞋头,鞋面上有很长的舌头,并向外翻卷着。红鞋跟和红色的鞋底边,被一直沿用到18世纪。

二、女装

法国风时期女装,服装上不论是整体造型还是局部造型,都是更多地强调褶裥的流动性和丰富的曲线变化,更为大量的使用褶皱、花边、缎带、刺绣,展露出女士特有的性别魅力。

(一) 女子服装

女子裙装开始追求细腰丰臀的效果,因此胸衣的前后底边都做成尖形,使得腰部在视觉上呈现"V"字形,后来尖角又有所缓和。而法国风时期,胸衣前面部分露在外面,并在腰部形成一个明显的V形,称为上身视觉的中心。因此胸衣在这一时期,并非只用作内衣,特别是裸露在外的部分被装饰得很豪华(图13-15)。

裙装外袍的外形轮廓有一些变化。上半身变长变窄,形成长腰身、细长形的外形,并在前面还有个V形的区域。领线下挖更低,几乎袒露全部胸部,领口线很宽,有时呈水平直线形,有时呈椭圆形。领口常有很宽的蕾丝领边或亚麻领边作为装饰。袖子大多数都在肩下装得很低,完全张开,一直到肘部。

裙子有两层,里层为内裙,从外裙的开口处可以看得见,因此由绣花、褶饰、褶边以及其他的边饰来修饰;外层为外裙,在前身打开,并在后面撩起,经过复杂的卷缠,形成一个很长的后拖裙。有时外裙还用花结或者扣子系扎起来,好像打开的窗帘,非常气派。此外,裙子因为有好几层而变得很重,因此不得不借助于鲸鱼骨、金属丝或其他篮状物来支撑。

图 13-15 法国风时期女性裙装

图 13-16 外裙向后撩起的裙形

从 17 世纪 80 年代起，有些裙子在前面打开来，并膨松地收拢到臀后或撩起并在臀上堆成一圈，凸显女性魅力。这种款式在后来得到了大力的提倡和推广，被称为“巴斯尔样式”。发展后期臀部越来越膨大，开始使用一种叫做克尤·德·巴黎的臀垫，使后臀翘起来。把罗布的裙子卷起来集中在后臀，垂下来形成拖裙，或者把前面的裙子掀起，用缎带在两侧固定，露出里面美丽的衬裙。拖裙长度有 5～10 米，裙距根据身份不同而规定了不同的长度，有时在后面拖得很长，步行时把拖裙提起来搭在左肩上，或者由侍童在后面提着前行。这种夸张后臀部的样式在西洋服装史上是第一次出现。

早期的风衣是将胸衣和裙子分开来裁，然后再缝在一起。在法国风时期又出现了一种新的裁法，即将胸衣和裙身从肩到底摆一直裁下来。服装的外形被称为“mantua”风衣。风衣前后身都很宽大，穿在紧身胸衣和内裙外。休闲时穿的比较宽松，但是正装穿时，会在前后身打褶以更加合体，并且系腰带。前片的裙边有时会撩到后面，并在后面固定成一个卷缠的效果，这是风衣主要的装饰形式。

（二）女子服装造型

法国风时期随着缎带装饰的加强，头上的蝴蝶结取代了花朵装饰，称为女性最爱。除了装饰繁多以外，女性流行梳高发髻。1630 年前后最时兴的发型是较宽的方形发式。1650 年以后头型趋长，头发在耳后绕成一个卷，或在脑后戴个假髻，前面的头发在脸侧绕成许多伸出来的长卷。在 60 年代，女性两侧的发卷会依靠金属框使它从头向上竖起，再垂到肩上。到了 70 年代，一种牛头发型流行，将前面的头发剪短，做成短短的发卷，其余的头发盘在脑袋后面，高度只是比过去那种稍低一点。到了这个时代后期，在法国出现了一种奇特的女士高发髻造型，称为“芳丹鸠”。据说是以路易十四的情妇命名的。在一次宫廷狩猎中，路易十四看见她从森林里凌乱不堪地出现，就深深地爱上了她。因而引发了这种流行。在之后的约 30 年的时间里，这种发型发展为真发上面堆叠假发，并在假发上加 3～4 层的蕾丝高高耸起的造型，脑后的蕾丝头巾，配合着缎带和蝴蝶结也像瀑布一样倾泻下来。18 世纪以后,这种头饰越来越高(图 13-17)。

除了"芳坦鸠",当时的女性流行在自己的脸上和胸部贴美人痣,材料以黑色天鹅绒和丝绸为主(图 13-18)。

图 13-17 芳丹鸠造型

图 13-18 美人痣妆容

该时期女子,仍然热衷穿着高跟鞋,鞋头较荷兰风时期更尖,鞋跟也更高。时髦的宫廷女子有时戴上一顶用丝绒或水獭皮做的骑士帽,上面插满了羽毛。不时髦的女士则戴一顶宽边高顶的呢帽,上面简单地装上一个金属扣子或一根丝绳做装饰。

由于女子裙装多为半袖或七分袖,因此大多数女性会佩戴齐肘长手套。天气寒冷时,也会佩戴皮草手筒。除了扇子,阳伞、戒指、耳环、胸针等也称为女性服饰必备(图 13-19)。

图 13-19 女士佩戴皮草手筒

在服装史中,巴洛克指 17 ~ 18 世纪初的装饰丰富、装束奇异的服装样式。17 世纪是花边、缎带、长发和皮革的时代。影响 17 世纪欧洲样式的主要是法国,法国在其特殊的历史背景下,成功地把巴洛克艺术风格运用到包括服装在内的日常生活的各个方面,使之充满了自由气氛和活力,并带有典型的宫廷味道:穿着带有马刺的靴子和皮革军服装扮的男子到处可见,歪戴帽子和随意披着斗篷并且佩着剑的男子也随时可遇;大量运用褶裥、花边、刺绣和蝴蝶结等装饰品;服装上的整体和局部造型都是更多地强调曲线;时兴留长发或戴假发等等,也正是法国风格服装的这些特点最终构成了巴洛克艺术时期的服饰风格。

思考与练习

一、巴洛克风格服饰的特点有哪些?

二、荷兰风时期为什么被称为“3L”时期?

三、路易十四对于法国风时期服饰的发展有哪些推动作用?

第十四章 18 世纪服饰

18 世纪的服饰，随着资产阶级社会地位的不断上升，巴洛克时代的帝国风格逐渐被洛可可风格所代替。流行于 18 世纪的洛可可艺术始于 17 世纪末发源于法国，在路易十五时代盛行并很快遍及欧洲。最初是为了反对宫廷的繁文缛节艺术而兴起的，因于路易十五统治时期风行，亦称“路易十五式”。它是继巴洛克风格之后，在保留巴洛克艺术中那些艳丽色彩和华丽形式的基础上更添加了许多绚丽的色彩、纤弱柔美的形象和繁琐精致的造型。

巴洛克向洛可可的过渡期，服装一方面残留着巴洛克的影子，一方面向纤弱柔美的女性趣味发展，洛可可风格的服装主要是由宫廷贵妇率先穿着的。如果说 17 世纪的巴洛克风格服饰是以男性为中心、以路易十四的宫廷为舞台展开的奇特装束，那么，18 世纪的洛可可风服饰则是以女性为中心，产生了西方世界服装史上最为华丽、装饰手段最为繁复、女性特质最为突出的女装。其优美的曲线造型，轻柔而富于动感的丝绸面料，各种绸带、花边、褶折的巧妙运用，繁琐的假发、头纱、面具、扇子等小巧精致的饰品，使 18 世纪的西方服装散发着一道纤巧而富丽的光芒。那个时期的服饰体现了当时社会经济的发展水平，与资产阶级唯美的艺术审美观相吻合，是社会人文生活的真实写照。

第一节 社会变革的服饰观

18世纪的欧洲,各国资本主义不断发展,且势力日益增强。英国的工业革命促进了与服装相关的纺织业的大发展;化学的进步,促进了耐水性染料的产生;上流社会沙龙文化的出现,促进了贵族追求现实的幸福和享乐生活,也孕育了洛可可艺术。加之18世纪中叶,欧洲各国同世界各地的贸易往来不断增加,文化交流也日益加强,特别是中国的工艺美术源源不断流入英、法及全欧洲的上层社会。被认为是理性时代、启蒙时代的18世纪,哲学家从过去假设上帝存在进而推论所有事物的工作,转换为依据实验和观察的理性方法去推论世间的万象,几乎将神学从哲学中剔除,从而选择倾向世俗的路线,趣味从注重高尚的教化转向寻求轻浮的快感。

17世纪末和18世纪初的法国,由于连年不断的战争和凡尔赛宫的挥霍无度,国家经济濒临崩溃的边缘。路易十五的继位只是继续皇宫的穷奢极侈。当然,这时法国的工商业终于得到了一些恢复和发展,于是他们不惜占用大量人力、物力,在豪华的宫殿中实施装饰。由于这种装饰注重于繁缛精致、纤细秀媚的效果,从而适应了当时中上层人士的审美观,即追求人生的极度享乐、强调生活的变化和艺术的装饰性。最终,一种影响深远的艺术风格——洛可可艺术随之悄然而生。

一、沙龙舞台上的优雅样式

从17世纪起,法国逐渐发展出一个文人可以畅所欲言的场所,那就是沙龙(Salon)。即在法国上流社会流行的与传统宫廷文化相对的资产阶级沙龙文化(图14-1)。沙龙是近代西方文化史上亮丽和夺目的风景线之一,而18世纪法国的沙龙无疑是这道风景线上最为璀璨的明珠,不时散发着耀眼的光芒,它的发展对法国当时的文学艺术创作,以及政治领域的建设和公共空间的创建都有着极为重要的作用。

图14-1 资产阶级沙龙

（一）沙龙装置豪奢

沙龙是当时贵族、新兴资产阶级、名流等知名人士活动的重要集聚场所，主要在贵族的府邸里进行，这使得沙龙建筑的室内装饰显得尤为重要。而每一个著名的沙龙往往都有一个女主人，沙龙中的室内装饰、人们的服饰、餐具的样式、食物的风味等，无不渗透着女主人个人的偏好与志趣。一座豪华府邸里所有的椅子都必须是成套的，每把椅子按季节配上三套椅套，加之窗帘、帷幔、沙发套、挂毯、床帏以及地毯等与之相匹配，在精致的协调中彰显着豪奢。在这里，主人的一切布置，都是社会生活的一种直接反映，是社会思潮的一种折射。大革命期间，沙龙以及沙龙女性开始走向政治化，而沙龙女性的政治才能也得到了彰显。虽然沙龙女性对于政治的参与与时代背景相悖，但是不可否认的是她们的活动为后来女性的觉醒与社会地位的提高埋下了伏笔。18世纪被誉为“优雅社会的摇篮”的沙龙，大都由贵族妇女主持，而沙龙主人的审美情趣、价值取向又势必影响了社交圈诸如服装等在内的审美标准，于是沙龙成为了18世纪的时装天桥。

对于这种风格的形成，历史学家则认为还有一个原因，是因为路易十五的宫廷不再争夺王朝的权力和扩张殖民帝国，它用闲散安逸和文雅的举止为法国树立榜样。由于当时中上层人士的审美观，即追求人生的极度享乐，强调生活的变化和艺术的装饰性。当时服饰逐步形成自己独特的个性和特征，表现得尤为优雅。优雅显示出一种特殊的格调，服装作为一种生活艺术，其风格往往是高雅艺术领域的某种折射。

（二）精致洛可可装

洛可可服装的主要特点是精致到极点的优雅。所谓“极点”，就是妇女将自己服装的每一个细节都精致化，以便男性观赏。换句话说，人体的每一个部位都分解成可供观赏的元素。那是一个肉体享乐的时代（与我国的明末时期有点类似），最有品位的女性穿着是“既暴露又优雅”。可以说这是女性的一种软性进攻，用最温婉柔情的方式，打破男权社会的防线，不动声色地把自己的思想观念传输给他们，并最终控制他们。

洛可可时代非常强调女性，女性的地位很高，所以那个时代非常强调女性美。相应地，服装的颜色非常女性化，款式也非常女性化，强调女性感觉、女性的唯美视觉，包括大裙撑，收腰，低领，用一种夸张的语言突出女性的曲线。这个时代确实有很多包括紧身胸衣在内辅助的人造美，并不是完全的自然形体。头发也是一样，做得很高，里面有很多支撑材料，这些都形成了对女性美的一种夸张唯美的感觉。不论是服装还是肤色都非常柔和。肤色也是化妆得非常淡，这样就把妆容衬托出来了。蕾丝也成为了首选的服装面料，充当了优雅风格的点缀，出现在袒露的胸口和手臂等处。于是，越是禁止暴露的地方越暴露，有暴露的地方就有蕾丝。蕾丝实际上起到了一种“犹抱琵琶半遮面”的迷惑作用，那时候称为“媚”，与洛可可艺术风格的“媚”相配套。洛可可蕾丝，试图以古典主义的优雅形式，来表达色情和肉欲的享乐欲望，使之适应高雅沙龙的氛围。

因此，沙龙成为洛可可服饰产生和发展的推动力之一。在美丽与智慧兼备的女主人的引导下，在这样一个流行着崇拜贵妇与高雅美人的风气的时代里，洛可可优雅风格的盛行就一点也不奇怪。

二、疯狂的中国文化热潮

在18世纪的法国这个以贵族享乐为目的的社会里，与美化和装饰生活环境有关的实用艺

术,超越绘画、建筑和雕塑的地位而显得非常突出。“很少有哪个时代像法国的18世纪这样,产生了如此之多的以精雕细刻为能事的名工巧匠:包括细木工、铸工、首饰匠、纸匠、刺绣工和塑像师、瓷艺师……”洛可可装饰艺术就是以其不同以往的表现形式,演绎传统的装饰主题,在建筑装饰、家具、瓷器、纺织品等装饰领域,形成统一且独特的风格。

(一)法国宫廷“中国热”

18世纪洛可可风格在形成过程中还受到中国艺术的影响。洛可可艺术的繁琐风格和中国清代艺术相类似,是中西封建历史即将结束的共同征兆。1700年中国美术工艺品商在巴黎所举办的一次商品展览会使法国贵族富豪趋之若鹜。史载1667年某一盛典中,路易十四全身着中国装束,使全体出席者为之一惊。法国宫廷还在18世纪的第一个元旦,举行中国式的庆祝盛典,一时,中国趣味不仅吸引了上层社会,而且还影响了整个法国社交界。如开办中国式旅店,里面的服务人员着中国服装;游乐场所点中国花灯,放中国烟花,演中国皮影戏,并设中国秋千等,招待人员以中国服装作为主要装束。看起来,17世纪末叶至18世纪,中国以及东南亚国家的服装风格强烈地冲击着西欧,确实掀起了一股“中国热”、“东方热”,又称“法国——中国样式”,也有人称其为“中国装饰”(Chinoiserie,图14-2)。

图14-2 1735—1740年具有中国风格的花鸟人物图案的法国瓷器,器物两侧有欧洲传统的人面装饰

洛可可源于法语“Rocaille”,是贝壳形工艺,意思是此风格以岩石和蚌壳装饰为其特色。它源自于中国的假山,事实上那个年代的东方艺术,尤其是中国的艺术形态对欧洲宫廷有着很深的影响。中国文化浪潮不是通过思想文字而是由于中国艺术、中国产品的输入,特别是在庭园设计、室内设计、丝绸、绣品、瓷器、漆器等方面供不应求,并且演变出一种崭新的艺术形态。蓬帕杜夫人也曾穿着饰有中国花鸟的绸裙。路易十五曾下令将宫中银器融化,而以瓷器取代。到1709年欧洲制造成功硬瓷器,1768年英国制成硬瓷器,装饰中国风格图案与洛可可风格浑然一体。

(二)中国艺术影响西方

有许多资料证明中国艺术在法国的流行及对西方艺术的影响,在流行洛可可风格的服装的过程中,画家也曾起到了推波助澜的作用。让·安东尼·华托(Jean Antoine Watteau)曾经临摹过中国仕女画,弗朗索瓦·布歇(Francois Boucher)的画面中也大量出现写实的中国物品,如青花瓷、花篮、中国伞等等,画中人物装束明显具有中国特色。洛可可风格模棱两可地用平面的造型感消解了巴洛克风格时期的极强的立体意识,体现在服装上就是从向后翘起的纵深感、立体感臀垫变成横展的帕尼埃,表现了洛可可时期平面化的视觉效果,体现了该时期的服装受东方艺术趣味的影响。

而中国文人画的一种极致格调体现在洛可可艺术服装上更是呈现出一种飘逸的风度。洛可可风格女装飘逸格调多以华托赛克裙(Watteau sacque)最为典型。其款式正面与传统的西方服装区别不大,上有紧身胸衣,腰部以下撑开,其特点是在背后的设计,衣料从肩部直接延伸到地面,没有腰部的切断,形成以肩部为基点的线形造型,这也是后来波烈发现的东方服装的结构特点。在颈后叠出大量的褶,这些不缝合的直褶自由随意地垂下,运动时,在风中,这些叠褶释放出自由的流动的不确定的空间，随风变幻，这种飘逸的意趣与西方服装固定的造型造成的确定空间迥然异趣。

三、时尚偶像蓬帕杜夫人

蓬帕杜夫人在文化与艺术上天赋异禀，对当时法国文化艺术的发展起到了无可估量的作用。蓬帕杜夫人，原名让娜 · 安托瓦妮特 · 普瓦松（Jeanne Antoinette Poisson, 1721—1764 年），出生在巴黎金融投机商家庭，有教养并有着很高的审美情趣。她最初嫁给贵族埃迪奥尔，很快凭借她的美貌与智慧，成为法国历史上最有名的女人，路易十五的“宠妃”，巴黎社交界的名媛（图 14-3）。

图 14-3　蓬帕杜夫人肖像

（一）女神蓬帕杜

她在自己热衷的时装、绘画、文学和艺术等领域充分发挥了自己的创意，在不知不觉中担当起了女神的角色，成为洛可可艺术的缔造者。她的服装都要经过精心挑选和设计，追求气质高雅并使人赏心悦目。在她的庇护下，画家华托、布歇和让 · 奥诺雷 · 弗拉戈纳尔（Jean Honore Fragonard）等人创作出大量代表洛可可艺术最高成就的传世之作。不仅如此，他们的创作还涉及了室内装饰、家具、陶瓷器皿、金银首饰、壁纸、地毯，甚至拖鞋，洛可可风格经过蓬帕杜夫人的尽情挥洒，终于在整个欧洲的大地弥漫开来。

蓬帕杜夫人的趣味左右着宫廷，致使美化妇女成为压倒一切的艺术风尚。在当时的时尚界，蓬帕杜夫人是当之无愧的偶像人物，只要是她所喜好的东西，都会被冠以蓬帕杜的标签，比如蓬帕杜夫人喜爱中国瓷器，她建议在巴黎建造一家皇家瓷窑，将从中国学来的烧瓷技术加以改进，设计出一种蔷薇色的豪华瓷器，产品被冠名以“蔷薇蓬帕杜”的名字；她喜好的礼服，被宫廷称为“蓬帕杜便服”；就连一种面包的形状、一道菜肴，也由于她的倡议而被冠上她的芳名，甚至是她当时选择的马车、扇子、化妆品、丝带等等，只要经她肯定或设计过，都被大家崇拜和模

仿，并成为贴着“蓬帕杜”标签的流行艺术品。

（二）兴盛半个世纪——蓬帕杜便服

值得肯定的是蓬帕夫人在服装设计上的天赋。她服装的每一处都经过制作者的精雕细作，色彩上舒适明快，图案精巧细腻，蜷曲的内衬和无尽的繁复细节相互辉映，使洛可可风格的服装艺术得到最完美的体现。她亲自设计的一种蕾丝饰边时装，就被命名为蓬帕杜式便服（Pompadour Beckham）。这种夏装以袖管的特殊形式而著称，袖长至手肘，在手臂中央被一枚缎带蝴蝶结分割开来，在蝴蝶结靠近手腕部分，用四到五层蕾丝花边层层叠加，形成非常宽大的袖口，在转动手臂时蓬松翻动的样子非常俏皮，繁复的外观犹如花瓣盛开般极富层次感。她所穿的丝质长袍，由于质量上乘而感觉宽松柔软，行走时似乎飘然欲动。宽大的裙裥、纤细的腰身和肥硕的裙裾使她如同仙女一般。蓬帕杜夫人穿着这种便服参加过若干次沙龙、舞会，当时的名媛贵妇无不为之疯狂，争相找裁缝定制这种“蓬帕杜便服”。从那以后，这种样式的服装蹿红了整整半个世纪，一直到路易十六时期，依然是宫廷服装中盛行的款式。路易十六的妻子玛丽·安托瓦内特（Marie Antoinette）也是“蓬帕杜便服”的拥护者之一（图14-4）。

图14-4　身穿奢华繁缛装饰的玛丽·安托瓦内特

第二节　洛可可艺术与法国男装

18世纪的文化是从贵族和新兴资产阶级的社交生活中产生和形成的，文化艺术方面，法国仍是西欧的中心。18世纪的法国是世界男子服装的流行中心。洛可可男装仍继续采用上世纪那种下摆宽松的上衣，也可以紧贴腰身缝制。衣袖为花边袖口，或者是只有胳臂四分之三那么长的短袖，露出里面镶了花边的衬衫。裤子呈袋状宽松地垂至长袜处，在那儿用玫瑰花饰带子系起来。

整体而言,18世纪上半叶以法国为首的洛可可时期男装呈女性化趋势,然而娇饰发展到极致必然会走向另一个极端,1789年法国资产阶级大革命的爆发标志着法国的封建君主体制结束,其后的服饰风潮就逐渐趋于自然简约了,洛可可风格是海市蜃楼,是充满想象色彩的艺术形式。它有着女性独有的阴柔美,有飘忽不定的虚无感,有华丽馥郁的芬芳气息,最重要的是,它完全不顾外界对它产生的迷惑眼光而独自绚烂了三代法国帝王的宫廷。

一、关于洛可可艺术的分析

洛可可艺术(Rococo art)是法国18世纪的艺术样式,风格纤巧、精美、浮华、繁琐,又称"路易十五式"。

洛可可是18世纪中期流行于欧洲的装饰样式。洛可可的另一种解释初见于《法兰西大学院词典》,指为路易十四至路易十五早期奇异的装饰、风格和设计。有人将洛可可与巴洛克相关联,把这种"奇异的"洛可可风格看作是巴洛克风格的晚期,即巴洛克的瓦解和颓废阶段,是巴洛克刻意追求装饰而走向极端的必然结果。

(一)洛可可艺术的含义和实践

洛可可艺术风格是建立在17世纪巴洛克装饰艺术的普遍趋势和潮流的基础之上的,是在巴洛克之后,对古典主义艺术美的理性和秩序的反叛。从这个意义上来讲,洛可可是巴洛克艺术的一种延续。与此同时,洛可可艺术更是采用了纤巧轻浮的形式取代了巴洛克的厚重和动感,打破传统的整齐、均匀与协调、讲究视觉形式的变化的一种艺术形式。

洛可可的含义是多方面的,它作为一个艺术时期,代表的是18世纪的欧洲艺术。作为一种艺术风格,它表现为精致纤巧、卷草舒花、缠绵盘曲、娇艳华丽。作为一种艺术思潮的话,不仅表现为绘画和建筑,还有其他许多艺术门类。洛可可是以室内装饰为主题的样式名称,不同与之前和此后的各种艺术风格。哥特式和巴洛克都是先出现在建筑领域,之后才广泛影响到绘画、雕刻乃至音乐和文学领域而形成的时代风格。洛可可艺术不是最先出现在建筑和绘画等大艺术(Fine)方面,而是在木刻、陶瓷、织绣等附属于室内装饰空间的小艺术(Decorative)方面。洛可可艺术的这种表现与18世纪的欧洲,尤其是法国的社会背景有着直接的关系。

在法国,"太阳王"路易十四从执政的时候就着手营建凡尔赛宫,一个富丽奢华的宏大宫殿,其装饰使整个欧洲都为之倾倒并不断涌现欣赏且复制着它的艺术家们。路易十四对建筑、文学和各种艺术领域所表现出的极大热情,使得法国的文化艺术在欧洲获得优越的地位。而法国真正成为欧洲艺术中心却是在路易十五的统治时期。换言之,18世纪法国艺术是洛可可的天下,洛可可装饰艺术在三四十年代后流行起来,在路易十五时代达到鼎盛。

(二)洛可可艺术的服务对象

洛可可装饰艺术,作为一种贵族趣味的艺术,直接服务于三种人:皇族、贵族和社会名流。大量的艺术品是为他们量身定做的,因而其精致与奢华已经达到超出寻常的程度。除了雕镂修饰的精工制造和纤巧的装饰外,洛可可艺术在造型上,更是以轻柔流畅的曲线取代了过去庄严、僵硬的巴洛克式,不对称的设计成为新宠,同时还有着无处不在的奢华。尤其是曲线自由的拼接过程中,一反传统艺术形式讲求对称的特点,使洛可可装饰风格呈现出新奇的特征(图14-5)。材质的贵重首当其冲,能用紫檀的绝不用红杉,能用大理石的绝不用石膏,能用丝绸的绝不用棉

布。奢华的程度也超乎想象，器具上还普遍使用镀金或镀铜，达到了装饰的极致。

图 14-5 洛可可装饰艺术品（左图：1750 年代的法国烛台，曲线蜿蜒扭转的不对称形式；右图：路易十五时期雕花贴金箔大理石面小案，有着 S 与 C 形曲线的局部装饰）

洛可可艺术更趋向一种精致和优雅，具装饰性的特色。这种特色当然影响到了当时的服装，使得当时的服装非常注重细节装饰。巴洛克艺术尽管有呆板的礼仪、有形式上的骄矜和夸张，但它毕竟是一个阳刚的时期。而紧随其后的时期，即洛可可艺术，则显得更为讲究，更为矫饰，因而也更为柔弱。服装作为一种生活艺术，其风格往往是高艺术领域的某种折射，因此，洛可可时期服装的视觉艺术要素与其他艺术装饰完全对应。

二、男装装饰的鼎盛期

男子外套从巴洛克风格的样式继续下来，基本造型不变。17 世纪形成的男子三件套装到 18 世纪在款式造型上逐渐向近代的男装发展。背心、外套、紧身马裤配穿胸部装饰着褶边、袖口有荷叶边的白色衬衫和长筒袜。这种追求华丽、讲究奢侈的服装在当时贵族中最时髦，是洛可可风格的典型男服。缎带和花结的装饰带有女性风格的柔媚和娇艳，成为这个时代的风尚，也使男子服装一度朝着女性味很强、装饰过剩的方向发展。

（一）向近代男装转变

洛可可风格初期的法国男装基本就是阿比（Justaucorp）、贝斯特（Waistcoat）和克尤罗特（Culotte）三件套样式。18 世纪法国人将紧身外套初鸠斯特科尔改称“阿比”，其基本样式是收腰，下摆向外呈波浪状，为了使臀部能更好地得到扩张，在衣摆里面加进马尾衬和硬麻布或鲸须来加强造型。

这个时期男子穿紧身外套，穿花皱领衬衫，丝绒领结，高高卷起的发型上戴一顶小帽。衬衫当作内衣穿在里边，袖口则露出衬衣的蕾丝或细布做的飞边褶饰的装饰。衣领装饰相当华丽，高高的领子加了一圈花边，衣领上绣了一个美丽的荷叶边，衣领打折叠成花环状，这些领子露在外面从外衣就可以看到。立领或无领居多，前门襟的一排扣子作为装饰，扣子在工艺上非常讲究而且技术也有了明显的进步，其材料、大小、造型以及扣子上嵌入的图案千变万化，当时人们制作扣子最喜欢用的材料是宝石，所以经常出现扣子比衣服还贵重的情形（图 14-6）。口袋位置经常上下变动，高时升到腰际，低时则移向下摆。这个时候，法国贵族的衣服上更是布满了刺绣、金饰和穗带，而且袖口、口袋盖和外衣前襟上也都用金银线或毛皮作为装饰。法国男子的服装中花卉主题的华丽装饰也是18世纪洛可可风格的一个典型例子。引人注目的色彩、奢华的面料和刺绣装饰，这些都是18世纪法国大革命前上流社会的时髦男子的典型装饰。

图14-6 法国男子装扮

1715年以后，阿比逐渐采用了柔和的色调，大量使用浅色的缎子，门襟上的金缏子装饰也省略了，由于阿比变得朴素，穿在里面的贝斯特背心的装饰却豪华了起来，用料有织锦、丝绸及毛织物，上面有金线或金缏子的刺绣，非常华丽。衣长一般比外套阿比短两英寸左右，除无袖外，造型基本相同。18世纪二三十年代的男人穿长背心，并有一个时尚的手工刺绣在白色亚麻布磨白棉布或亚麻线。细腻自然的刺绣彩色丝线，有时与金属线围绕马甲边缘和口袋襟翼。画像也显示男人穿着背心饰有宽丝带的编织，给人一种军人的形象（图14-7）。

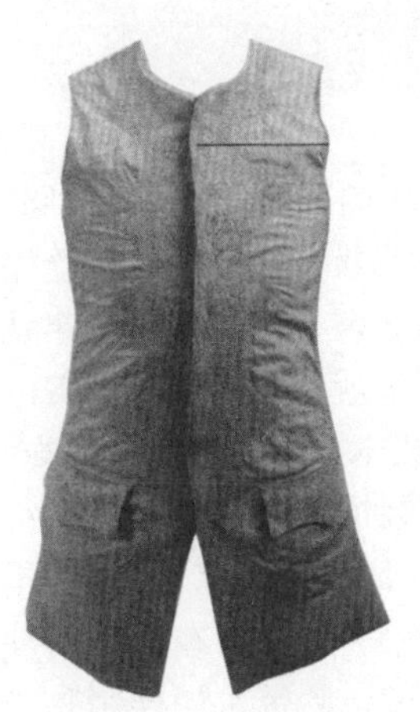

图14-7 十八世纪二三十年代男子背心

（二）裙摆状男装、瘦型裤媲美

18 世纪 30 年代法国制造商为了生产出更适应男子背心前襟收缩的弧形线条轮廓，开始了他们的丝绒编织。当时法国大量贵族男子服装多选用丝绒面料作为他们礼服的首选面料，更有特色的是男子背心背面，选用绒、棉材料，上面布满了装饰图案。40 年代，法国男子的服装上出现了时髦的侧缝百褶边，用几个极具装饰效果的缠绕着丝绸线的纽扣将松散的褶固定到一起，巨大的喇叭形的裙摆状使法式男服脱颖而出。

18 世纪中叶，持续了几十年的服装流行款式开始出现变化，最突出的特点就是服装的造型更加纤巧，宽大的袖口变得较窄而且紧扣着，衣服上常常出现刺绣，同时饰以穗边。法国男子的礼服大衣上的装饰主要为奢华的金银线绣、边饰和亮片。在这个时期，长上衣的裁剪发生了一个较重要的变化，前襟下摆不再是直上直下的裁剪，而是向后身斜裁，穿着上总是敞开的。60 年代法国式男服也注重袖口、口袋的局部装饰，多以刺绣表现。刺绣作坊遍及欧洲，当然最优秀的在法国和英国。一般在法院或其他隆重的场合穿着的男服，可以从翻折的白色绸缎衬里袖口看到后面露出的丰富的刺绣细节（图 14-8）。

图 14-8 男装局部装饰

男子下半身的紧身裤称为克尤罗特，一律为利索合身的瘦型裤，采用斜丝裁剪，长度过膝，做得非常紧身，据说紧得连腿部的肌肉都清晰可见，不用系腰带，也不用吊裤带。这主要是受路易十四着装的影响。众所周知，路易十四爱美，爱时装，被冠以奢华矫饰之名，然而，传言当年凡尔赛宫没有一位男性贵族的双腿能与国王媲美，因为芭蕾舞的优雅弹跳造就他的双腿有着美丽的肌肉线条，同时，也带动了白色的紧身裤袜的流行。裤子以下穿着丝或木棉制的白色紧腿袜，长袜口被裤腿遮盖着。在正式场合穿长丝袜，并且有金、银丝线的刺绣装饰为时尚。克尤罗特到了 1715 年以后多采用亮色的缎子，浅色或白色绸缎面料，长度仍到膝部稍下一点，由于裤子外露较多，人们开始注意它的尺寸大小和合身程度。大腿以下部分显得平整合体，在裤腿的外侧有开口，膝盖以上的缝孔是用一排纽扣扣紧的，裤口用三四粒扣子固定。膝带也同样用扣子紧扣，男士裤子的两侧都有插袋。

三、摆脱脂粉气

到了 18 世纪中叶，英国工业革命使男人的服装趋向简洁实用，持续了几十年的服装流行款式开始出现变化，带来了男装的变革，典型的穿法为夫拉克（Frock）、基莱（Gilet）和克尤罗特（Culotte）。

（一）夫拉克外套

1760 年，男装受资产阶级生活方式的影响，风格开始走向简约，变得结实、单纯简洁起来。夫拉克外套出现了。其特点为：门襟自腰围线开始斜裁向后下方，成为了后来燕尾服的雏形，也是后来晨礼服的基础。上衣腰身放宽，下摆减短，皱褶消失了，向实用性发展。运用胸腰省分为两种基本样式：一种是在前腰节水平向两侧裁断，后边呈燕尾式；另一种是前襟从高腰身就斜着裁下。夫拉克的领式有立领、翻领，后下摆开衩，前门襟的扣子依然不扣，袖子为两片袖，长及手腕，袖口露出褶饰的衬衣，原先翻折的袖克夫消失了，袖口用来固定克夫的纽扣却作为装饰被保留了下来，一直到今天。男衬衫袖子也不再有那么多繁复的变化和华丽的花边。

上衣逐渐将多余的料去掉，紧束的腰身也开始慢慢收紧，扩展的外衣下摆缩小了许多，皱褶不见了，用没有过多装饰的宽大硬领巾取代了领结，并在腰围以下裁掉了前襟饰边。为了与其他衣服相配，上面常有刺绣，同时饰以穗带。80 年代，后摆的皱褶也完全消失了，边缝稍向后移并且缩小了许多。18 世纪后期，男服中的外衣袖口和腰身越来越紧瘦，以至前襟看起来不可能合拢的感觉。同时期，男子服装中的背心也再次变化，前衣片面料华丽，后衣片因穿时不能看到，改用廉价的面料制成，实用化为目的越来越明显。

（二）随意衣装

法国出现一种新型外套，叫做鲁丹过特的礼服大衣（Redingote）。它源自英国的骑马用大衣与马裤配套，也称为法式制服。有大翻的衣领，双排扣，后背中心至腰线以下开衩，袖管笔直，下摆至膝，用亚麻布或马尾衬做衬里。这种礼服大衣到了路易十六时逐渐变得窄小优雅，成为十九世纪时的礼服，逐渐成为时尚。18 世纪末流行的男装穿着方法是双排扣、大翻领、领带的蝴蝶结位于衬衣褶边上方，没有褶边的衬衣和马裤一直伸到靴筒内（图 14-9）。

图 14-9　男子更紧瘦的外套和夸张的帽子

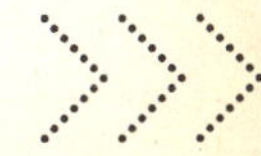

法国男子以健康、自然的古希腊服装为典范，追求古典、自然的人类纯粹形态。革命期间，穿着贵族服饰成为了危险的信号，服装从款式到色彩都向着朴素化、机能化的方向发展。到18世纪法国资产阶级革命兴起宫廷贵族生活终结。男人放弃了华丽服装，改换成简单朴素的装束。那时流行类似燕尾服式样的帝国式服装：高腰节上衣，裙摆自然下垂，大领口加灯笼袖，胸部以下略有装束，华丽的衬衫领子没有了，代之以襞领，襞领前系黑丝领带或系领结。在此以后，男子服装的整体形象逐渐摆脱了17世纪末和18世纪初的脂粉气而开始趋于严肃、挺拔，优美同时富有力度的男服将男人塑造得男子汉味十足。

第三节　洛可可风格女装

在欧洲时装文化史中，洛可可风格将柔媚的艺术化推到了巅峰，蕾丝就是一个主要服饰材料，繁琐的装饰、趣味的曲线、色彩柔和艳丽、自然飘逸、纤细华丽、弱不禁风、娇滴滴的姿态成了这个时代女装美的标志。而洛可可借助紧身胸衣和裙撑创造出独特的轮廓造型，其风格纤巧、精致，并大量运用极富女性特点的装饰手法，如褶裥、荷叶边、随意的花边和隆起的衬裙等，以及女子高发髻都是洛可可风格的典型特征。

18世纪法国乃至整个欧洲上流社会的奢华与精致、充满享乐意味的生活场所为洛可可女装提供了一个展演的舞台，洛可可女装这面神秘的魔镜，在华丽的时装之巅，时刻折射出十八世纪中优雅细腻的生活品位。洛可可女装运用了极其丰富的装饰手法，蕾丝、缎带、荷叶边、蝴蝶结、花饰、刺绣、褶皱等成为了欧洲经典女装的装饰语言。在洛可可女装装饰的鼎盛时期以及之后的浪漫主义时期、新洛可可时期被反复应用，表现着浪漫、细腻、优雅的女性特征，成为最经典的装饰风格之一。

一、性感的蕾丝

蕾丝是一种有透孔的网眼花边的织物，通常织有图案。这种专门用于装饰服装的织物在文艺复兴时期开始产生，最早是纯手工编织的织物。18世纪女装上的蕾丝技巧达到更轻盈纤细的程度。女装上大部分的蕾丝和饰带都来自于法兰西蕾丝制造中心区域的阿朗松，贵族们大量采购，装饰自己的服饰以使得衣饰更华美，以期博得国王的青睐。也有大臣从威尼斯请来一批优秀的蕾丝师傅，并且成立了蕾丝制作学校，系统化培养本国蕾丝工匠。法国的阿朗松针绣蕾丝是欧洲最负盛名的蕾丝之一，它的历史始于路易十四年代，以质地柔软、图案秀美而著称。蕾丝成了当时一般人无法企及的奢侈品，因为它们仅供应给法国宫廷，普通人根本无缘享用，成为18世纪上层社会的时尚用品。

（一）蓬帕杜喜好影响百年

洛可可风格的时装与蓬帕杜夫人总有着密不可分的关联，她对蕾丝的喜好影响了整整一个世纪女性对于服饰的审美，甚至于那个时代的文化、艺术和政治的巨大变革都发端于路易十五这位情妇的闺阁之中。“蕾丝”这样一种最为柔美的女性化装饰，在18世纪的女装中运用得淋漓尽致。蓬帕杜之前,洛可可风格的时装已经发展成型,但是由于她的大力推崇和巨大影响力,使它真正发展为时装史上的完整篇章,蕾丝的女权主义文化内涵也是从蓬帕杜夫人这里延伸开来的(图 14-10)。

图 14-10　蓬帕杜夫人的华美蕾丝

(二) 蕾丝装饰精致化

洛可可风格的衣着,将女性服装的每一个细节都精致化。相对刚刚过去的文艺复兴时期而言,这个时期的服装更为裸露,而这些裸露的部分被蕾丝遮挡了起来,领口、袖口、衣襟、下摆,无处不用,这样的装饰做法若隐若现,似有若无,变幻不定而更具诱惑感,"暴露而优雅"成了妇女们的最佳衣着品位。

富有特色的女装袖口蕾丝边饰。将蕾丝花边抽褶形成荷叶边(Ruffle),连接在袖口边缘,或者露出衬衣袖子里的一层或多层蕾丝花边。袖子长度一般在肘部以上,自然斜溜的肩线,窄而瘦削的袖子长至手肘,在手肘处突然发散为喇叭花和漏斗形的袖口蓬松地张开。在袖子如此的款式中,蕾丝袖边不仅起到了纯粹的装饰作用,而且在装饰的同时,完成了造型的功能,使袖子整体呈现三角形外观。这样的袖型在倒三角形躯干和矩形裙撑之间起到了很好的调和作用,举手投足间犹如层层花瓣飞舞,浪漫优美,将女性裸露的小臂衬托得更加纤柔,创造了洛可可女装装饰上十足的女人味。

当时较低的领口外沿也常常装上一圈织法细腻的蕾丝小花边或饰带结,蕾丝在女装上极尽所能地营造着一种蓬松柔媚的高雅,裙身的庞大和腰部、手臂的纤弱,形成了极大的反差,也让女性的姿态变得格外优美(图 14-11)。洛可可风格女装中,蕾丝除了运用在领口、袖口等边缘装饰外,还有其他的装饰形式,比如覆盖在其他面料上的较大面积应用。华贵的裙摆和精美的蕾丝饰边,让细节更显华贵绚丽。

使洛可可成为风格的是蓬帕杜夫人,而将洛可可变为精神的,就要归功于路易十六的王后——玛丽·安托瓦内特。这位王后的大半生都活在她为自己编织的充斥着蕾丝、绸缎和折扇的美梦中。玛丽·安托瓦内特将蓬帕杜年代纤秀的袖管衍生出更绮丽的枝叶(图 14-12)。她将所有的精力都用在打造她的洛可可风格上。经过 18 世纪洛可可风格女装装饰的盛会,蕾丝这种装饰元素逐渐简化了自身的功能,从最初的显露着装者身份、地位以及占有财富的象征,演变为代表女性性感的服饰符号。

图 14-11　宫中女眷的起居服以乳白色为主，层层叠叠的蕾丝花边散发着女性的柔美气息

图 14-12　玛丽王后夸张的裙摆、数量惊人的花边以及超大的皮草披肩，足以显示她的奢侈本性

二、完美的塑形

在以法国为首的时尚影响下，关注洛可可风格的女装，要把关注点确立在服装的外轮廓造型和款式结构上。洛可可风格，一种运用大量 S 形组合的纤巧而繁复的艺术样式出现在 18 世纪法国女子的服装舞台上。洛可可风格的女装主要是由宫廷贵妇率先穿起的，女装极强烈地表现纤柔、性感、娇艳的特点，其外在形式美因素发展到登峰造极的地步。

（一）裙撑、托尔纽尔臀垫

裙撑又一次出现，这是继 16 世纪文艺复兴时期的裙撑之后第二次使用裙撑来使女装下半身膨大化的现象。洛可可女装造型上最醒目的特征是由裙撑托起的向两侧突出膨大的臀部，腰部以下呈长方形；由紧身胸衣将躯干在腰部以上束裹成平挺的圆锥体，正视呈倒三角形，有丰富装饰的肚兜强化了倒三角形的轮廓，并与罩裙前中敞开的正三角形形成呼应（图 14-13）。这种视觉上像圆弧形穹顶一样的整体造型就是洛可可时期人们竭力追捧的夸张的造型。腰线前中部分呈 V 形并下降到自然腰线以下；低领领口多呈方形，胸肩部位袒露得较多；衣袖在肘部以上合体，肘部以下敞开成三角形（图 14-14）。洛可可女装放弃了西班牙钟式裙那种几何形状的严谨，保留了宽大的髋部和紧身的胸衣。一种穹顶形的鲸骨圈取代了古老的钟式裙，形成了巴罗克晚期那种典型的女性剪影效果，从过于宽大的裙子到瘦削的肩膀，再到发型高耸的头部，整个人显现出一个

图 14-13　18 世纪复兴的带裙撑的裙型

圆锥形。

图 14-14 肘部以下呈三角形的袖口

为了使女裙达到理想的效果，通常在女裙内部做各种撑垫，裙撑自然成为首选。此前曾经淡出的裙撑再次成为流行，名为帕尼埃(Panniers, or hoops)。据说帕尼埃最早起源于英国的舞台服装中一种嵌入鲸须的衬裙，随后逐渐流行起来，成为社会普遍的时尚，由法国开始向欧洲其他国家传播(图 14-15)。起初这种撑架裙呈吊钟状，到 1740 年以后，逐渐变成前后扁平而左右加宽的椭圆形，像马背驮着的行李框，故又称为驮篮式撑架裙。前后扁平、顶部水平，自臀部往下大小相同，正是这种极端夸张宽度的造型，构架出富有时代特征的女装裙型轮廓。

图 14-15 帕尼埃裙撑和 1750 年蓝色真丝塔夫绸银线织花的英国宫廷女装

穿着这种裙撑的女子只能斜着身子进出房门。据说最宽的可达 4 米，以至于写字桌、抽屉

柜等家具的顶面常常装有精致的围栏,以防转身时桌上摆放的物件被宽大的裙子扫到地上。两侧宽阔的帕尼埃带来许多社会问题,于是到了1770年,又出现了左右可以自由开合的分体式裙撑。当时经常有讽刺漫画和一些文学作品嘲讽女子穿着这种夸张的服装。然而,这种灵活的撑架裙在英、法等国流行开并成了贵妇们的新宠。这种扁宽夸张的造型,为女装提供一个正视角度下的平坦的矩形,这是洛可可女装独特的艺术风格所在。

1780年以后,帕尼埃消失了,裙子变得柔软。洛可可后期出现一种托尔纽尔臀垫(Tournure),这与19世纪末的臀垫(Bustle)基本雷同,只是后者的单词出现得比较晚。托尔纽尔臀垫将夸张的女裙重点转换为臀部,让女性的后臀部显得突出,当时法国的这种流行时尚亦被其他国家称为巴黎臀,而撑架裙的第二次高潮到此进入尾声。

(二)洛可可女装廓型组合

洛可可时期女装的完美造型可以归纳为两个几何形的组合:矩形和三角形。矩形即裙撑,而三角形则是紧身胸衣塑造了躯干的圆锥体。裙撑总是与紧身胸衣同时使用的,之所以要使裙子膨大化,就是出于使细腰更显得纤细这个目的。女性早在16世纪就穿紧身胸衣,作为具有束紧腰身、撑托胸部的功能来使用的紧身胸衣是在文艺复兴后才出现并普及开来的。法国人用"Corps"一词来命名紧身胸衣,到了18世纪,紧身胸衣已经成为人们生活中的艺术品——虽然极具塑形艺术,但穿着起来却并不舒服。洛可可时期的鲸须胸衣完全按照理想的人体形体结构排列和制作,如用于胸部的鲸须是事先弯曲好的,背部鲸须一般都选处理过的笔直的鲸须制作,在背后系扎,使背部挺直,勒紧腰部以突显胸部。这时期的女装重点体现在女子纤细的腰肢上,为了追求美不惜忍痛穿紧身胸衣。

1750年至1770年期间的紧身胸衣,在后背开身,门襟处有孔眼,穿上带子后勒紧系牢,肩部的带子也用绳子系牢,底部附有小垂片,在臀部敞开,以便于裙子在下摆展开。60年代的法国紧身胸衣,选用上等丝绸、亚麻、皮革和鲸鱼骨等材料制作而成。同时,其制作技术又有了革新,除了纵向插入的撑骨外,还在胸部加入水平方向的撑骨,整体呈倒三角形,形成女装腰线上尖锐低垂的锐角,配合着服装整体僵硬的造型,体现着强大的张力。紧身胸衣一般穿在贴身的内衣外,且部分是可以看到的,所以表层通常采用与服装面料相同的织锦、丝绸等高级织物,并有着精美的装饰(图14-16)。

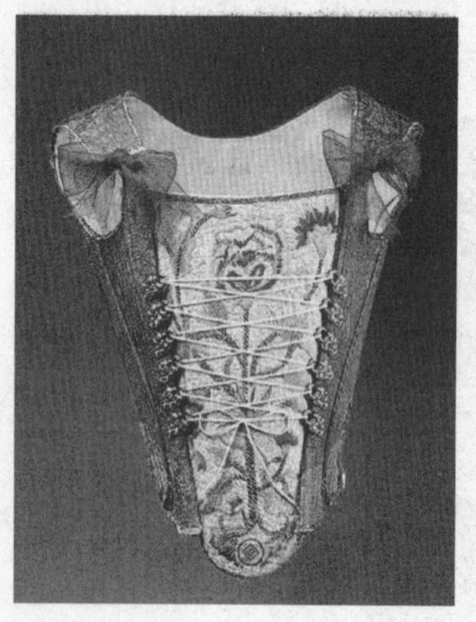
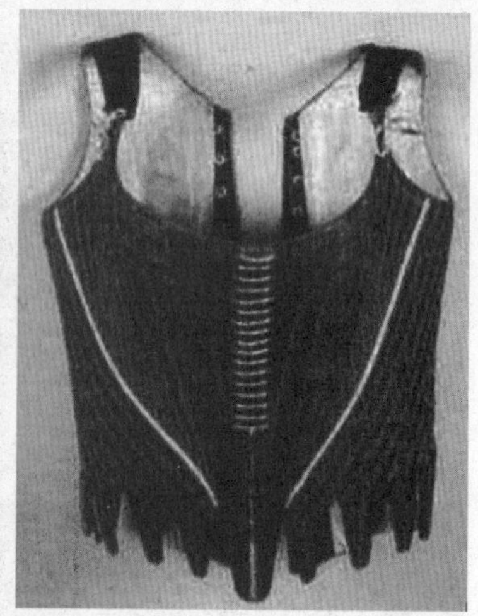

图14-16 18世纪60年代法国的紧身胸衣

与三角形和矩形组合的几何造型相配的是后背的独特结构。巴洛克后期流行的飘逸外形的长袍裙叫做罗布·吾奥朗特(Robe Volante)。在洛可可风格女装盛行时期,主要流行两种款式:法国式罗布(Robe à la française)和1770 年后的波兰式罗布(Robe à la polonaise)。这两种款式(图 14-17)腰身都是收紧式,区别在于后背的造型。最为流行的是法国式罗布,其后身宽松后领口下有着均匀规则的褶裥,肩背部合身适体,褶裥自此向下自然张开,呈倾泻状下垂。这种呈又宽又长的拖裙形式的罗布有效地缓解了扁平的矩形裙子带来的僵硬感,行步间,以轻柔飘逸的姿态表现出洛可可女装优雅的浪漫,成为经典样式。

图 14-17　罗布长袍裙(左图:1735 年法国翠绿色绸缎的罗布·吾奥朗特;中图:1760 年金银线编织带装饰在织锦丝绸上的法国式罗布;右图:1780 年金属线装饰在棉布上的波兰式罗布)

(三)画家笔下背部时尚

法国著名画家让·安东尼·华托的绘画作品中很多表现着当时的沙龙里这种女装背部的时尚,从后颈窝处向下做出一排整齐有规律的褶裥,向长垂拖地的裙摆处散开,使背后的裙裾蓬松。主要选用图案华美的织锦或闪闪发光的素色绸缎做成,不强调过于琐碎的装饰,故也称为“华托式罗布裙”(Robe a plise watteau),背部的裙褶亦称作华托褶。(图 14-18)

洛可可时代初期的华托服,还有崇尚自然的美名。适可而止的蕾丝边、蝴蝶结,清新的奶油色调,显现出一股女性的秀气美,在朴素中显现高贵。18 世纪中后期则是极尽华丽,越来越多的蕾丝、缎带、刺绣、花朵装饰物,全身布满繁琐复杂的褶裥,繁花似锦的华托服风靡了路易十五整整一个朝代(图 14-19)。发展到鼎盛期的洛可可服装形态逐渐收敛,在华托式罗布长袍裙的基础上,随后一种所谓的波兰式罗布长袍裙问世了。这种款式整体收紧,裙子两侧分两片向上提起,用细绳穿在腰后的扣子上,从视觉效果上来看,洛可可后期的罗布长裙体积有了变小的趋势,裙长也缩短了。但是整体上仍旧显示贵妇雍容富贵的体态,只是更便于行动,在中下层妇女间风靡了起来。之后,又出现了靠褶裥将裙子分开的英国式罗布长袍裙(Robe à l'anglaise),更加简洁、质朴,体现出英国自然主义倾向,为大革命后的古典主义样式流行打下了基础。

图 14-18　法国著名画家华托的绘画作品 *L'Enseigne de Gersaint* 表现着法国式罗布女装的背部款式

图 14-19　华托裙和其背部的裙褶

三、自然的修饰

"洛可可(Rocoo)"一词源于法国罗卡尔"Rocaille",发音上有"Rock-eye"之意,指的是由贝壳、贝类动物、小石头等演绎出来的形状。这种"岩状工艺"和"贝壳工艺"是最基本的洛可可装饰要素,它有多种形式,有时像海洋中的贝类生物,有时像一块边缘扭转参差不齐的雕刻物,有时又表现出还会侵蚀的岩石。

（一）题材的自然

洛可可装饰艺术除了从大自然中寻找贝壳、天然岩石等奇异的灵感外，还大量使用植物叶饰和花朵等作为装饰题材。正如从词源上讲洛可可一词来源于贝壳和石头的紧密纹理，洛可可风格从始至终都强调着人与自然、文化与天然的结合。洛可可艺术用精致的蔓藤花纹、贝壳等来装饰建筑、生活物品及艺术作品，使其体现出轻快柔美、漂亮精致的特色，多带有一种迷幻、罗曼蒂克的色彩。植物花卉作为西方装饰艺术的主题有着悠久的历史，但洛可可时期，人们表现出对植物花卉异乎寻常的兴趣，使同时期的所有艺术装饰品充满自然化的装饰主题。

洛可可服饰追求柔媚细腻的情调。为了模仿自然形态，服装上的装饰物等部件也往往做成不对称形状，变化万千。比如以蓬帕杜夫人命名的蓬帕杜领口样式，它是一种设计为宽而低的领口，呈倒梯形，领口部位开口较宽，并且很低，可以坦露四分之一的胸部，而接近肩部的上领口较窄，这样的造型足以和宽而弯曲的宫廷服装领口相媲美。这种倒梯形领口款式造型与室内装饰中窗帘的自然下垂样式很相似。不难看出二者在造型上是相互呼应的。这一样式产生了洛可可服饰在总体上以不对称为主而局部对称的效果。来自大自然的装饰题材的运用，使洛可可装饰艺术充满了女性惬意的轻松感，处处体现着新兴资产阶级上升阶段强调满足自身感官愉悦的审美趣味。

自然形态在服饰上的另一体现就是运用大量自然花卉作为主题的染织面料。这个时期法国的印花织物就好似花的帝国——曼妙而唯美。理查德 · 莱特在《园艺历史》中叙述当时的状况："花卉成为服饰和窗帘设计构思的源泉，优秀设计师厌倦了司空见惯的花卉，喜欢从异国情趣的花卉中发掘灵感，从而引起法兰西园艺界、纺织界对所有花卉的强烈兴趣。"

图 14-20　领口蝴蝶结的装饰效果

当时主要采用的花卉是蔷薇和兰花，在处理上采用写实的花卉，再用茎蔓把花卉相互连接起来，形成蔓延的动感，表现出人们对自然的崇尚。不仅在蓬帕杜夫人的画像上可以看到多处装点的蔷薇花，在当时所有的贵妇画像上都可以看到领口上、衣领上，甚至头发上都装饰着花（图 14-20）。妇女们还喜欢在肩部和腰部装点花束，因此在紧身衣衬里带有小口袋，袋内装有玻璃瓶，瓶中的水可以保持鲜花不凋谢。这也许是洛可可风格女装的最诱人之处。

（二）设计的自然

在纺织面料的设计上，花卉图案成为最主要的图案，以极为精致的织锦方式直接在布料上织造出来。当时，有根据常见的花卉变形出的小花朵，不光色彩上模仿实物，就连花朵的大小也力求与真实一样。1765 年法国出现的花卉纹样的丝绸织锦，与长条彩色丝带并置，带有花叶的小枝上面套有花环，这成为了 18 世纪 60 年代最流行的面料（图 14-21）。同时，印花技术也在 18 世纪取得很大进步，很多丝绸、棉布上的花卉图案都是印制而成的。法国大量的木板印花出现在三千多种不同花型的印花布上。受印度棉布图案的影响，很多设计都出现了不同花卉树木自由并置在一起的特点，而并不考虑植物的大小比例任意组合成图案。

花朵在洛可可风格女装上的运用，除了表现在面料上，还表现在大量运用天然或人造花朵对女装的修饰上。1756 年，布歇的油画《蓬帕杜夫人》画像中，丝绸的玫瑰花饰均匀地排列在领口边缘，花朵装饰随着裙摆波浪形的荷叶边而翩翩起舞，变换中有着秩序美，就像一块填满花朵的画布，让人眼花缭乱，让女子也化身为千百朵绽放的鲜花，因此也被人称作"行走的花园"。除了花朵之外，在这盛大的花园中还有蝴蝶结和缎带。虽然这两种装饰是路易十四时期男子服装的重要装饰元素，但到了 18 世纪被女装采纳，并成为了洛可可风格女装的装饰元素(图 14-22)。

图 14-21　洛可可女装以及刺绣花卉图案的局部放大

图 14-22　女裙上颜色不同大小各异的花朵装饰随意地散点排列，凸显花卉装饰

洛可可服饰专注于小细节的装饰，从蓬帕杜夫人的画像中也可以看到，服装肩袖合体，肩线圆润纤巧。领口线开得很低，裸露的脖颈上带着精致的蝴蝶结花饰或粉红的缎带堆叠在胸前。覆盖紧身胸衣的胸兜上布满了成排的蝴蝶结，它们自上而下、由大到小，紧密而灵动地点缀着胸前的三角区域，有着强烈的视觉冲击力。袖子肘部也装饰着蝴蝶结，玫瑰花饰撒满裙摆。这些小细节的装饰几乎构成了这件服装形象的全部特征。至此，蝴蝶结本身具有的装饰效果在洛可可时期被完美地发掘了出来。

思考与练习

一、谈谈蓬帕杜夫人对 18 世纪服饰的影响。

二、简述帕尼埃裙撑的特点，并分析其形态发展形成的社会文化背景。

三、洛可可蕾丝装饰在现今服饰时尚中的体现。

第十五章 19世纪服饰

19世纪伴随着法国革命和英国工业革命，社会政治经济飞速发展，达到了一个新的顶峰，是现代化的专属时期。由于科学技术的发展进步，服装业迎来了迅速发展期。凭借着一些新的发明，比如伊莱亚斯·豪(Elias Howe)1846年发明的缝纫机，大量生产成为了可能。专门用于缝纽扣、制作纽扣眼和编织的机器使得大规模生产成为了现实。

18世纪末到19世纪初，服装变迁的轨迹非常明显，先后流行新古典主义和浪漫主义风格。19世纪中叶，英国人查尔斯·弗雷德里克·沃斯在巴黎开设了以贵妇人为对象的高级时装店，从此在时装界树起了一面引导流行的旗帜。同时，服装杂志在欧洲开始变得十分普遍，方便了人们对服装流行趋势的了解。由于社会的文明程度不断提高，人们开始懂得自己对于服饰的真正需要，所以19世纪的服饰一方面接受极其简朴的古典美的审美思维方式，同时仍然留恋着膨大纷繁的豪华多饰形态。简洁的男装，充满古今情趣的优美女装，新式纺织面料产品的应用，是19世纪服饰风格的主旋律。

第一节　拿破仑·波拿巴与服装

1804年,拿破仑称帝,由于拿破仑对古罗马的沉迷达到了疯狂的地步,在文化上提倡古典主义艺术的全盘再现,导致文艺复兴的风潮再次回归。为了尽快恢复国力,拿破仑通过鼓励奢华来推动经济的发展,在着装上追求华美的贵族趣味,提倡华丽的服饰。此外,他始终憧憬着光彩夺目的宫廷生活,使法国宫廷掀起了一股豪奢风潮。这种着装风习的确促进了法国纺织业和服装业的发展,给当时许多手工业者提供了就业机会。1814年,反法联军攻进巴黎,拿破仑帝政结束。第一帝政虽然从此结束,但帝政时代形成的服装样式,特别是女装样式,一直延续到19世纪20年代中期。服装史上的帝政样式时期一般指1804年至1825年的服饰。

拿破仑在人们的心目中虽然是一个残暴的军人和野心家,其实,他还是一个看重时尚的风雅的艺术家,他对法国服装的关心程度不亚于对法国战事的关心。赫洛克在《服装心理学》中写道:"拿破仑想尽一切办法使法国的宫廷成为世界上最漂亮的宫殿。他把时装当作国家大事。他是唯一的指挥者,不仅为宫廷内的男女规定什么样的衣服可以穿,而且还规定布料和如何制作。同时他还命令任何人不能穿同一件衣服出现两次……"在他的提倡和带动下,宫廷里的服装仍然保持着原有的风格,金线用量很大,各类装饰也没有减少。拿破仑·波拿巴时期的帝政样式服装是新古典主义的典型映射。

一、帝政式男装和军服

拿破仑·波拿巴提倡传统的华丽服饰,这使19世纪初法国大革命时期的新古典主义服装样式和革命前的宫廷贵族服装样式同时并存。正如服装界人士评论的那样:贵族气的装束也只是一种回光返照,它多半成为古典主义样式的点缀,使古典主义服装增添了贵族的豪华气息。整个服装的发展趋势一往直前,这是一个亘古不变的规律,这在男服上表现得尤其明显(图15-1)。

图15-1　拿破仑加冕图

(一)基本典型样式

宫廷的服饰基本上沿袭了18世纪中期的风格,绣花丝绸上衣在设计和耗资上都体现了奢华的特点。宫廷男服又回到过去那种装饰豪华、色彩艳丽多变的怪圈中,但男装仍以夫拉克(Frock)、背心基莱(Gilet)和裤子克尤罗特(Culotte)组成的三件套为当时最具代表性的男装基本典型样式,而现代的男西服裁剪与缝制技术在这个时期已经基本形成。夫拉克在造型上延续了上世纪的风格,款式基本不变。19世纪20年代,后下摆开始变短,腰身变低。内衣修米兹(Chemise)出现了类似现代型的白衬衫的"原型",配以克拉巴特领带。

这一时期,男装最突出的变化是裤子。下装有两种,中产阶级以"庞塔龙"为主,宫廷贵族则以紧身的克尤罗特为主。庞塔龙随人们的喜好不同,有时以窄瘦为主,有时则宽松肥大。克尤罗特后来随着帝政时期的结束、宫廷贵族的土崩瓦解而退出了历史舞台。由于法国大革命中,那种长仅到膝盖的马裤被看做是贵族的象征,因此宫廷外的平民男子开始将裤管加长至小腿,又加长至踝部(图 15-2)。过去那种长达膝盖的马裤只有宫廷成员还继续穿着,一直流行到 19 世纪中叶。由于长裤和半截裤做得较为紧瘦,往往用弹力织物、麂皮或优质条纹棉布等弹性面料制作。1815 年,男裤造型开始趋于宽松,裤管下端的带子从靴底下穿过,裤子前面只有一处开口,这一改变是有着划时代意义的,因为多少年来欧洲男子的下装都是穿着紧贴腿部的裤子或长筒袜的。

图 15-2 法国大革命时期革命者着装

(二)前襟双排扣上衣

在 19 世纪的最初 20 年内,男子上衣的诸多式样中,有一种前襟双排扣,上衣前襟只及腰部,但衣服侧面和背面陡然长至膝部。双排扣实际上是虚设的,因为衣服瘦得根本系不上扣。上衣的下摆从腰部呈弧形向后下方弯曲,越往下衣尾越窄,最后垂至距离膝部几英寸远的地方。这种窄尾的衣尾,后来被人们称为"燕尾"。各种领式的燕尾服被作为礼服广泛穿着。前襟下摆处以优美的弧线向后裁剪,后襟的燕尾变得短而齐平,后身的中缝随着背部的起伏裁剪成优美的接缝线。礼服的腰很细瘦,突出了宽阔的肩和微翘的臀部,下垂的燕尾部分打着褶裥,富有变化。一套打扮包括有天鹅绒外套、黑缎马裤、精心绣花的丝绸马夹、袖口褶边的衬衫、领巾、扑上粉的假发、双角帽等,只有这样才能出席晚会和庆典等场合。

帝政时期,由于战乱和生活繁忙,大衣成了男人们的重要服装,礼服大衣与燕尾服是流行的日常服装。1804 年以前的大衣都是双排扣、大方领,常用羊皮制成。拿破仑时代出现了单排扣的大衣和披肩式的大衣,有多层披肩,也有比较紧身合体的轻便大衣。(图 15-3)

图 15-3 1820 年的男子装束

此时期的男子们通常系两条领巾作装饰,一条是白色亚麻布的,另一条是黑色绢或缎的,黑色的领饰放在外面系成蝴蝶结状。除用领巾装饰前胸外,衬衣前开口处的双褶边和胸饰褶皱依然存在。

(三)豪华军服

拿破仑继承了法国资产阶级大革命的传统,以征兵制和志愿兵制取代雇佣兵制,建立了一支新型的能征善战的大陆军(图 15-4)。他"唯才是举",不拘一格选拔将帅,平时注重训练。法兰西大陆军大体上分为重装骑兵、轻装骑兵、步兵、炮

兵和工兵。其中重装骑兵被推为当时欧洲最强。重装骑兵除勇猛善战外，士兵的军服也极为豪华。蓝色的上装，外面罩有钢制的胸甲，胸甲表面嵌有黄铜板和铜钉。下身是白色半长裤和长筒马靴，头盔是带羽饰的古典式铜盔。担任侦察和追击的轻装骑兵的服装也较为华丽，蓝色窄袖短上衣，腰部系有饰带，下穿镶黄边的蓝色马裤和长筒靴，头上是戴羽饰的平顶圆筒帽。

图 15-4　拿破仑帝国军装（上左图：拿破仑军装肖像；上右图：1805 年拿破仑与大陆军；下左图：持滑膛枪的法国大陆步兵；下右图：法国大陆军骑兵部队，骑白马者为拿破仑勇将拉普将军）

步兵正装的色彩是以法国国旗的红蓝白为基调，上身为白翻领的蓝色燕尾服和白色背心，下身是带绑腿套的白色半长裤和带鞋钉的皮鞋。军帽为带绒球的平顶圆筒帽。

佩剑、文明杖、马鞭、装饰精美的鼻烟壶和皮革制作的小钱包也成为大多数人随身携带的物品。佩戴一大一小两个怀表也成为当时男子追崇的风尚。靴子仍受男子们深爱，种类很多，其中有种由轻薄皮革织成、靴口向下折回的靴子自始至终是 19 世纪骑手们所喜爱的马靴款式。其军装式外套简洁的装束更加注重机能性、活动性和合理性，多余的刺绣和装饰被去除，衣料也由前男女共享的衣料简化为朴素的毛织物为主。在服饰色彩上，黑色成为仪式和公共场合的正式服色，具有新的审美。

二、帝政式女装和紧身胸衣

所谓的“帝政样式”(Empire Style)的女装，其实是前一时期新古典主义样式的延续和发展，女装塑造出类似拉长的古典雕塑的理想形象，向直线形女装发展，女人们短暂地摆脱了紧身胸衣的束缚。

(一) 基本造型特征

帝政式女装基本造型特征是强调高耸的胸部和高腰身、细长裙、泡泡形的短袖。由于当时提倡个性解放，因此这一时期妇女服装是将身体最大限度的裸露为主要流行趋势，最有代表性的就是开得很大很低的方形领口和露臂。胸口袒露，但肩部露得不多，沿领窝装饰叫“苛尔莱特”的领饰(两层或三层细褶)，还有高领、拉夫领。用细缎带把宽松的长袖分段扎成数个泡泡状的袖子叫做玛姆留克，还有白兰瓜形的短帕夫袖(帝政帕夫)、长袖、波浪状的袖子等等。直线形的帝政样式随着时间的推移而不断演变，衣服穿着时的场合区分从此开始明确分化。其中短帕夫袖用作礼仪服、长袖用于外出或家庭便服，而19世纪拿破仑时期的古典式的露臂则套上了长的手套，而后享有真正的贴身长袖以取代手套。

衣服重叠穿用是帝政式女装的另一大特色。主要体现在多层依次重叠的领饰，节节系扎的藕节袖和多层重叠的裙摆，或在外裙边下摆处装饰层层重叠的花边。裙子流行两种颜色重叠的穿法作为夜礼服流行于整个帝政样式时代。女子的服装逐渐脱离古典式，衣服很宽，尾部拖在地上的衣服也不再流行。从1804年起，帝政时代的装裙由长变短，一般长及地面，下摆开始变宽，裙摆量增加，并出现褶饰、飞边和蕾丝做的边饰，使用的面料也由薄形细棉布改为较厚的缎子等丝织物，加重裙子的重量和膨鼓感。裙以单层为主，后又出现采用不同衣料、不同颜色的装饰性强的双重裙，并把前中或后身敞开，露出内裙。裙装自然下垂形成了丰富的垂褶，对于人体感的强调与古希腊服装非常相似。裙子柔和、优美的垂褶自高腰身处一直垂到地上，而且这种长裙越来越短，1808年，裙长缩短到露出脚，1810年缩短到脚踝稍上(图15-5)。

图15-5　法国女子穿上了方形低领口、露臂、薄型面料的希腊式连衣裙

（二）装饰性罗布造型

拿破仑 · 波拿巴的服装使单纯的帝政样式向装饰性的罗布造型发展。最典型的如拿破仑加冕典礼上约瑟芬皇后穿的用金丝绒材料制作的拖地长斗篷和装饰感很强的袍服，既华贵又富丽。在朴素的衬裙式女装流行的同时，为了增加美感，也是出于御寒之需要，女士们喜用各种颜色的披肩来装饰自己，其中法国中部的蒂勒市出产的经编绢网（六角形网眼纱）最为常用。因此，这种绢网织物也就用其产地名来命名为"蒂勒"（Tulle）。艺术史作家房龙也曾记载："因为仿古希腊和古罗马的新式服装使女士感冒，于是就用披肩御寒。"而瑟芬皇后使用的一种名叫肖尔（Shawl）的披肩更是帝政样式上不可缺少的装饰物。披肩式的大围巾成为一种时尚，这种围巾取料于柔软的开司米，上面绣有不同颜色的丝线图案。这是用印度北部的克什米尔山羊绒制成的精纺织物，其优越的保暖性能和轻软柔和的手感深受当时贵妇们青睐。如果服装以白色为主时，则会搭配颜色浓烈的刺绣、边饰、领饰、大披肩或与衣裙同色的披肩（图 15-6）。

图 15-6 帝政时期的女子披肩

帝政样式的冬季外套罗布沿用上个时期的斯潘塞（Spencer），另有普里斯（Pelisse）和宽宽的鲁丹阔特(Redingote)。男女都穿的装着棉絮或毛皮里子的防寒服,随着裙摆增大变成前开门,从上到下有一排扣子。新古典主义时期的出行外套,衣长仅达高腰位置,有领,长袖袖口有克夫的短外套斯潘塞到了帝政时期出现了变形,称为康兹,衣长较斯潘塞长,是披肩式无袖夹克。有的有圆形翻折领,装饰着细褶或蕾丝,用料一般都用上等的天鹅绒、开司米、麻织物或细棉布、闪光变色的织锦缎等做成。短腰身,瘦长袖,加强了人体修长优美的感觉。

(三) 修米兹内衣

在这个时代,出于卫生和御寒的考虑,女子们开始在裙内穿长衬裤,近似裙裤,一般用肉色的薄质面料制作,造型宽松多褶,在裤脚处用绳带系扎,更像灯笼裤。当初的女子对内衣并不十分关心,主要内衣修米兹现在作为礼服外穿最为典型。修米兹 · 多莱斯(Chemise Dress),以腰线为中心产生比例感,腰际线提高到乳房底下,内有护胸层,裙子很长垂到地上,形成的悬垂衣褶像希玛纯,下摆刺绣花卉,优美的人体比例得到夸张的表现,故又称"高腰裙"。袖子很短,袖形多为帕夫袖或爱奥尼亚式希顿的样子,裸露玉臂,戴长手套。用白色细棉布制作的宽松的衬裙式连衣裙,出现了能透过衣服面料看到整个腿部的薄衣型服装样式,所以人们又把这个时期称为"薄衣时代"。

到了1810年左右,随着拿破仑宫廷对华丽式样的推崇和对内衣的重视,紧身胸衣又悄然兴起。出现了许多声称"有利健康"的轻型改良胸衣,但仍强调细腰身。这种胸衣和以前的胸衣相比,加长并向下延伸,主要通过胸腹中部用布的纵向拼接使其达到挺直和平整的效果。新式女内衣科尔赛特(Corset)代替了以往的紧身胸衣,用数层斜纹棉布绗合在一起或用涂胶硬麻布做成,在胸和臀部插入细长的三角形裆布使上半身非常合体,前面把乳房托起,腰腹部束紧、压平、一般开口在背部中央用绳子扎紧,如果前开襟则用挂钩扣合,前中心呈锐角尖下去,胸衣长及臀部,竭力表现女性的曲线美,并开始接近现代女性所穿的胸罩背心的内衣样式(图15-7)。

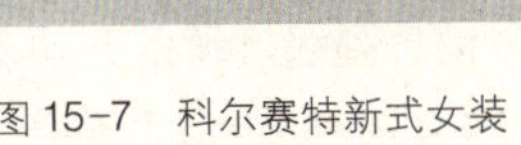
图15-7 科尔赛特新式女装

1814年,拿破仑帝政结束,东山再起的旧贵族势力重新在中世纪的服装样式中寻找崇拜偶像,这时出现了新型的哥特式服装,这种样式表现贵族华丽装饰的同时,洋溢着一种浪漫的气氛。

第二节 沃斯与法国女装

现今的巴黎时装早已成为国际流行趋势的风向标。但事实上，巴黎高级时装的开拓者是一位名叫查尔斯·弗雷德里克·沃斯的英国人。查尔斯·沃斯是世界服装史中无可争辩的巨人，他从一个宫廷裁缝跃升为“世界时装之父”，是得益于1855年巴黎世博会。那年，沃斯以层叠的布料衬裙取代了传统的裙箍设计，将妇女们从夸张的“母鸡笼”里解救了出来。但是最重要的是这位时装设计家开创了巴黎的高级时装业，是他开始了设计家左右时装潮流的历史。有位法国学者贝尔曾经说过：“如果巴黎不复存在，世界就必须创造一个巴黎。”同样的，如果没有沃斯，巴黎也就会创造一个沃斯。

一、沃斯——法国高级时装的奠基人

查尔斯·弗雷德里克·沃斯（Charles Frederick Worth，1825—1895），出生在英国乡下的林肯郡，家庭生活贫困，成年后辗转来到巴黎销售布料。人们今天所接纳的许多用来定义高级女式时装的规训都可以追溯到沃斯。（图15-8）

图15-8 查尔斯·弗雷德里克·沃斯肖像和沃斯时装屋的商标

1845年沃斯为生活前往巴黎，以销售高级丝绸及开司米成衣为主，并倾心于布料方面的研究。1851年，沃斯设计的女装在英国举办的世界博览会上获得了一等奖，1855年，巴黎全球博览会上，他展出一种新礼服，从肩部下垂，线条别具一格，再度获金牌，博览会奠定了沃斯的成功。随后，在瑞典资本家奥特·保贝尔格（Otto Bobergh）的资助下，沃斯在巴黎和平大街开办了他的第一家高级时装店，专门为上层女士定制服装，开始了一个设计师时代。当时法国社交界的名人弗耶夫人（Mme Octave Feuillet）就是他的第一位顾客。他经常被人们称作是“高级女式时装之父”。

（一）诸多“第一”的创立者

在查尔斯·弗雷德里克·沃斯之前，并没有现代意义上的服装设计师，宫廷的服装都由裁

缝制作，沃斯的精明之处在于他将时装沙龙独立于宫廷之外，使服装设计师成为世界时髦潮流的中心，巴黎高级女装业的辉煌从此开始。

在这个产业里，沃斯是第一位在欧洲出售设计图给服装厂商的设计师，还是第一个把签名标签缝在衣服上的设计师，也是服装界第一位开设时装沙龙的人，更是时装表演的始祖。由于他善于自我推销，成为了时装史上的真人模特儿展示的时装发布会的第一人，这一举动也让"时装模特"这个行业由此诞生，而他的模特之一，玛丽·韦尔娜小姐，不仅是时装史上第一位真人时装模特儿，后来也变成了沃斯的妻子，日后更是成为了他创作的灵感缪斯。在发布会后，顾客们可以自由挑选设计款式和布料颜色，沃斯时装屋（House of Worth）可以根据客人的身材和指定的布料做一定的调整。如今高级女式时装仍然采用这种商业模式，虽然这在当时仍然是时装展示会上款式的复制，但是这却是一个极大的创新，从这个意义上来说，高级成衣（Ready-To-Wear）的雏形已经初露端倪。

（二）品牌沃斯高定问世

19世纪50年代，沃斯创立了个人品牌沃斯高定（Worth Couture），他的精湛技艺和独创精神，让沃斯高定成为将华丽风格、高贵品质和时髦样式融为一体的品牌，在时装史上具有划时代的意义。典雅、奢侈的宫廷式风格、昂贵精致的面料、瑰丽繁复的图案纹样与珠宝装饰、一丝不苟的剪裁与缝纫技术，以及不断革新的服装样式，使沃斯高定在高级定制领域享有极高的声誉，也成为曾经的皇室贵族们最爱的服装品牌之一。1864年，最轰动的时装是沃斯废除了鸟笼式撑架裙，尽管沃斯设计的裙长依旧曳地，腰节线很高，但整个服装外轮廓线发生了重大改变（图15-9）。七十年代，沃斯推出利用省道分割的紧身女装，这就是以后被称之"公主线"服装，腰节线降到了臀部。公主线时装、西式套装、礼服与紧身外套的搭配等女装样式，都是由沃斯高定首创。

图15-9　1860年沃斯设计的礼服和身穿沃斯女裙的英国著名女演员

沃斯还是一名技术革新者。他开发了标准化的可交换部件，比如袖子、紧身上衣、衣领、衬裙等等。在设计新式服装的时候，这些款式部件可以在不同的组合里重复使用，这样，模型制作

过程的速度便加快了。他还在大部分的生产过程中使用了新发明的缝纫机,在紧密加工阶段才使用手工。在布料的使用方面,沃斯是公主线时装的发明者,也是西式套装的创始人。他喜欢在衣身装饰精细的褶边、蝴蝶结、花边,在肩上垂挂皇家金饰及可折叠的钢架裙襟。其作品深受西班牙维拉斯贵兹及比利时范戴克等艺术大师的影响。他的另一个先驱之举是在百货公司兴起之时,把自己的时装设计卖给了裁缝和服装制造商,将昂贵高雅的流行款式在全球散播了开来。同时,他还推出个人年度服装设计专集,在重要比赛上获奖,得到顶级顾客的赏识和资助,这些都足以使他在时装发展的历史上占有一席之地,成为以后"高级时装"设计师的必要途径,这也是"高级时装"这个概念所要求的。

(三)成立巴黎时装工会

1868 年,他和他的儿子成立了巴黎时装工会,即今天的巴黎高级时装协会的前身。1885 年,"法国高级女装协会"成立,沃斯表示:"高级女装不仅是缝纫艺术的研究,而且是为装扮每一位妇女所需要完成的一切创造、装饰的艺术。"他为巴黎成为世界时装中心奠定了基础,故 19 世纪下半叶又被称为"沃斯时代"。

1895 年 3 月沃斯在巴黎逝世,其店铺经历三代,到 1946 年才关闭。伦敦的商店则仍以沃斯为名,由其曾孙波杰继承经营。沃斯带走的只是过去,留下的却是一个良好的开端、一个繁荣的时代,时装正步入历史的新纪元。应该说,查尔斯·弗雷德里克·沃斯是一位披着现代时装设计曙光出现在 19 世纪服装界的无可争议的大师。

二、新洛可可风格

1852—1870 年,法国第二帝政时期,浪漫主义风格逐渐消逝,女装却复古到了上个世纪去了,向洛可可风格转换。当然,复古不是重复,时代不同了!欧洲第一美女、拿破仑三世的皇后欧仁妮(Empress Eugénie, 1826—1920),以她的优雅气质领导了法国女装的新潮流,新洛可可时代开始了(图 15-10)。

图 15-10 欧仁妮皇后和她的宫女们

沃斯作为当时的法国新锐设计师,深知想要让自己的衣服“红”起来,必须先要“讨好”女人。起初顾客是以当时演艺界的明星为主,一次为奥地利麦泰尔尼黑公爵夫人定制礼服的机会,让他一举跻身上流社会,成为王室、贵族、影响巴黎上流社会时尚走向的重要人物。法国拿破仑三世的妻子,欧仁妮皇后也成为了他的支持者,从此 20 年间成为引领法国时装的重要人物。当然,能够成为皇后的专属服装设计师,也正是沃斯梦寐以求的目标。

(一) 克里诺林式长裙

欧洲以法国为首盛行的“克里诺林(Crinolino)”式长裙与欧仁妮皇后的大力推广密不可分,大裙撑备受青睐,人们再度复兴了华丽的洛可可风格。克里诺林是用一种马尾为经线编织的布做的裙撑,呈圆锥形(图 15-11)。也有用上了浆的毛织品、丝绸、棉织品做代用品,还有用绳子把铁丝、鲸骨扎成的。

图 15-11 克里诺林

起初,他将女裙的造型趋于前平后长,利于行走,造型美观,前方减少隆起,夸张臀部和裙裾,从而让造型变得简洁而优雅。后来,沃斯为有散步嗜好的欧仁妮皇后设计了前裙裾提高到腓部的“散步裙”。不久,沃斯又把裙子的支点从腰部移到肩部。后来,他又在精工细作的白礼服上配上紧身外套式夹克……

克里诺林式长裙被认为是历史上最美的裙子,裙子被圆锥形的裙箍撑得很大,裙围大到 5 至 9 米。裙裾及地,但由于裙围大,不太影响行动。这时期的女裙装饰繁复,裙子表面常使用横向的艳色褶裥作为分割,有三五段,直至一二十段的多种样式,长裙的面料多是丝绸、塔夫绸、细棉布,轻薄柔软。与之相呼应,镶有蕾丝花边的喇叭袖形是为时尚(图 15-12),裙子上面有多重花边,并饰有贝壳饰、穗子、缎带、褶子等饰物。宫廷贵妇的克里诺林式长裙,上身穿吊肩式无袖上衣,内穿塔袖衬衫,下身穿长裤,这是罗曼蒂克式长裙最完美的样式。

(二) 克里诺林撑架裙

所谓“克里诺林撑架裙”就是 19 世纪法国女装的最大特点,即硕大无比的撑架裙盛行一时,女裙越做越大,硕大的撑架减少了衬裙的数量,内有龙骨架,像个硕大的鸟笼,故也被称为“鸟笼式”撑架裙(图 15-13)。

19 世纪 60 年代的法国女装有着这样一种特征:克里诺林裙撑在后面开始扩张。这时期沃斯的服装也表现出类似的特征。裙撑慢慢向后扩张,裙摆拖至后面,有的进行抽褶处理。有资料表示这种叫克里诺林的庞然大物最大时达到横宽 4 米,裙摆的周长可达到 9 米! 在 1852 年至 1870 年,克里诺林式的服装由于太大以至于不能在外面套上外套,因此更大的开司米披巾开始流行,直到巴斯尔裙撑的出现,这种披巾也随之变化,从原来的作为外出或居家服装装饰到后来仅作为居家服装装饰,随之慢慢消失。

图 15-12　新洛可可女装

图 15-13　60 年代沃斯设计的舞会裙，圆膨形的裙撑使裙子呈现出“钟形”形状

实际上克里诺林是洛可可时期的裙撑帕尼埃的变相复活，从吊钟形到鸟笼形，最后形成金字塔形，或倾斜后翘的异形，都有明显的模仿洛可可服装的痕迹。下摆直径越来越大，其裙摆周长达 10 码有余，社会上还出现专门制作裙撑的公司，并在时装杂志上做广告。女性下半身撑起的庞大空间，除了行动中表现出婀娜身姿外，毫无实用价值。在室外一阵大风，就能掀翻这美丽轻盈的裙子，使贵妇的玉腿暴露无遗，大失贵妇们的优雅身份。于是淑女们在里面穿上半长衬（Drawers），再加上长短衬裙，以防这种尴尬事情发生。克里诺林的流行势头到 1866 年前后到达顶峰后开始急剧减弱，因为欧仁妮皇后和英国维多利亚女王都声明不再穿克里诺林。

（三）紧身胸衣重现

紧身胸衣（Corset）是撑架裙的孪生姐妹，伴随着撑架裙的膨大化，胸衣的下摆造型越来越尖，这更强化了腰部的纤细效果。19 世纪 60 年代，发明了蒸汽定型法，将胸衣做好以后，整个涂上糨糊放入金属制成的模子里用蒸汽定型。1870 年后，紧身胸衣的造型和构成基本上具备了现代紧身胸衣的要素。其制作方法有两种：一种是为了突出乳房和臀部浑圆的造型而施加三角裆部的方法；另一种是通过数片形状不同的布纵向拼合成合乎身体起伏的造型。1873 年，创造出前面开合的紧身胸衣，因下腹部造型宛如西洋梨一样，故法国人称作“Buscenpoire”（图 15-14）。

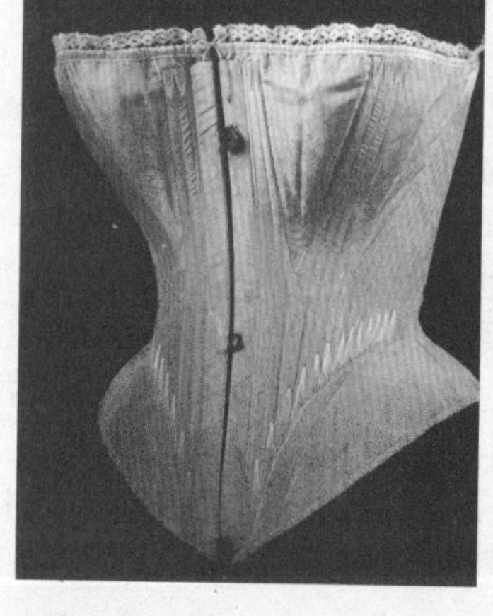

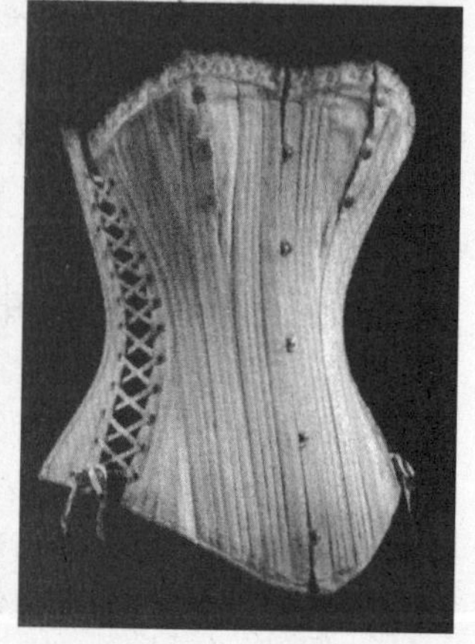

图 15-14　紧身胸衣

当然，紧身胸衣和撑架裙的重新出现，使女性美的审美标准再次脱离了服装的机能性。法国启蒙思想家让 · 雅克 · 卢梭说："看见女人像黄蜂一样被束成两半，那可不是什么赏心悦目之事。"但真要让女人脱下紧身胸衣，也不是那么容易的事情。

三、巴斯尔风格、S 形风格

"巴斯尔臀垫时代"在流行时间上短暂，但其独特的造型深深烙在了 19 世纪法国女装的历史上。巴斯尔，是英文 Bustle（臀垫）的译音，通常用铁丝、鲸须等制成臀部的撑架，穿着时辅以衬裙，女子的衬裙和裙撑将重心移到后臀，夸张臀部线条。法国称巴斯尔为托尔纽尔，法国以外的国家称之为"克尤德巴黎"。

（一）巴斯尔风格长裙

巴斯尔风格也称为后撑裙式，这种风格的长裙也是沃斯设计的。巴斯尔风格的第二个重要特征是臀部的装饰，为了强调臀部的翘起，在这个位置还装饰蝴蝶结、花边褶等饰物。设计重点放在背后，裙摆的拖曳部分与后臀垫呼应，形成十分雍容繁重的造型节奏。也就是这一时期，沃斯服装作品最为突出，最具有代表性，服装外观上层层叠叠，繁缛堆砌，色彩艳丽，巴斯尔风格堪称一场视觉的盛宴。

沃斯推出利用省道分割的紧身女装将腰节线降到了臀部，即最典型的公主线结构，在领口、袖口以及裙摆都有使用网眼的蕾丝作为装饰，紧瘦的袖子到肘关节的长度，在袖口的蕾丝装饰处打开。裙子是墨绿色的丝绒，后面有腰带用来调整上衣的鱼骨和裙子的裙撑（图 15-15）。

图 15-15 1889 年沃斯设计的公主线结构女裙

19 世纪 70 年代，沃斯的女装上衣另一个明显的变化是衣身加长，可以说是袍式或连衣裙的形式。但下身仍穿裙子，上衣只是罩于其上，前襟在于裙子重叠部位打开很多，甚至撩起系在臀后，或是翻起在后身束起，样子有些像男子的燕尾服，前衣摆最长时可至地面。不论衣摆长短，流行了几百年的倒三角形尖下摆消失了，大多是平直下摆。袖子相对而言比较简洁，笔挺、平滑、合身，但是为了与服装其他部分的装饰相称，衣袖也经过了修饰加工。重点在于袖口部位，早礼服的袖子大都到腰部，但特殊场合的衣袖却要短一些。若是露出前臂的衣袖，佩戴手套，手套是不可少的。

（二）裙垫塑臀

70 年代，裙撑逐步消失，但裙型仍然膨起，通过系许多三角布的办法使裙子扩展成钟形。裙垫被大量使用，用以垫高臀部，强调突臀效果，使裙子向后延伸。中上层妇女的后裙摆多为拖地式，裙后下方和拖地部分布满花饰和系扎出花式。沃斯的女装缝制精巧，尤其是在奢华的面料使用上非常慷慨。他可以得心应手地驾驭质地不同的材料。大量对称或对比强烈的布料花纹呈现直线、弧线、斜线或者波浪形从腰间垂到裙子的底边（图 15-16）。

19 世纪 80 年代，法国女性更借助"臀垫"来突显臀部，从而造成外观特有的轮廓造型。这个时期的巴斯尔女装重点强调一种后半部用铁丝、藤条、鲸须或鸟羽骨等做成撑架使之后突的衬

裙,外观裙裾后部拖地,装饰重心在于向后突起的臀部,表面装饰用了大量的各式皱褶、流苏和蝴蝶结,同当时上流社会流行的室内装饰一样繁复,层层堆砌,不同质地的面料相拼接,不同颜色的面料相组合,使女性的臀部夸张到极限,而前面用紧身胸衣将胸高高托起,收起腹部,强调"前挺后翘"的外形特征。去掉了60年代盛行的巨大金字塔形裙箍,将其缩小到局部的塑造之用,这无疑是一大进步,但其局部的装饰仍然繁复至极,并仍然是"蜂腰肥臀"式地束缚肉体,突出感官的服装古典样式。不过在身体下半身的量感上有所减少,并且装饰的重心开始由下往上移动。

图 15-16 19 世纪 70 年代后,沃斯设计的具有俏皮感的巴斯尔样式成为了当时盛行的风格(左图:酒红色的丝绒礼服,沃斯利用系结出的花式强调突出的臀部;右图:1874 年紫色的丝绸罗缎套装礼服,领口和袖口用丝绸带子和天鹅绒加以装饰,裙子前面天鹅绒围裙形,拖地式裙摆)

80 年代后期,巴斯尔逐渐变小,整个服装变得更加简洁,在裙子的后部,巴斯尔的痕迹仍有保留,但是,巴斯尔以前的形式已经变得简洁温和一些。1885 年,沃斯设计接待礼服、酒红丝绸锦缎和树叶花形的天鹅绒,典型的巴斯尔套装,袖口装有丝绸和绢网,酒红色绸缎绕过胯部在臀部形成大的褶裥拖到地面。19 世纪 80 年代末期沃斯设计的婚礼服,巴斯尔裙撑则明显有所变小(图 15-17)。

图 15-17 沃斯 19 世纪 80 年代作品(左图:1885 年宫廷晚装;右图:1887 年婚礼服)

(三)"S"形风格

随着新艺术运动的兴起,巴斯尔裙撑到了 90 年代变为优美的 S 形。沃斯敏锐把握这一时期 S 形曲线的基本形式感,带动了法国"S 形时期"女装的潮流。

图 15-18　穿着束腹胸衣的女子

19 世纪 90 年代是崇尚细腰身的时代,法国女性身材的典范是"八寸细腰"(图 15-18),女性必须穿着束腹内衣以达到这种典范,女子们还在正常腰围的腰上系上能束紧腰身的宽腰带。正常人的腰围在 65 厘米左右,1890 年要在腰部系一根长约 50 厘米腰带,才达到审美标准。

为了强调细腰身,在袖子设计上可行的方法是使肩部的横向线条展宽,其特点是在肘部以上呈大灯笼状,而在肘部以下收紧。肥大的袖子必须要有支撑物,否则就会立不起来。制作上一方面将做袖子的布上浆使其有膨鼓的效果,另一方面加粗布内衬。此外还可以做一袖撑,将双幅粗布剪成月牙形,打褶成扇形缝到袖筒上,也可以做袖垫,袖垫可以拆卸,从一件衣服上转到另一件。整个袖子的造型配合细腰形成明显的 V 形(图 15-19)。

图 15-19　羊腿袖的回归(左图:1898 年沃斯礼服,白色丝绸,大羊腿袖型,蕾丝花边袖口;右图:骑车女子细腰羊腿袖的装扮)

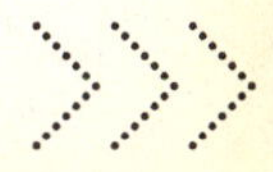

1895 年沃斯设计的旅行装,一系列服装反映了袖子新的发展趋势。同年,沃斯另一棕色羊毛斜纹面料制成的礼服,大羊腿袖,上衣和袖子装饰有天鹅绒和皮革,天鹅绒腰带和立领。由于袖子很高,所以即便是夜礼服的袒胸领也不像30 到50 年代那样宽且深。紧身胸衣有所缩短,腰间有带饰,上衣注重造型上的变化和不同材料的变化,明显地有世纪之交女子现代服装和传统服装交替的痕迹。这种现象一直持续到 20 世纪(图 15-20)。

图 15-20 法国 S 形女装广告图

90 年代女子纤细、束紧的腰围仍被认为是完美的造型,裙子上不再镶有膨鼓的饰物、垂花装饰、波浪花边、娴熟的裁剪技巧使裙子平滑地越过臀部斜拖到地面。但是各种镶边并未绝迹,镶边中花边最为流行。

法国女子思想逐步解放,参加社会活动和生产劳动的意识随之体现出来。随后的每一项体育活动都有一种独特的服装,不仅包括网球装、游泳装、自行车骑装,还有水球装、曲棍球装、棒球装、田径装、划船装等。运动式服装款式越来越丰富,其造型仍摆脱不掉"S"形的总体样式,连游泳衣的造型也是如此。沃斯更是设计了一系列女子运动服(图 15-21)。

图 15-21 呈 S 形的运动女服(左图:游泳装;中左图:射箭装;中右图:网球装;右图:狩猎装)

总体而言，S 形风格时期服装流行挺胸、收腹、翘臀，加上头戴大帽子，表现出自然的典型形态，但是却通过对人体的人为扭曲来达到，这是法国女装中最后一次运用胸衣塑形，裙撑已经不常用。比起前一时期，这一时期的服装更加简洁流畅，自然清新，成为法国女装革命的前奏。

第三节　英国服装变革

维多利亚时代（Victorian era）被认为是英国工业革命和大英帝国的峰端。英国维多利亚女王执政时期的安定与和平为这种繁琐、华丽的服饰提供了一个可生存的环境。而一国之君的气质也直接影响着国民的思想。这样一个恪守本分、贤良安稳的女王，如同当时的风气——保守、遵从秩序，以及表面上对于妇女道德的禁锢。这使得服装本身变得严密繁复，层叠厚重，把女人包裹得不透风。具有讽刺意味的是，当时的时尚样式尽管遮盖了女性的大部分身体，却增大了胸部、腰部和臀部的沙漏状比例，将完美女性的身形表现得更加理想化。

19 世纪末，英国服饰开始使用特殊面料，设计也比较新潮、大胆，从中可以窥见现代服饰的剪影。“现代化”一词抓住了戏剧性转变过程中的社会的理念，所以它同样适用于我们理解这一时期时尚变化的加速节奏。正如布鲁瓦德所指出的：“如果我们可以把关于维多利亚时代的衣着的谈论放在许多论题中的一个主要论题之下的话，那就是‘现代化’的问题及其观念了。”大体来说，维多利亚时代就是一个以繁琐体现优雅高贵的时代。

一、以重装代轻装

以重装代替轻装，是 19 世纪英国服装变革的一种轨迹。最早在英国形成的用白色细棉布制作，出现了能透过衣料看到整个腿部的薄衣型轻装样式（图 15-22）。到了 20 年代，女性的时尚抛弃了受古典主义风格影响的帝政样式，转向了上个年代的紧身外套和宽下摆女裙。后随着万国工业博览会的举行以及维多利亚女王的登位带来的保守的包裹式女装的出现，英国服装兴起了服装现代意义上的“重装”代替“轻装”的革命。

图 15-22　20 年代轻装样式

进入 19 世纪 30 年代，英国维多利亚时期女性的着装在重量上大大增加，从古典主义时期的窄衣体系发展

为宽衣，较为夸张和外放，从剪影看，有半圆形、膨鼓形、直角三角形、S形等廓型（图15-23）。从着装形态上来看，女装从轻装变为重装。薄、透、露的古典女装自此时发生了根本性的变化，以厚、密、遮的方式表现华美感。或者也可以说是缩小型与膨大型，重和轻是从重量上划分的，而膨大和缩小是从体积上划分的。

图15-23　维多利亚时期重装样式

（一）“厚”的华美

厚，就是与服装面料有关的一个话题，这里，厚不仅指厚型面料，还指重装时期的一个形态特征。通过层层叠叠的技法，裙摆量增加、波浪增多、增加别色布、加重裙子的重量和膨鼓感。回顾维多利亚时期，妇女利用荷叶边、多层次的蛋糕裙及蕾丝等把自己过度装饰，认为精美的包裹要比裸露更加显得神秘、性感、有魅力。最著名的是维多利亚风格的蛋糕裙上出现的温婉高贵的荷叶边装饰了。缝纫机的出现使机器缝制的百褶荷叶边装饰在裙子前片，产生多层的服装印象，从远处望去，规则的带褶的花边和鲜艳的面料彼此融合使连接部位隐约可见。强调多层裙子的不同质感和色彩对比，衣裙的后背也成为装饰重点。富有英国皇家贵族高雅气质的荷叶边，轻柔飞扬地蔓延开，成为英国女性服装厚重装饰必不可少的元素之一（图15-24）。

图15-24　维多利亚时期用荷叶边、蕾丝、蝴蝶结等装饰女裙

（二）“密”的华美

密，使厚重的衣服充满了生气和活力。褶皱是服装构成中的一种元素，是一种生动的面料变化（图15-25）。在胸前和腰部强调曲线的抓褶、抽褶裁剪，同时具有明显的束腰特征，既有修长感又不失丰满，能让穿着比例更加完美。用褶皱蓬松的花边创造华丽感，用垂直或平行的抓褶纹理线条塑造含蓄美，因此当时无论是衬衫还是裙摆都有折皱出现，袖口反褶的运用也较多。

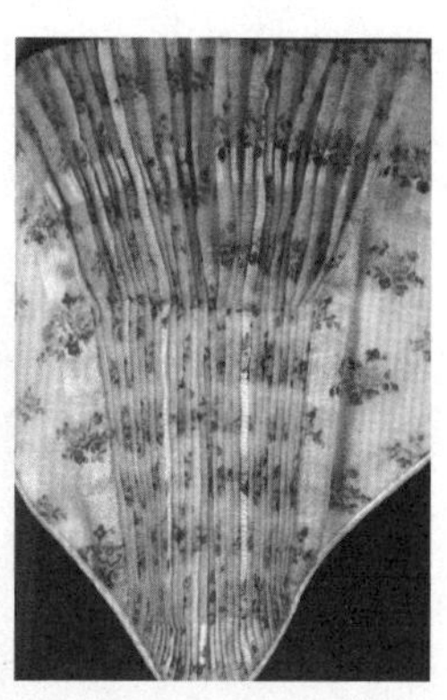

图 15-25　不同褶皱表现技法产生的重装效果(左图:1883 年印花折皱散步装;中图:1873 年前围裙和袖口出现褶皱的日装;右图:1855 年紧身胸衣局部效果)

(三)"遮"的华美

遮,是对露的否定,面料多、面积大的服装恰好烘托了肌肤的遮盖,因而遮也属于重装的范围。在保守的维多利亚时代,为了纯洁风气的需要,女人必须把自己裹得严严实实。美国学者亨特对此这样描述道:"19 世纪 20 年代,英国妇女开始穿那些有花边饰带,胸衣紧绷,袖子挺直,把人箍得难以动弹的衣服。……她们走路时总是小心翼翼地迈着碎步,在轻轻的窸窣声中向前滑行。"70 年代,女子除了在夜宴、舞会等场合穿敞口低围领的衣服外,其他服装领饰多以立领和高领为主,充分表现庄重感(图 15-26)。

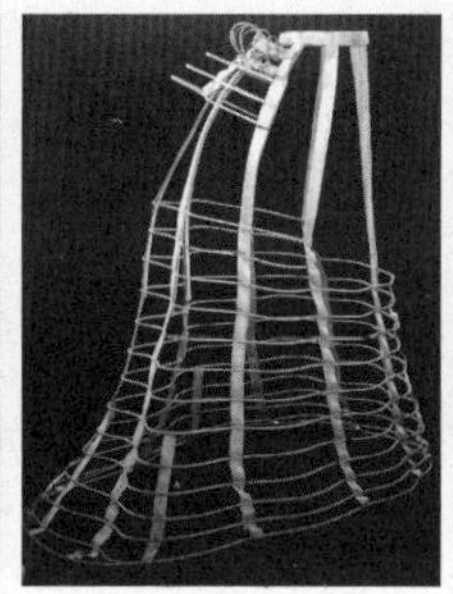

图 15-26　体现女装遮盖的裙撑和立领

重装的另一明显特征就是袖子开始变得肥大,最为流行的是羊腿袖。这种极具欧洲古典美的袖型走红整个 19 世纪,无论是丝绸上衣或者天鹅绒礼服都会运用到这款袖型,在强调蓬松有型上身的同时,相对缩短上衣的长度是其要诀。除了羊腿袖外,具有公主气息的泡泡袖和灯笼袖也十分盛行,蓬松的灯笼袖更加能凸显小臂和手腕的纤细,流行的搭配方式是外穿七分袖外套,将灯笼袖露出一截,也十分漂亮(图 15-27)。

图 15-27　19 世纪英国女装中羊腿袖的变迁

二、由古典向现代过渡

在服饰发展的过程中，人们注意到男女服装有时大不相同，如维多利亚时期的弗洛克·科特（Frock Coat）与新洛可可样式；有时却出现互相交流和融合的现象，如 1880 年模仿男性服装的泰拉多套装（Tailored Suit）。有学者表明十九世纪之前的“男性和女性的着装非常相似”，他们都穿着显示其高贵身份的华丽衣裳，“这些衣服色彩华丽，织工精美，他们都使用化妆品、假发和香水 ……时髦的衣服变得如此惊人与荒谬，以至于人们从远处根本无法分辨对方是男是女”。

到了 19 世纪，男女装的性别差异得到最大化体现。以工业革命时期变革明显的男装为例："那时男性服装的装饰骤然减少，服装心理学家弗留格尔将此称之为‘男性的大否定’。”工业革命时期，男性外出工作，女性守望家庭，一个在公开的场合，一个在私密的环境，男性着装必然与社会关系密切。男装抛弃一切奢侈华丽，以无装饰的样式快速走向现代化，女性衣着则不受外界影响，继续以缓慢的变化和稳定的装饰形态表明她们的从属角色。19 世纪往往最受尊敬的贵族女性在服饰上的性别差表现得最为明显，装饰最繁复华丽。

（一）“时髦的布鲁梅尔”

自工业革命以来，英国的绅士衣装日趋单调，18 世纪末到 19 世纪，英国忽然掀起了一股“时髦风”（Dandyism），其始作俑者就是闻名伦敦社交界的布鲁梅尔。英国的纨绔子弟乔治·布莱恩·布鲁梅尔（Beau Brummel）因其非凡的服装审美能力受到后世的赞誉，被誉为“时髦的布鲁梅尔”，绰号“花花公子”（图 15-28）。其典型的装束一般包括有两个镶袋的背心，紧身外套和鹿皮短马裤；在高髻的假发上戴一顶很小的三角帽，敬礼或戴帽时需用一根带锦穗的琥珀手杖或钻石柄的剑把帽子举起；下巴处系蝴蝶花结；使用白色手帕，用化妆品；装饰两个或更多金表，穿镶着钻石扣的鞋子。这种打扮，就是所谓的“时髦儿”或是“潇洒男”(Dandy)。“花花公子”年代也是 19 世纪初欧洲服装史的另一道亮丽的风景线，这股潮流，更影响到英国对岸的法国和其他欧洲国家。

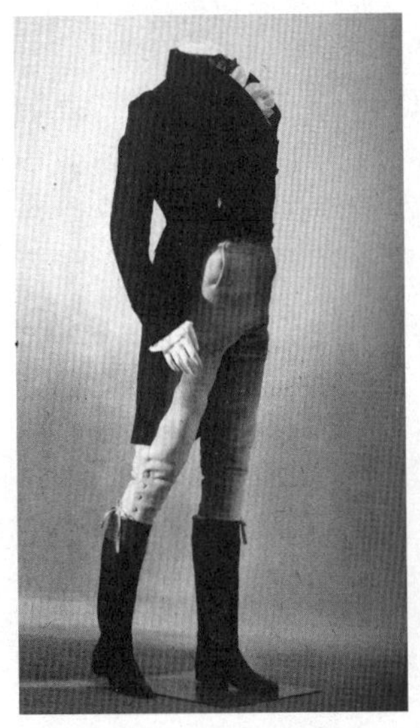

图 15-28 时髦的布鲁梅尔打扮

图 15-29 切特菲尔德大衣

在布鲁梅尔的倡导下，西方男装发展产生了多元化的发展：从维多利亚时代的正式礼服到重的长礼服(Frock Coat)，从 19 世纪中改良版、较为轻便的晨礼服(Morning Coat)，到 1860 年诞生的 Lounge Suit，延伸至当时的新大陆、美国文化所称之的燕尾服(Tuxedo)，男士正装的游戏规则产生了快速的演化。

(二) 切斯特菲尔德外套大衣

英国贵族一年中有很大一部分时间居住在他们的乡村庄园。狩猎等户外活动都需要实用的服装：纯羊毛大衣、羊毛背心，并穿靴子、羊毛或皮革马裤。到了 18 世纪末，这种典型的英国风格也成为巴黎的时尚。在 19 世纪 30 年代，剪裁贴身的长礼服是英国绅士们的标准行头，无论在室内或者室外都要穿在身上，虽是大衣的形状，却并非外套。切斯特菲尔德大衣(Chesterfield overcoat)是最早出现于 19 世纪中期的典型男装，因它的设计创造者第六代切斯特菲尔德伯爵(George Stanhope)而得名。第六代切斯特菲尔德伯爵是英国纨绔子弟社交圈中的重要一员，他和拜伦勋爵等人一起主导了当时英国男装潮流的转换，从摄政时期的精致华丽过渡到了维多利亚时期更少装饰的雅致风格(图 15-29)。

切斯特菲尔德伯爵大概是第一位设计出外套大衣的人，他设计的切斯特菲尔德大衣是用来穿在另一件服装之外的，外出时穿着它保暖，进入室内就要脱下，露出穿在里面的礼服。他的突破性设计为他赢得了“外套大衣之父”的美名，而切斯特菲尔德大衣也在之后很长的一段时间里成了所有外套大衣的代名词，甚至到了 20 世纪，在德国，任何单排扣外套大衣都被称为切斯特菲尔德大衣。今天，传统的切斯特菲尔德大衣仍颇为常见。不过，它的经典设计在很多设计师

手中得到了发展变化，定义开始逐渐变得宽泛。

（三）女装向男装靠拢

19 世纪，英国率先颁布了已婚女子财产法律，女性争得继承财产的经济权利，自我意识开始形成。对这些意识强烈的独立女性而言，模仿男性特征无疑是女性所能设想的最理想的着装形象，这也是女性对角色的反叛表现。伴随着女权运动而出现的时髦女装常常标志着对性别差的反抗。

19 世纪中期以后，上层阶级的女装开始减少了女性特征，逐步向男装靠拢，如参加户外自行车、网球、射击等各种运动时的服装，都吸收了男装实用性和功能性的特点，但紧身胸衣等女装特色仍旧保留着。1850 年，英国的史密斯子爵夫人以裤代裙，并宣称裤子舒服且端庄。到了 19 世纪下半叶，缝制男装的标准和要求开始应用于女装，职业女性也倾向于选择这种不强调性别特征的服装。直到 1880 年，在英国由男服裁缝店模仿男服制作的男式女服泰拉多套装登场，到 90 年代这种样式更加流行，由英国传播到了欧洲其他国家。

90 年代以前，服装以古典模式生存并发展着，表现的特征是露颈、露肩、半胸、束腰、拖地，双腿的封闭已成为一种历史现象。从 1890 年起，英国女装进入了从古典样式向现代样式过渡的重要转变期，整体外型呈现纤细流畅的 S 形，胸被高高托起，腹部压平，腰勒细，背部紧贴，表现出丰满的臀部。其简洁朴素、舒适方便的女装样式在这一时期成为主流，也标志着女装现代化由此开始。

思考与练习

一、说说克里诺林裙撑的典型特点。

二、简述帝政样式女装形象。

三、沃斯对服饰发展的价值与意义。

20世纪服饰 第十六章

任何时代的服装变化都不是孤立进行的，而是物质文明和精神文明双重作用的产物，体现了社会的政治、经济、文化、意识形态等诸多方面。西方社会进入20世纪，由于科技和工业的发展以及政治经济的影响，两次世界大战所带来的巨大灾难，加之战后人们希望重建家园、经济迅速复苏的热情和梦想，各种艺术风格也变得繁荣而复杂，所以20世纪各个年代的服饰都被烙上历史的印记。

20世纪初是西方社会森严等级逐渐走向末路的时期。在第一次世界大战涌动的浪尖上，服装的阶级差和性别差之偏见更是彻底地被消除了。过去标志身份及男女有别的服装审美观已经过时，现在的服装形式完全背离了传统法则。20世纪，艺术以前所未有的速度和广阔幅度发展变幻着，服装的创造也随着这一潮流争奇斗妍，展现出精彩纷呈的风姿和魅力，并且开始了由设计师主宰流行的时代。回顾20世纪以来的服装风貌，流行的定义被一次又一次地改写，但植根于人心的流行却得到经久不衰的推崇，成为经典。20世纪服饰由古典迈向了现代，从传统趋向功能性，风格化的时尚时代到来了。

第一节 男士基本款式形成

男装在几个世纪的不同年代因受社会变革中政治、经济、战乱、和平、文艺思潮、科学技术等诸多因素的影响，以敏感而微妙的形式悄然地变换着其的外在风貌。自19世纪以来，男装的变化幅度就较小，相对女装款式的变化而言比较稳定。到了20世纪男装仍以这种稳定的态势发展并完善着。

在20世纪的服饰舞台上，男装的发展经历了几个重要事件："孔雀革命"影响了男装色彩的发展；"年轻风暴"影响了男装穿着样式的发展；"休闲风"影响了男装服饰理念的发展。而西装、军装、运动装、牛仔裤等典型款式的形成则更是为现代男装奠定了基础。

一、三件套西服和休闲西服

在男装中曾经创作出现过许多经典款式，最耳熟能详的还是经典的男士三件套。套装的概念原指男士穿同一面料构成的套装，由上衣、背心、裤子组成，又称三件套(suit)。在20世纪，又因为这种套装多为活跃于政治、经济领域的"白领阶层"穿用，故也称作"工作套装"或"实业家套装"(Bussiness Suit)，直到20世纪20年代至30年代形成现代套装的原型。这种起源于欧洲上层社会的男士"三件式西服"(Three-piece Suit)，最初只是一件带有繁琐装饰的长上衣，后来随着时代的发展和人们生活习惯的改变，套装款式逐渐固定化、标准化，并在世界范围里流行，被公认为男士必备款式之一。套装的基本款式主要是三件套和两件套；两粒扣和三粒扣是其结构上的基本表现，在造型上延续了男士礼服的基本形式，它的变化在于着衣者根据礼仪、规格、习惯、流行、爱好进行组合和结构形式上的变通。在整个20世纪，套装在正式或非正式的场合几乎都能使用，因此从欧洲影响到国际社会(图16-1)。

图16-1 男装西服广告插图

(一) 三件套基本结构

三件套的基本结构形式是：上衣为两粒扣，八字领，圆摆，左胸有手巾袋，下边两侧设有夹袋盖的双开线衣袋，袖衩有三粒装饰扣，后身设开衩；背心的前襟有五粒或六粒扣，四个口袋对称设计；裤子是单脚或翻脚裤，侧斜插袋，后身臀部左右各有一袋，单开线或双开线，因右袋使用频繁，所以只在左边袋上设一粒扣。

从19世纪末到第一次世界大战前约20多年的时间里，男装基本是西装、背心和西裤的"三件套"的延续。其后的年代，西服无非在面料、版型、剪裁及搭配方法上进行演化，窄、宽版外套，粗、细翻领，高、低腰线的变化则随着时代潮流而有起落。

现代人所认识的西服原型——"拉翁基·夹克" Lounge Suit（现亦称 Business Suit）一开始只是被视为一种非正式的休闲服装，仅为上流绅士在乡村、海边度假等场合穿着，直到1930年后才被视为正式的商务场合着装，形成现代套装的原型。进入 20 世纪以后，尽管不同的历史发展时期在细节设计和裁剪方法上都发生了变化，但从整体形态上看，仍然保持着拉翁基·夹克的基本特征。

20 世纪初，对男士穿着款式影响最大的莫过于威尔士王子，1901 年他登基为爱德华七世（Edward Ⅶ）。他从年轻时代起的每个造型，每次服装的改变都无时不刻影响着整个皇家的时尚。爱德华七世非常注重细节的搭配，其经典装束为：缎面的礼帽、三件套西服套装、裤线笔挺的长裤、长度在膝部以下的呢子大衣和手工制作的皮鞋（图 16-2）。

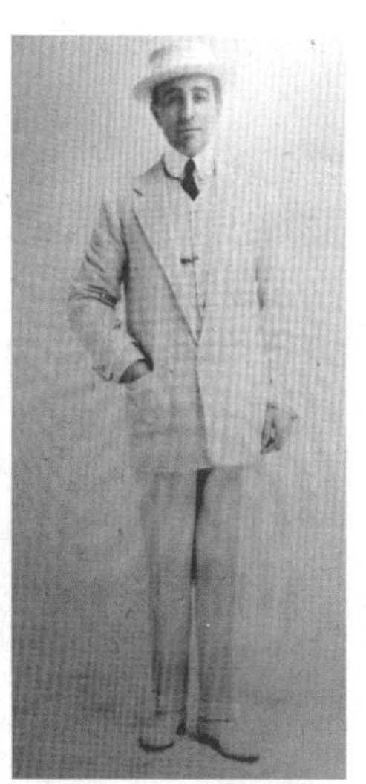

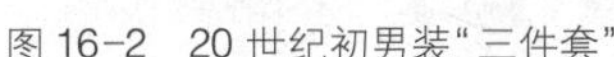

图 16-2　20 世纪初男装"三件套"

（二）"夸肩式"西服

二次世界大战之前的西服注重合身以及繁复的剪裁，战后面料限制供给，一种全新的着装方式出现，西服开始流行宽松的款式，男装变得日趋轻便化。30 年代，英国出现了一种宽松式的、有悬垂感的西服，这种西服使用垫肩来强化宽肩造型，领子和驳头显得很长，衣身宽松，衣长至臀底，突出衣料的悬垂感（图 16-3）。这种西服流行于整个 20 世纪 30 年代，为后来第二次世界大战期间"夸肩式"西服（Bold Look），进一步使用厚而宽的垫肩来夸张强调肩部的流行奠定

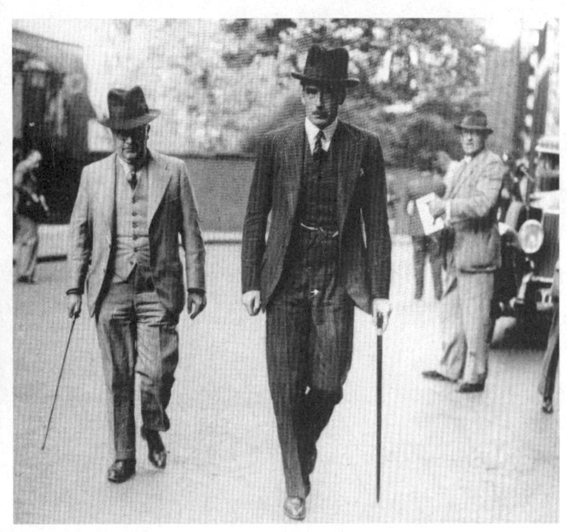

图 16-3　20 世纪 30 年代男装衣冠楚楚的绅士形象（左图：宽松式有悬垂感的西装；右图：时尚潮流的领导者安东尼·艾登）

了基础。这一时期的西装，特别是英国式的正统的西装，都是在专门制作男装的西服店定做的，被称为高级定制服装，并且在穿着时特别讲究要遵循传统男士着装的规则和程式。随后二次世界大战对男士款式的影响则清晰可见，男装极力追求一种宽阔、强壮有力的造型风格是历史的必然趋势。

50 年代，三件套西服从二战时宽肩的强壮造型逐步过渡到比较舒适合身的自然型样式(American Natural Look)。受休闲风潮的影响，一种曾在美国东部大学中盛行的“东部大学式”(LVY League model)的西服套装在 1953 年之后又多次流行。60 年代，伦敦开始出现对穿着和音乐十分追求的“Mod Culture”，十分讲究服装的时尚成分，尤其对于做工及剪裁的讲究，进一步带动了窄版西服的流行。外套的前襟翻领开始变窄，剪裁方面也不显露腰线，长裤也尽量收窄显示腿的修长，而领带更是以细长的款式为主，最有代表的穿着样式例如披头士乐队(The Beatles Suit)(图 16-4)。

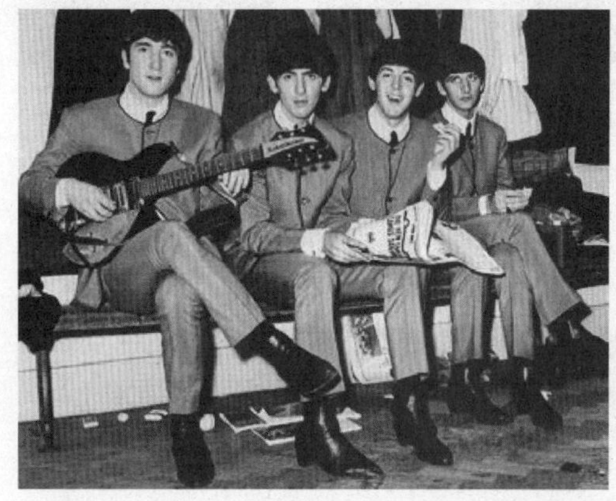

图 16-4　20 世纪 60 年代披头士乐队穿着窄版西服

进入 20 世纪 70 年代世界经济复苏，又出现了一些新的变化，出现了与传统相对的休闲西服(Leisure Suit)又名休闲西装。各种格子面料、粗纺花呢、灯芯绒以及棉麻织物大派用场，明贴袋、缉明线等各种非正统西装的工艺手段十分流行。尤其是 1980 年后在宽松舒适的风格中不断融入传统美的设计元素，英国使用传统的粗纺花呢制作的田园装(Country wear)成为这一时期的时髦服饰。80 年代是“雅皮士风貌”(Yuppie Look)盛行的年代。特别值得一提的是意大利设计大师乔治·阿玛尼，他重构了传统的构筑式箱型西服，去掉了上衣的衬里，移动了纽扣的位置，改变了袖窿的曲线，把意大利式的浪漫时髦与大不列颠式的绅士传统巧妙地结合起来，并且使用了更为轻柔的意大利面料以及全新的悬垂手法，创造了极为简洁且凸显优雅的西服样式。这种休闲西服省略了许多繁复的内部构造，穿着起来更加舒适，更易于成衣化生产，因此受到人们欢迎(图 16-5)。

图16-5 20世纪80年代男装倾向于追求一种轻松、愉快的休闲气氛

二、军装、风衣和夹克

20世纪，战争频频爆发，人们崇尚威武的军人风度，类似军服的款式逐渐变成时下的流行。

（一）军装

军装是军队专用的制服。常规军装款式似西装，前胸配四个贴袋，外加精神穗带、肩章、肩襻、臂章、勋章、穗带流苏等装饰，整体视觉上这些装饰起着重要的作用。传统军装采用双排扣的叠门襟居多，结合纽扣的排列，给人以威严感。领型以翻领、驳领和立领为主，线条呈直线和折线，造型硬朗，给人以力量的感觉。多口袋和袋盖是军装的重要特征之一，前身、袖身、裤管和臀部是主要部位。在军装风格设计中，不同部位和造型的口袋设计加强了服装的功能特性和风格表现。

图16-6 1914年穿着马裤和绑腿的陆军新兵

第一次世界大战中，军装款式趋于简洁实用，穿着合体和轻便，以卡其布上装、马裤和绑腿组成（图16-6）。此外，也保留了一些用于仪式的细节，如奥地利轻骑兵穿的镶嵌着精美花边的蓝色匈奴王军用上衣与猩红色的马裤，腰间挂着专门用于检阅仪式的短剑，外加戴上一顶精致的有檐平顶式头盔。这种头盔顶部不仅带有鸟冠，而且还装饰着非常漂亮的羽毛。

（二）风衣

与军装同类型的，还有战争时期的风衣，俗称军大衣（图 16–7）。风衣外套最初是士兵用的战壕服，因此，它在所用的局部设计和使用的材料上都具有防雨、防风、防寒的功效。风衣基本元素为超大翻领、肩襻、整齐排列的纽扣、过膝下摆、腰带收紧腰部。可以说，风衣是男装款式中具有仿生功能的范例。1901 年，Burberry 设计出第一款风衣，一次大战爆发，Burberry 风衣被指定为英国军队的高级军服，而为配合军事用途，在设计上也修改为双排扣、肩盖、背部有保暖的厚片，领子能开能关，下摆较大，便于活动，腰际附上 D 型金属腰带环，以便收放弹药、军刀的“Trench Coat”！直到今日，翻开英国牛津辞典，如果想查“风衣”这个单字，你会发现“Burberry”已成为风衣的另一代名词，意义非凡！而原本用于风衣内里的格纹，于 1924 年首度现身，优雅时髦的格调，时至今日还被广泛运用（图 16–8）。

图 16–7　1915 年 12 月士兵穿着军大衣过圣诞节

图 16–8　1918 年 Burberry 风衣广告：“一套 2 至 4 天完成”

风衣成为人们追逐的时尚，经久不衰，一直延续到今天。多少年过去了，尽管现在的风衣款式繁多，变化万千，但万变不离其宗，其设计基础仍是堑壕大衣的款式。好莱坞银幕硬汉亨弗利 · 鲍嘉在《北非谍影》中就穿着一件有腰带和肩带的双排扣防水外套，非常现代，即使在今天也不过时（图 16-9）。

图 16-9　1942 年《北非谍影》男主角穿双排扣风衣

第二次世界大战时期，奠定了现代军装的基础，承袭了军装基本款式，成为西式上装、裤子和腰带。去除了不必要的装饰细节，各个部位细节设计均考虑了实战的要求。自 1940 年开始，男装流行“粗犷风貌”（Bold Look），二战结束后，很多军装都被大量退伍士兵发展成为了民服。当时最受关注的空军飞行员，他们所穿的拉链作闭合门襟的飞行夹克（Bomber）配筒靴，形象具有英武俊朗的特点，迷倒不少年轻人（图 16-10）。

（三）夹克衫

夹克衫原指前开襟上衣的一种。英文中的“Jacket”一词具有相当的宽泛性。我们常说的西装也称为 Jacket。夹克经典的基本廓形是宽肩的倒梯形款式，在功能上防风防雨，穿脱方便随意。衣长大致到臀部，设计概念随意、轻松，是深受各个年龄阶层男士喜爱的一种日常装。1947 年的美国人，就已经开始在短夹克中穿着衬衫兼打领带，如此穿着比将全副军装配饰披挂上身的效果显然要好得多。夹克衫造型在 20 世纪 60 年代以来日趋紧身，款式设计因其用途趋于功能化，一般分为运动夹克、便式夹克和休闲夹克。在 70 年代中后期，军装风格成为朋克服饰的一个重要组成部分，皮装、军靴、子弹皮带、臂章、卡其布夹克、染色或撕裂的军绿色多袋长裤是朋克的典型款式。其中最有代表性的就是马龙 · 白兰度主演的电影《The wild one》（译为《飞车党》），他身穿一身翻领、收腰的黑色的机车夹克，斜戴鸭舌帽，戴着同色的皮手套，下面是

图 16-10　1944 年飞行员穿着皮短夹克，内衬羊皮

深蓝色的牛仔裤，这种装扮成为摇滚派热衷模仿的对象。也正因为这部电影，皮衣开始在英国及美国的年轻人中间流行开来，几乎每个人的衣柜里都有一件皮衣。在当今的时尚T台上，设计师们赋予了皮衣丰富的款式与风格，它已经成为男装时尚的重要部分(图16-11)。

图16-11 马龙·白兰度主演的电影《The wild one》剧照

三、针织套头衫和T恤

运动服对20世纪男士服装有着重要的影响。从棒球帽到橄榄球衬衫，运动服几乎渗透到生活的所有领域。20世纪男装流行的各种式样，总是不断地从简陋的劳作服那里吸取养分，成功转化为标准的日常着装。针织套头衫和T恤(T-shirt)都符合了这种变化规律。

(一)针织套头衫

针织工艺最初可能来源于古代的渔网编结(也有来自游牧部落牧羊人的说法)。从16世纪开始，一直用来制作男子的下装(裤子和袜子)，直到第一次世界大战之前，仍以制作男子内衣为主。第一次世界大战时，西方国家对针织品的需求量增大，人们逐渐发现了针织衣料具有弹性好、弯曲性好等优点。20年代，针织品开始以外衣形式出现，马球运动员首次把套头式圆领针织衫外穿；接着，又出现了“V”字领针织套头衫。

随着Polo马球运动在英国的兴起，Polo衬衫也成为当时英国贵族们运动时的经典穿着。后来，由精纺羊毛编织的运动衫开始取代旧式的Polo衫，由于这种面料产自英伦海外的泽西岛上，因此最早叫“Jersey shirt”。新的衬衫颈部朝下，有着折领或翻领以及长袖，5粒扣子钉在衣领前部正中。这种新的衬衣长期盛行于以Richmond公园以及英国马球总会代表的马球领域。1926年，法国网球冠军勒内·拉科斯特(Rene Lacoste)为自己设计的运动衫成为Polo衫的经典，这种有着罗纹小领口和罗纹袖口的运动衫，衣身较长，为的是在激烈的比赛中不容易脱落在外，衬衫中的门襟纽扣结构则来自马球衫。第一款白色鳄鱼衫立刻在网球界引发了一场革命，这款穿着舒适，牢固耐磨的运动衫也成就了一个经典的品牌。

1926年，拉科斯特的艺术家朋友Robert George为他设计了鳄鱼徽章，拉科斯特在一件运动夹克上拥有了自己的标记。1929年拉科斯特决定将他的运动衫以这个著名的商标进行推广。1933年，拉科斯特与当时法国最大的针织企业总裁安德烈·吉利埃合作创建了公司。该公司主要生产拉科斯特原先为自己设计的、带有鳄鱼标志的针织衬衫，以及其他一些适合网球、高尔夫、帆船运动的衬衫。拉科斯特开创了将商标标志设于服装外部的先河。这种做法随后得到了各大品牌的仿效。1933年，鳄鱼衫在法国公开销售，立刻成为三十年代流行的男装。1952年鳄鱼衫销往美国，连艾森豪威尔总统也开始在他的高级高尔夫比赛运动中穿着鳄鱼衫。从70年代开始，鳄鱼衫更加普及流行，在男士、少年、儿童中“鳄鱼”是优良品质的标志，拥有鳄鱼衫是一种身份的表示，他们穿着的方式各异：下摆拽出来；罗纹领敞开立起；80年代，领子又翻下来，纽扣扣上；女性亦可穿男性同伴服装。鳄鱼衫是美国中产阶级衣橱里的主要款式，也是网球衫和马球衫的通用词，并逐渐成为20世纪男装流行的休闲装款式(图16-12)。

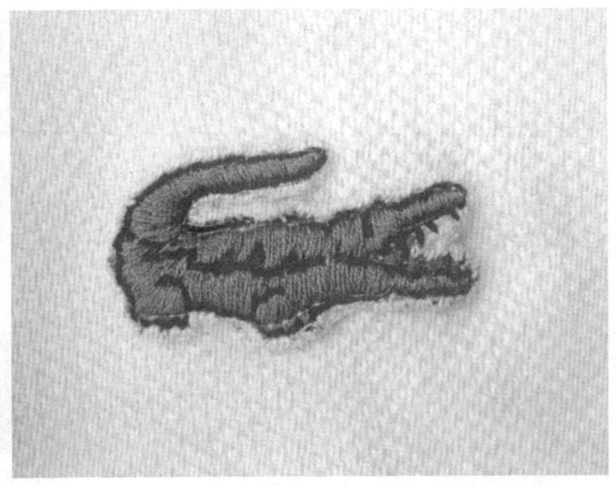

图 16-12 拉科斯特网球衫、罗文领口及袖口的针织衫及经典的鳄鱼标志

(二) T 恤衫

与针织套头衫同类型的,还有这个时期的 T 恤衫(T-shirt)。事实上,T 恤衫的历史还不到一百年,它诞生在第一次世界大战期间。一种说法是,当时去欧洲赛区打仗的美国大兵,经常出没在丛林中,夏天气候比较潮湿,那时候美国兵穿的都是毛料制成的衣服,尤其是外衣以里和内衣以外之间的这部分衣服,如果是毛料的,在夏天而且在潮湿闷热的地方,就显得不舒服了。所以,美国的一些制衣公司专门制作了一些纯棉的内衣,轻巧、透气,受到了美国大兵的欢迎。后来,这个款式的内衣就流行了。还有一种说法是 T 恤衫是在美国海军当中流行开的,且为一战期间。

1930 年,美国有很多服装公司开始大批量制造 T 恤衫,比如 Hanes、Sears & Roebuck、Loom 等。其实 T 恤衫的流行跟电影也有很大关系。或者说,T 恤衫终于可以穿在外面都是因为电影的错误导向造成的,美国的广电总局当时也忘了颁布禁令,所以一不留神让 T 恤衫这东西肆虐了。在 T 恤的普及史上,最大影响力的人物当属美国的电影明星马龙 · 白兰度,20 世纪 50 年代,他在电影《欲望号街车》中以合体的 T 恤、露出发达肌肉的形象成功塑造了猛男角色,T 恤一下子成了男士阳刚之美的款式象征,成为许多青年效仿的对象。

到了 60 年代,纯棉 T 恤衫成了人们最常见的一种外衣。这时候正赶上摇滚乐和嬉皮运动的兴起,于是一种扎染的 T 恤衫成了当时最流行的服饰。当时流行迷幻摇滚,人们对混杂的色彩非常敏感,扎染恰恰能渲染出这种效果,粉色、蓝色、黄色、绿色混杂在一起,看上去晕染的很美。所以,如果你拥有一件那个时期的 T 恤衫,肯定是这种风格的。而且,在这个时期,T 恤衫又多了一个属性,就是胸前可以印上很多口号,表达人们的一种姿态。人们发现了它的广告效果,纷纷在胸前印上一些宣传口号、图形(图 16-13),很多厂商开始大量生产 T 恤衫。其中受益最多的是摇滚乐队,他们把自己的名字、形象印在 T 恤衫上,在巡回演出的时候兜售,这笔收入相当可观。所以,60 年代 T 恤衫上的文字和图形,大都跟音乐有关系。

(三) 裤装

裤子在男装中的变化很小,这和男装程式化的要求有很大关系。虽然 20 世纪男装大有便

图 16-13　印有口号、图形的 T 恤(左图:波普版的梦露图案 T 恤;右图:披头士四人照片图案 T 恤)

装化的趋势,但西装裤的基本形式仍旧变化不大。

从20年代起直到30年代,男子的裤子都比较肥大。1914年至1918年爆发了欧洲第一次世界大战,为了便于行军作战,马裤及绑腿被广泛使用。战争结束后的20年代,时髦男士热衷穿着造型宽松松垮的牛津裤(Oxford bags),许多男士还喜欢在穿上这种裤子后再套上一双羊毛袜,一眼看去酷似绑腿的效果,这不能不说是战争造就了的时尚。同时出现的一种灯笼裤(Plus fours)款式,带点软绵绵阔腿度假裤的意味,也略有嬉皮的闲散,成为20世纪20年代的裤子一个时髦的替代。(图16-14)

图 16-14　早期的男士裤装(左图:1925 年牛津裤及白色袜的绑腿;右图 1926 年剑桥大学生的灯笼裤)

“二战”结束后的50年代,流行穿薄斜纹呢制作的窄脚裤并露出花哨漂亮的袜子。在这一时期,40年代“婴儿潮”中出生的孩子已经长大,出现了一批花钱如流水的青少年,开始由青年人主导时尚。年轻人流行穿宽松的套头毛衣、牛仔裤和百慕大短裤(Bermuda Shorts)。与此同时,摩托车成为欧美年轻人的交通工具,皮裤也随之风行一时。随后"天翻地覆"的六十年代,喇叭裤成为代表性的裤装,英文叫做"Flared Pant Suit"或"Flared Trouser Suit",裤脚开始加宽,后来渐渐演变成膝盖以上紧瘦、膝盖以下呈金字塔形的款式(图 16-15)。

图 16-15 喇叭始于大腿处,且喇叭幅度较小的"高喇叭裤"裤型

进入 70 年代是一个充满叛逆的时代:同性恋解放运动、环保运动风起云涌,种族和性别等亚文化引发了具有时代烙印的时尚革命。这是一个向街头服装学习的年代,贵族和上流社会对流行的主导地位彻底被颠覆了。卡尔文·克莱恩(Calvin Klien)设计的牛仔裤进入了它最辉煌的时代。在 1974 年至 1975 年间,男裤典型的特征是瘦腿裤。当时在音乐界把爵士乐、摇滚乐、美国黑人的灵魂音乐等融合在一起的新音乐"Crossover"风潮下出现一种新的黑色紧身裤的款式,上面缀满亮片、大头针、拉链等装饰物。90 年代裤型多为上宽下窄的锥形,面料多采用高支纱的薄型面料为主。

第二节 二战前的女装

19 世纪末 20 世纪初,当时的欧洲女装正处于从古典样式向现代样式过渡的历史性转变时期。在这样一个新旧交替的重要阶段,女装的变化可谓翻天覆地、风起云涌。这一时期艺术思潮不断涌现,科技不断进步,被视为古典样式支柱的裙撑和令无数女人呼吸、行动困难的紧身胸衣开始退出历史的时尚舞台。从整体来看,20 世纪的女装有一个总的发展趋势:从传统的重装向现代化的轻装、从装饰过剩向简洁朴素、从传统的女性味向现代的职业女性、从束缚肉体向解放肉体、从限制行动自由的正装向穿着舒适便于生活行动的休闲装方向变化。然而在这个大趋势下,战争催生了现代女装。二战前的女装出现了传统与现代的分水岭年代——20 年代,为女装基本完成现代化形态的变革做了铺垫。那时的女装追求简约和舒适,弧形线条被挺拔的直线所代替,整个时代出现了以直线构成为中心的各种女装外形。从此,20 世纪 20 年代也被视为现代女装的开端。

一、管状外貌正时髦

女装的"现代化"始于世纪之交至 1910 年的这十多年的 S 形时代。首先,让女人行动困难的巴斯尔臀垫被取掉了,突出女性特征的美丽 S 形伴随着 20 世纪初最后的"吉普森女孩"形象(1902—1908 年)而开始摆脱古典样式。

(一) 女装男性化

1914 年第一次世界大战使女装发生了翻天覆地的变化,女性开始追求独立。战乱中的女性

体验了男式女服和军装的舒适方便，促使女装向男性化方向发展。欧洲的窄衣系统自动发生了巨大变化，从束缚人体的窄衣发展为解放人体的窄衣，这是 20 世纪 20 年代西方现代女装的萌芽。

管状外貌决定了20 世纪20 年代女装设计的焦点。女性那高耸的第二特征——乳房被有意压平，过去一直强调的纤腰这时被有意放松和忽略，衣身的腰线位置破天荒地被下移到臀围线附近，甚至消失，丰满的臀部被束紧，变得细瘦小巧，头发也被剪短，裙子越来越短，小腿裸露，整个外形呈一个名副其实的长“管子状”（Tubularstyle）。

现代女装的改变与战后世界范围女权运动的推波助澜有着直接的关系，但是，在“曲”与“直”外形上，管状外形的女装一方面避免女性特征，另一方面又不断暴露身体部位（尤其是四肢），裙子的下摆第一次被提高到膝盖上，历史性地露出了小腿，以凸显性感特质。可见，管状外形服装体现的并不完全是男性化的款式模仿，而更多的是一种难以抵挡的青春气息。

男性化、平胸的女性形象在当时欧洲社会似乎已经达到了顶峰，几乎所有巴黎的女孩都认为消瘦、平胸就是时髦，那些不具备此类体型的女士们，不得不通过各种体育运动或节食来减肥。1924 年开始，夫拉帕（Flapper）潮流大行其道。“Flapper”这个词的原意是苍蝇拍，稍带嘲讽地形容女性扁平的体形和越来越纤细的穿着。虽然服装不强调胸部，但是自然的褶皱、长长的腰带、柔软的布料、袖口和裙底边的不规则边缘线，造就了混合型的外表，既梦幻又刚强。夫拉帕是年轻女性的代名词，更是一个文化符号，是20 年代的流行代表之一（图 16-16）。

图 16-16 夫拉帕样式

从 1920 年到 1930 年被称为“女男孩”时期。整个 20 世纪 20 年代的服装款式最基本特征就是腰部宽松的直线圆筒形，避免胸部鼓起，腰线向下强调低腰身，再加上短发配钟形女帽，整个造型给人一种假小子的印象。

（二）夏奈尔套装

二战前女装产生了另一种新型雅致的现代女装——夏奈尔套装。著名的夏奈尔套装的原型是对襟两件套或三件套。包括上衣、套头衫和下裙。它的基本特征是典型的H型，肩部自然，腰身放松，用本料做腰带，袖子窄小到衣长的四分之三（又称四分之三套装），裙两侧各一排竖褶，长至小腿，衣服边缘滚边处理，穿着时随意搭配帽子、围巾、手套和各种珠宝，设计风格充分体现直线形特质。第一次世界大战后女性借由穿着夏奈尔套装获得期待已久的解放与自由。除了工作外，她们还热衷运动和跳舞，因此服装的功能化上升为设计的首要因素。在1926年，夏奈尔又一经典作品诞生，为新一代女性设计出正式晚装——小黑裙（The Little Black Dress）。这款小礼服彻底改变了以往的礼服造型，通身简单，轮廓极有“管状外貌”女装的影子，使女性更显清瘦纤细，把几百年来的礼服长度大大缩短，几乎与日装无异（图16-17）。

图16-17　1926年夏奈尔小黑裙晚装及VOGUE杂志刊登的插画

20世纪40年代前的女装，以宽松的服装代替了那些紧绷在身上的盔甲，开始使用透明及悬垂感的面料，并巧妙地将玻璃珠片运用到服装上，这种宽松简洁、大胆裸露的H廓形的服装风格主导了整个20年代，是西方服装发展史中一个非常特殊的阶段。“苗条的直管”以丰富多变的直线形式确立了二战前女装流行的主题。

二、运动休闲风潮蔓延

20世纪20年代，这个一战后女性解放思潮萌生、时尚于街头随手可捻的爵士年代，全世界都掀起了一股比较随意和舒服的穿衣热潮——运动装。越来越多的女性参加体育活动，开始打网球、骑自行车、骑马等，传统的女装已经成为阻碍。当时欧洲的裁缝们就对服装进行了改造，使服装更具运动的实用性和时装的装饰性，这可以看作是服装与运动装之间风格转换的雏形（图16-18）。

（一）妇女对Jumper的兴趣

当时，妇女对Jumper——一种下摆和袖口收紧的宽松短上衣很感兴趣，开始将其作为运动

图 16-18　现代运动休闲装的形成

服穿用。Jumper 属 Jacket，是前开式上衣的统称这个大家族中的一个品种。1923 年至 1925 年，曾短暂地流行过臀部放宽的酒桶形（Barrel Shape）女装。运动式夹克宽松舒适、衣长较短、常为单排扣或双排扣，领子、袖口和下摆装有收紧的克夫。这种款式逐渐成为女性日常生活中必不可少的外套，吸引了许多年轻女孩。同时期出现的女衬衫“布劳斯”（Blouse）作为夹克的内搭，多为翻领，领口较大、较低，常采用“V”字领设计，下摆很宽松，既时髦又随意，是第一次世界大战后女装的流行式样之一。

1920 年，由欧洲士兵传播开的棉质内衣 T 恤开始被人们试着在运动时外穿。T 恤由棉质或丝质面料制成，保持轻盈宽松的外形，以直线形为主，采用贯头穿的方式，让人活动更加自如，简化了穿脱步骤，是二战前西方女装的一大进步。

针织衣物所具有的更大延伸性这一运动特性被发现后，人们开始以外衣形式出现，并迅速流行开来，用于运动休闲服装的制作中。1926 年，翻领的针织套头衫首次出现在网球赛场上。这种由法国网球冠军勒内・拉科斯特（Rene Lacoste）构思的“网眼针织套头衫”的特征是翻领、短袖、头颈部位开口，以吸汗、透气及强韧的伸缩性为优势，取代了之前网球运动员的长袖衬衫并打领带的拘束外形。1933 年，引领运动时尚潮流的“Lacoste”（鳄鱼）品牌诞生了，引领套头衫成为标志。随后出现的“Polo Ralph Lauren”品牌以 Polo 衫命名，普及于马球、高尔夫球、帆船等运动领域，成为流行的运动休闲装的经典款式。

（二）男式女套装系列

第一次世界大战（1914—1918）爆发后，服装的功能化上升为设计的首要因素。夏奈尔觉察到人们生活方式和生活态度的新变化，把当时男人用做内衣的毛针织物用在女装上，设计出针织面料的男式女套装、长及腿肚的裤装和平绒茄克等一系列时装。宽松的毛织工作服与带褶裥的针织裙子的随意组合，其单纯、朴素的运动风格所显示出来的正是夏奈尔超越时代发展的精神气质的一面（图 16-19）。

图 16-19 针织衫的流行

1935年,夏奈尔创作了三件套直线形运动风格套装,剪裁贴身、方便运动,完全摒弃了女装华而不实的风格。在二次大战前后,因物资匮乏,时装变得更紧凑——翻领夹克、过膝铅笔裙、羽饰帽子,是当时欧洲女士们在艰难时势中保持优雅的方案。

图 16-20 30年代的沙滩裤

女式裤装的出现是第一次世界大战前后,妇女参加社会生活的潮流促成的。裤装曾是男性的专利,女性禁止穿裤装,所以在1910年之前,打网球的女性们都是穿着裙装的。长及腿肚子的女裤装首先是由夏奈尔引入的。二战前出现过两种运动女裤:一种是骑马穿的马裤,另一种是打高尔夫、滑雪穿的宽腿裤。马裤是直接模仿男裤的,其裤型大腿处宽大,方便弯曲,裤子的小腿部分塞在马靴里。而宽腿裤大腿和膝盖处与其一样很宽大,主要是小腿部分扎在袜子里,这种穿法是打高尔夫球或滑雪时的标准着装样式。后来,夏奈尔设计了宽松的沙滩裤(Beach Pajamas,图16-20)。裤装因为方便、安全而逐渐被更多的女性接受,同时也开辟了运动休闲装的一个崭新的设计领域。

(三)尼龙——杜邦的专利

30年代后期,美国杜邦公司注册了第一个尼龙专利,尼龙纤维质轻、强度高、柔软,织物不需熨烫,挂起来可以很快晾干,成为制作乳罩当之无愧的理想材料。尼龙被迅速运用于各

种服装中，尤以运动服装为最。1939 年，巴黎诞生了一种全新的内衣——新沙漏式内衣，给已经废弃的紧身束身衣复兴的机会。但紧身衣不再是用来束缚胸部，而是用来束缚腰部——用新型的橡胶松紧带收起腰部，突出胸部，并有力地托起臀部，好像只有把女性塞进这样的沙漏中才能拥有最理性的 S 形身材。但是世界形势的发展压制了时装的发展，就在这一年，随着第二次世界大战的爆发，世界又陷入了危机之中。大约在十年之后，这样的服装才再次浮出水面。在这之后依托黑人音乐潮流的发展，运动装则以更为理所应当的姿态出现在时尚领域当中。美国大众文化将运动服装进一步普及成休闲服装，促进了运动风潮的国际性蔓延。

可以看出，体育运动的风靡令运动装成为了时尚和美的表征。时髦女郎在身着简洁、实用的运动装时，大方、自信地展示于公众视野，透露着无限青春烂漫的气息。富含功能性的运动服饰开始流行，而且向轻装化进发。

三、简朴与奢华并行

发源于法国巴黎的装饰艺术从 20 年代这个被称谓“疯狂的年代”起将高级时装与艺术完美融合，并开始流行于西方世界。当时许多艺术家把服装当成了一种艺术表现形式，丰富了高级时装业，给巴黎的高级时装平添了一种艺术格调。一个非常显著的标志就是 1925 年在巴黎举行的世界艺术装饰和工业博览会，它意味着巴黎的高级时装呈现出新的特点，迎来了高级时装的第一次鼎盛期。1925 年，定制时装业占全法国出口总量的 15%，总计为 29592 吨服装及 2401 亿法郎的营业额，服装业的出口额占法国所有出口产品的第二位。

（一）朴素晚装小黑裙

高级时装作为最昂贵、最豪华的服装产生于 19 世纪中期，它标志着宫廷贵妇地位和富有的身份。二战前在女装“管状外形”潮流下，高级女装不断地简化结构、增强功能性、使用深色、寻求舒适、富有现代感的线条外形、注入青春精神、活泼气息和使用考究的剪裁比例，用朴素取代了华丽。20 年代流行的雪纺薄绸、塔夫绸、平纹细布、网状花边、薄纱等材料，都因轻薄或柔软而达到使服装更加宽松、自由的要求。为了适应突如其来的紧凑、灵活的装束，战前服装面料上繁复华贵的装饰瞬间消失，薄型轻装本身不再强化装饰，而是利用外搭的配饰，如项链、饰带等，来弥补女人的时髦心理(图 16-21)。

图 16-21　20 年代的法国高级时装

20 世纪 20 年代末，发生了一次经济危机，人们没有足够的钱去买衣服，这一时期的服装面料普遍较差。颇具争议的是，夏奈尔使用粗花呢作为上装的面料。粗花呢在当时仍被人视为劳动阶层使用的廉价面料，过于男性化，或许是为了调和，她又采用丝绸甚至毛皮做衬里。即使是夏奈尔在 1931 年推出的第一款成本较低的棉质晚礼服，顾客也寥寥无几。最具影响力的是夏奈尔高级时装——小黑裙，把几百年来的礼服长度大大缩短，完全消除了以往强调的贵族气势，让晚装也同样朴素、单纯、并带着几分帅气，享有“百搭易穿，永不失手”的声誉。看似简单朴素的女装，在服装面料设计、服装结构及细节上，精雕细刻，耐人寻味。和夏奈尔齐名的服装设计师保罗·波烈，就公开批评对手的高级时装的简朴外形是“高贵的穷酸相”，也有人说是“发明了贫乏而昂贵的简朴”。

（二）优雅淑女风受宠

20 世纪 30 年代的女装正如这个时代一样扮演着承前启后的角色。当时，不但以奢华开始，还充满醉生梦死的特点，这种特点体现在服装上，就是极端的优雅。女装不再是不切实际的幻想，而是在简洁中透出高贵，成熟中带着冷艳，服装变得更加简单，线条更加流畅洗练，突出女性的妩媚和雅致。

20 年代盛行的管状风格不再受到女人的追捧，取而代之的是淑女风格。女性开始认为婀娜多姿的玲珑体态和优雅的气质才是时尚的基础，穿长裙成了时尚，裙子保持了优雅的曲线线条，长及小腿肚、突出腰线、臀部收紧、下摆展开。为了节约成本，当时很多女性理性地选择了自己做衣服以节约成本的方法来改造自己在 20 年代曾穿着的短裙，为它们加上绸缎边、皮草和其他装饰，使裙子的长度可以达到小腿中部。尤其是在女裙上的运用，一些悬垂感好的面料让它富有飘逸感，紧贴身体、显示性感线条的柔软，而优美的缎子和双绉面料也常常被采用。

当时为了尽可能展现优雅，突出女人天生的流线型体形，又不过多暴露身体，设计通过采用斜裁、垂悬、围裹的手法突出线条的精致（图 16-22）。

（三）皮草披肩风靡

翻开世界时尚史，应该没有一个年代可以与 20 世纪 30 年代演绎的奢华相比，如此优雅、如此富有格调。这种气质的体现与皮毛的大量使用不无关系。由于交际舞的流行，当时另一主流就是露背，背部变得公开，暴露的肩部设计在让女人美丽的同时，又被不断抱怨起寒冷，为了保暖，促成了另一时尚开始风靡——皮草披肩。披肩不仅是御寒的服装配件，也是一种装饰。皮草可谓是这个年代女人品位的象征，无论是紫貂皮、水貂皮、南美栗鼠皮、波斯羔羊皮等，其中最为流行的是银狐皮披肩，成为当时与晚礼服搭配的必须品。皮草或局部镶嵌在裙子的下摆、领口腕间，或作为披肩悬垂在臂弯间，奢华气息扑面而来，让女人们垂青，即便很小的一块皮草也是地位与品位的象征。

由于整个巴黎都默认了“管子状”形象，因此即使冬天的大衣也转为贴身设计，追求类似日本和服的东方样式。由于这个习惯风潮，设计上就把大衣设计成只有一粒扣。而衣领通常采用皮草装饰，无论是上层社会的贵妇小姐，还是普通平民女子，都追求皮草的装饰效果。皮草的使用不再是为了保暖，而只是纯粹的装饰作用，所以几乎每件大衣都会有装饰皮草，且越长越好，女人们对此深信不疑，趋之若鹜。30 年代的摩登女郎可以肆意地享受皮草大衣为自己带来的温暖、华贵的意象（图 16-23）。珍珠项链也是当时一大热门单品，在脖子上绕上好几圈，其中一圈长及小腹，其余的则长短不一地自由垂落，至于是否是真的珍珠倒无关紧要。

简朴与奢华的并列究竟是一种对立关系，还是相辅相成，值得探究。高级时装的样式变了，人们可以清晰地看到，虽然在每个阶段会有不同的变化，但其品位和魅力仍然存在，严谨的细节和身体的视觉美都会被贯彻始终，保持着简朴与奢华并行的时装，反映了高级女装业已经走向现代化。

图 16-22　30 年代法国斜裁大师 Madeleine Vionnet 设计的一系列悬垂式女裙

图 16-23　摩登女郎穿着皮草大衣

第三节　设计师品牌问世

在20世纪的时尚舞台上,设计师是最有“话语权”的人,他们决定了流行的风格和方向。巴黎、米兰、伦敦及纽约是时尚的发源地、流行地,抑或是一种生活习惯……巴黎的高级定制女装(Haute Couture)在世界上独一无二,米兰的高级成衣(Ready to Wear)以裁剪精良著称,伦敦在20世纪60年代被称为“摇摆伦敦”(Swing of London),纽约玩世不恭的文化氛围则是一个逐梦的天堂。回顾20世纪这100年的服饰史,我们可以清晰地看到,时代流行时尚,时代造就风格。各个年代都有自己的风格,这就是时代赋予服装的深深烙印。除了时代的风格外,不同的设计师所设计的服装也有着各自的风格特点。在这100年里,西方服装界中大大小小的服装设计师如繁星满天。每个阶段都会出现带动时尚的人物,沿用选“十大”(TOP TEN)的惯例,甄选出十位在时尚服饰界颇具影响力的设计师及其品牌。

一、紧身胸衣的终结者 Paul Poiret

保罗·波烈(PaulPoiret,1879—1944),这个面料商的儿子,从很小的时候就喜欢用布料和蕾丝打扮洋娃娃。波烈从业之初在巴黎的沃斯时装公司当学徒。1904年,波烈开创了自己的公司,从此在时尚界产生了革命性的影响。

保罗·波烈是对时装界有旋风般影响力的人物,他把自文艺复兴以后长期被胸衣(Corset)束缚的西方女性躯体解放了,被西方服装史家誉为“20世纪第一位设计师”。他一改统治了欧洲服装几百年的曲线造型,使直线重新回归统治地位,奠定了现代服饰的雏型。女性服饰由此发生了革命性的变化——简洁松身的设计恢复妇女胸部的自由和健康,把衣服的支撑点挪到肩头。正如他所说的:“我致力于减法,而不是加法”。他的贡献在于他的设计不是对衣服的细节如领部、袖口、花边等进行修改或堆砌,而是改变了衣服的结构,带来一种全新的穿衣理念。

这位法国时装之王在20世纪初对时尚界的影响远不止他设计的服装,他还是第一位推出香水品牌并创办装饰品公司的设计师。此外,他还最早从东方文化中汲取灵感,创造了新式的蛤蟆裤(Harem Pants)以及霍布尔裙(Hobble Skirt)等款式,对后世影响深远。对东方民族特色的痴迷让他剪刀下的服装充满了日本和服、中国旗袍、阿拉伯长裙等传统服饰的痕迹,充满异国情调(图16-24)。

当时,对旧世界的眷恋与对新世界的惊喜,交织在世纪初的西方人心里,对流行于维多利亚时代的紧身与繁琐服饰的抛弃,已经势在必行,波烈敏感地看到了这一点。他的幻想与探索,正代表了两个世纪审美趣味的消长、交替和矛盾斗争。而他毕生的努力,亦实现在世纪之交服装改革的历史使命。彼时的英国首相夫人这样评价保罗·波烈的作品:“我无法相信,世上竟有如此漂亮的服装。”

二、风格永存 Gabrielle Chanel

Chanel品牌的创始人夏奈尔(Coco Chanel,原名Gabrielle Bonheur Chanel,1883—1971)。夏奈尔出生于法国,她不幸的童年造成了她永远不愿意接受任何人的怜悯,而这倔强的个性在她日后的设计中充分体现:拒绝一切的多余,崇尚优雅,没有繁复的堆砌。

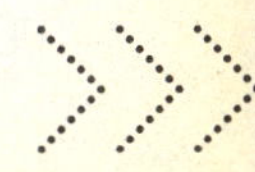

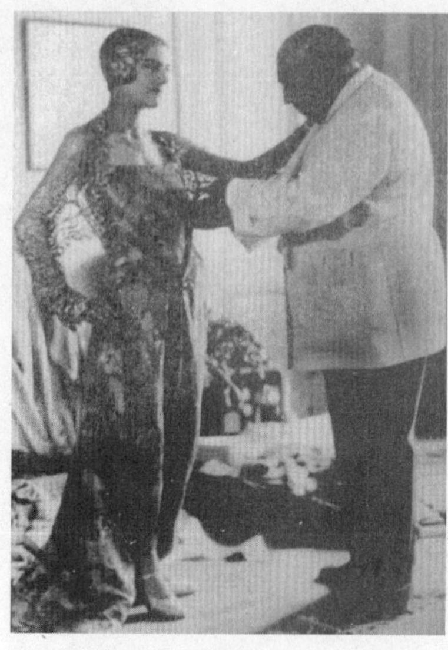

图 16-24　波烈及其作品(左图:工作中的保罗·波烈;中图:1913 年波烈结合野兽派的鲜明色彩与东方和服服装的结构;右图:著名的蛤蟆裤)

1913 年,夏奈尔在法国巴黎创立了第一家时装店,推出第一款针织羊毛运动装,作为女性户外活动的休闲装,这也许就是最早的现代休闲服,从此开始了她长达 50 多年的服装设计生涯。20 年代,香奈尔成为了当时的时尚女王,她的服装店成为了时髦女性最爱出入的地方。她的服装去除了所有的繁复累赘,色彩单纯、素雅,这也是 Chanel 服装之所以经久不衰的原因。夏奈儿(Chanel)是一个有 80 多年经历的著名品牌,夏奈儿时装永远有着高雅、简洁、精美的风格(图 16-25)。

图 16-25　夏奈尔品牌

夏奈儿的产品种类繁多,有服装、珠宝饰品、佩件、化妆品、香水,每一种产品都闻名遐迩,特别是她的香水与时装。如1921年的No.5香水和No.22香水,1924年的Cuirderussie香水等。时装上让Chanel迷们为之疯狂的“精神象征”便是双C在CHANEL服装的扣子或皮件的扣环上,可以很容易地就发现将CocoChanel的双C交叠而设计出来的标志。第一代夏奈尔皮件越来越受到喜爱之后,其立体的菱形车格纹也逐渐成为她的标志之一,不断被运用在新款的服装和皮件上。而夏奈尔对“山茶花”的情有独钟,对世界而言,已然成了CHANEL王国的“国花”。不论是春夏或是秋冬,它除了被设计成各种材质的山茶花饰品之外,更经常被运用在服装的布料图案上(图16-26)。

图16-26 夏奈尔品牌国花

1971年,夏奈尔独自在为即将到来的时装发布会工作到很晚,凌晨时她服用了安眠药入睡,从此再也没有醒来。她的一生是成功的,对于时尚界来说,她的意义不仅是那些粗呢套装、LBD,或者2.55Bag、双色鞋,更重要的是她传奇的一生和她骄傲的坏脾气创造了对于女性独立的那份坚持与执著,这注定是其他设计师所无法超越的。

三、惊人的粉红 Elsa Schiaparelli

爱莎·夏帕瑞丽(Elsa Schiaparelli, 1890—1973),出生于意大利,是罗马城中的名门闺秀,也是法国时装界20世纪30年代最杰出的女性服装设计师之一,影响了高级定制女装的发展。

夏帕瑞丽开创了20世纪30年代全新女性时装时代,她用强烈的色彩、大胆的创新把服装上升到艺术范畴,对色彩的感受,则像一位现代画家,给黑色的20年代带来了新的活力。被法国时尚界评价为具有马蒂斯风格的她在时装用色犹如野兽派画家一样,其设计的服装像一块现代油画布,强烈、鲜艳得惊人:罂粟红、猩红、紫罗兰以及使她声名大震的“巅峰之作”运用的粉红色……

早期,她以设计帽子起家,1927年,她闯入时装界,成名作是一件看似简单的黑白两色针织

套衫,胸前设计了涂鸦式的卡通蝴蝶。1935年后,除了毛衣,她还设计运动装,随后推出西装、礼服。夏帕瑞丽一贯主张新奇、刺激,有“语不惊人誓不休,衣不亮丽绝不推”的气势。她的高雅新风格,马上吸引了许多上层妇女,并威胁到夏奈尔的权威。

在她眼里,时尚就是玩新奇,比如在裙子上有脊椎骨的设计,把达利的作品或印染或刺绣搬到裙子上,像一幅现代艺术品。她发明了鞋子帽和骨架裙、长指甲的手套等,甚至还戏谑地将报刊上有关自己的文章剪贴成图案,印在围巾和衬衫上。三十年代后期,夏帕瑞丽从伦敦近卫军制服上得到灵感,将时装的重点从腰臀部移到了肩部,强调肩部的平直挺括,让女装加宽垫肩,同时收小了臀部。美国时装杂志《哈泼市场》称这种男性化的垫肩女装是夏帕瑞丽“最具想象力的创造”。这种夸张肩部的男子气女装,持续流行了相当久的一段时间,成为二次大战前女装的主要趋向。她还是第一个大胆地将早期粗糙和笨拙、被认为是“大兵”们用的拉链,运用到时装上的设计师。她的设计十分重视人身的舒适、合体,对服装造型的理解,如同一位雕塑家,设计灵感常常来自建筑风格(图16-27)。

图16-27 夏帕瑞丽喜爱用大面积的印花和刺绣表现一种张扬的美(上左图:1937年紫罗兰色刺绣的礼服;上中图:手绘插画;上右图:抽象画刺绣表现;下左图:1938年星座刺绣外套;下中图:来自达利作品的蝴蝶印花和马鬃网眼外套;下右图:1937年与达利合作的龙虾裙)

夏帕瑞丽对时尚最大的贡献在于带领时尚度过 30 至 40 年代的转型期，给法国时装带来了古罗马和古希腊式的超现实奢华气息。对于别具一格、出奇制胜的构思，始终是夏帕瑞丽的创作指导思想。超现实的设计观念和手法，也替她博得“Shocking Elsa”的封号，为 20 世纪 30 年代的服装史留下了难忘的一页。

四、新风貌 Christian Dior

克里斯汀 · 迪奥（Christian Dior，1905—1957），一位活跃于 20 世纪 40 年代的巨匠。迪奥出生在法国的格兰维尔一个富有的商人家庭。他从小就对于艺术怀有浓厚的兴趣。

在战后巴黎重建世界时装中心的过程中，迪奥做出了不可磨灭的贡献，重建了战后女性的美感。1947 年 2 月 12 日，迪奥推出的震撼性的系列作品，具有柔和的肩线，纤瘦的袖型，细腰丰臀，强调胸部曲线的对比，离地 20 厘米的长及小腿的宽阔裙摆，使用了大量的布料来塑造圆润的流畅线条，并且以圆形帽子、长手套、肤色丝袜与细跟高跟鞋等饰品衬托整体气氛（图 16-28）。种种不同的优雅细节，组合出极其纤美的女性形象。他的“花冠形”系列宣告了“像战争中的女军服一样的耸肩男性造型的女装时期的结束”。随后在 1951 年用硬衬布设计出椭圆形的廓形，在 1953 年设计出郁金香造型。迪奥将传统服装和自创的 H-Line、A-Line 和 Y-Line 剪裁轮廓线条带入时装界，成为时装界著名的设计师。

图 16-28　迪奥新风貌女装

迪奥品牌在巴黎地位极高，克里斯汀 · 迪奥，一直是炫丽的高级女装的代名词，简称 CD。CD 时装注重的是女性造型线条而并非色彩，具有鲜明的风格，强调女性隆胸丰臀、腰肢纤细、肩形柔美的曲线。他以美丽、优雅为设计理念，采取精致、简单的剪裁，以品牌为旗帜，以法国式的高雅和品位为准则，坚持华贵、优质的品牌路线，迎合上流社会成熟女性的审美品味，象征着法国时装文化的最高精神。

迪奥设计的作品仅有 22 套，直到 1957 年在意大利度假时死亡。迪奥之所以能成为经典，除

了其创新中又带着优雅的设计,亦培育出许多优秀的年轻设计师:伊夫·圣·洛朗(Yves Saint Laurent)、马克·波汉(Marc Bohan)、詹弗兰克·费雷(Gianfranco Ferre)在Dior过世后陆续接手,非凡的设计功力将迪奥的声势推向顶点,而他们秉持的设计精神都是一样的——Dior的精致剪裁。

迪奥树立了整个40年代的高尚优雅品位,亦把克里斯汀·迪奥的名字,深深地烙印在女性的心中及20世纪的时尚史上。

五、尊贵高雅的代名词 Hubert de Givenchy

休伯特·德·纪梵希(Hubert de Givenchy,1927—),出生在法国诺曼底的一个富有家庭。由于纪梵希的外祖父从事美术织锦毯的设计工作,因此他从小就与纺织品设计有接触,属于艺术世家。

1952年,创建"纪梵希工作室"(The House of Givenchy),推出首个个人作品。在这场以白色棉布为主,辅以典雅刺绣与华丽珠饰的时装展中,他的创意才华令在场人士惊艳不已,简洁的蝉翼纱上衣配棉质百褶裙,清新明朗。当时,巴伦西亚加(Balenciaga)被纪梵希视作良师益友,他们两人的设计概念不谋而合。1953年,纪梵希开始为好莱坞电影明星设计服装,并受到前所未有的欢迎。两个世界著名女性——奥黛丽·赫本(Audrey Hepburn)和杰奎琳·肯尼迪(Jackie Kennedy),演绎了纪梵希的经典设计风格:精致高雅典范,纯洁完美无瑕(图16-29)。

图16-29 穿着纪梵希服装的奥黛丽·赫本和杰奎琳·肯尼迪

纪梵希从1955年开始,暂时放弃他所专长的套装,而开始将注意力集中于服装的结构上,同年,他打出"自由线条"的口号,推出没有腰部和臀部曲线的直筒式裙装。1967年,纪梵希推出布袋装,其宽松的"日"型外观给迪奥的"New Look"一个极大冲击。当时的《VOGVE》曾作出这样的评论:"这与其说是时装,不如说是创造了一种新的穿着方式。"这种宽松的布袋装赋予穿着者一种神秘色彩,它"几乎不与身体接触,但身体曲线却没有消失"。

纪梵希既能设计令人惊叹的华贵的宫廷样式服装,也能设计充满活力、青春的时尚风格。他总能屹立在其所处的不同时期的时尚潮头、并弄潮于变幻莫测的流行中,得心应手。"时尚、高雅、经典",他塑造的活泼而优雅的女性形象在20世纪独树一帜,他的"赫本风格"从1953年延续到90年代,也成为了服装流行史上的一段佳话。

纪梵希男装品牌随后创建于1973年,该品牌的男装非常注重面料的选择,以及精湛的裁剪技术和服装结构线与外轮廓的表现。纪梵希男装以近乎完美的穿着体验与视觉感受带给人们对于男装的全新理念,是时尚界优雅绅士的化身[2]。亚历山大·麦克匡再创了纪梵希时装的新时代,使得纪梵希男装品牌在时装界具有无可争议的领导地位。

六、科技时代建构艺术之美 Pierre Cardin

皮尔·卡丹(Pierre Cardin, 1922—),出生于意大利威尼斯。他14岁便中途辍学,在一家小裁缝店里当起了学徒,迪奥曾是他的领路人。1950年,皮尔·卡丹创建了以自己的名字命名的服装公司并开始为剧院设计面具及戏服,先后于1961年及1963年,分别创建男子及女子成衣服饰部,从此开始了皮尔卡丹经典品牌的缔造之路。

皮尔·卡丹(Pierre Cardin),是世界著名品牌。卡丹大胆突破传统,追求独特的个性,运用自己的精湛技术和艺术修养,将稀奇古怪的款式设计和对布料的理解,与褶裥、绉、几何形巧妙地融为一体,创造了突破传统而走向时尚的新形象。皮尔·卡丹也是第一个经营男装的设计师,他设计的男装如无领茄克、哥萨克领衬衣、卷边花帽等,为男士装束赢得了更大的自由。甲壳虫乐队穿着的皮尔·卡丹式高纽位无领夹克衫就是六十年代时髦男子的必备,在与高圆套领羊毛衫一起穿着时,显示出一种悠闲而不失雅致的风貌。

七十年代末,卡丹设计的一种宽条法兰绒上衣,风靡法国、美国,使巴黎、纽约的绅士们为之倾倒。皮尔·卡丹女装擅用鲜艳强烈的红、黄、钻蓝、湖绿、青紫,其纯度、明度、彩度都格外饱和,加上其款式造型夸张,他认为过去服装在设计上生硬地划分时装的性别,从而导致设计的失败,所以他创造了没有明显性别特征的服装,并命名为"无性别装",结果又使他声名鹊起。特别是1966年推出的"宇宙服风格",大胆地运用圆形裁剪和拼接技术,颇具现代雕塑感(图16-30)。

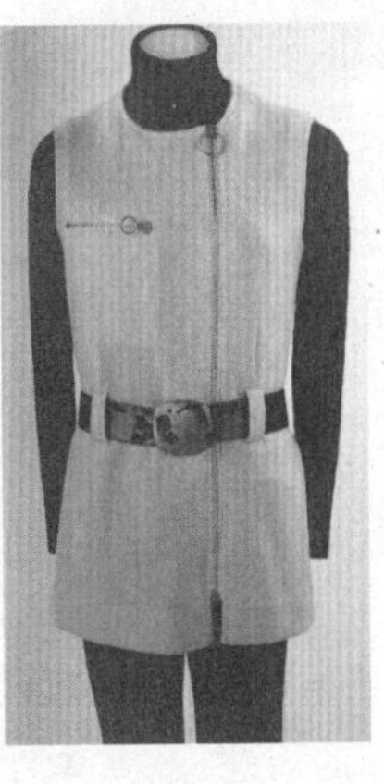

图16-30 皮尔卡丹作品(左图:著名的甲壳虫乐队;右图:1967年宇宙服风格)

卡丹设计的时装,敢于突破,式样新颖,富有青春感,色彩鲜明,线条清楚,可塑感强。他首次设计并批量生产流行服装,让高档时装走下高贵的T台直接服务于老百姓,一举获得成功,直到今天也没有人能够超越,成为20世纪60年代以来法国时装界的"先锋"代表人物。

七、写下时尚传奇的朋克教母 Vivienne Westwood

维维安·韦斯特伍德(Vivienne Westwood,原名 Vivienne Isabel Swire, 1941—),英国著名时装设计师,时装界的"朋克之母",出身于一个来自北英格兰的工人家庭。

维维安·韦斯特伍德崛起于60年代年代末期,她的成就要归于她的第二任丈夫麦尔考姆·麦克拉文(Malcolm McLaren)—英国著名摇滚乐队"性手枪"的组建者和经纪人。在其启发与指点(图16-31)下,她使摇滚具有了典型的外表,撕口子或挖洞的T恤、拉链、色情口号、金属挂链等,并一直影响至今。

图16-31 反叛的维维安·韦斯特伍德(左图:1976年在"性"服装店门前做广告;右图:1977年身穿格子套装尽显其朋克风格)

她和麦克拉文一起在伦敦国王大道开了她的第一家服装店,店名为"尽情摇滚"(Let it Rock),专门出售那些街头少年们所穿着的服装。随后他们的店几经更名,并且专门为摇滚乐手和朋克制作服装。

70年代末,她的设计中多使用皮革、橡胶制作怪诞的时装。膨胀如鼓的陀螺形裤子,不得不在脑袋上先缠上布的巨大毡礼帽,黑色皮革制的T恤衫,海盗式的绉衣服加上美丽的大商标。甚至在昂贵的衣料上有意撕成洞眼或做撕成破条的"跳伞服装"。80年代初期一个大胆的做法是:内衣外穿,甚至将胸罩穿在外衣外面,在裙裤外加穿女式内衬裙、裤,她扬言要把一切在家中的秘密公之于世。她种种癫狂的设想,常常令外国游客们毛骨悚然。她甚至可以使衣袖一个长一个短,长的到4英尺,撕成碎块,拼凑不协调的色彩,有意缉出的粗糙缝纫线,总之,这些都成为她的设计手段、或者说设计风格(图16-32)。

图16-32 维维安·韦斯特伍德的设计作品(左图:1976年"朋克"系列;中图:1981年"海盗"系列;右图:1982年"大地乡愁"系列)

韦斯特伍德的设计构思是在服装领域里最荒诞的、最稀奇古怪的,也是最有独创性的。从传统中找寻创作元素,将过时的束胸、厚底高跟鞋、经典的苏格兰格纹等设计重新发挥,又再度成为崭新的时髦流行品,无疑是韦斯特伍德的经典作品。朋克教母维维安·韦斯特伍德惯用的皇冠、星球及骷髅、以高彩度的色泽出现在胸针、手链与项链设计上,增添了不少冷艳时髦的俏丽模样。

历史从来都是由不满历史者来撰写的。改变现状,反对传统服饰,这在20世纪服装史上已不是鲜见的主张了,但像她这样对传统高级时装的彻底否定,用反传统的粗暴方式来冲击服装美学,无疑是独树一帜的,她的影响不可能不波及时装界。

八、介于传统与现代之间 Giorgio Armani

乔治·阿玛尼(Giorgio Armani, 1934—),出生在意大利北部的一座小镇皮亚琴察,少年时在当地公共学校读书期间,他狂热地迷上了戏剧和电影,但父母打消了他对艺术的梦想,在双亲的坚持下,阿玛尼被送到米兰学了三年医,之后入伍做了三年助理军医。1957年,阿玛尼退役到著名的丽娜桑德百货公司担任采购和橱窗设计师的工作。1961年,他给意大利设计师尼诺·切瑞蒂(Nino Cerruti)充当助手,开始在时装界崭露头角。1974年,阿玛尼与好友赛尔乔·加莱奥蒂(Sergio Galeotti)合资,创立了以自己的名字命名的男装品牌(Giorgio Armani)。当他的第一个男装时装发布会完成之后,人们将他称为夹克衫之王。他推出的第一个男装系列外套的特点是斜肩、窄领、大口袋。到70年代末,阿玛尼又将男西装的领子加宽,并增加了胸腰部的宽松量,创新推出了倒梯形造型。1981年,公司又创立了副牌安波罗·阿玛尼(Emporio Armani)。在设计中,丰富的经历和意大利文化的浸润,使阿玛尼形成了独特的品位,他所塑造的随意、柔化的男装造型非常迷人。由理查德·基尔主演的《美国舞男》(1980)使阿玛尼的设计迅速蹿红。片中有一幕经典的"换衫"戏:男主角在摆满一床的阿玛尼西装、阿玛尼衬衫、阿玛尼领带中,挑

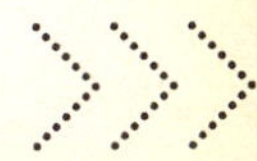

选最合意的搭配。这个画面非常具有震撼力,看过它的男人都想拥有这个品牌的衣服,而女人则想与穿这个牌子衣服的男性约会。

乔治·阿玛尼一直缔造着时尚。在两性混淆的年代,他是打破阳刚与阴柔的界线,引领时尚迈向中性风格的设计师之一。在他的作品中,美不是现代也不是传统,不是阳刚也不是阴柔,但穿阿玛尼品牌的服装能获得许多人都认同的美感。他将此品味大胆地贯穿至女装,同样出类拔萃。他的服装剪裁流畅,创造出划时代的圆剪造型,加上无结构的运动衫、宽松的便装裤,较多地运用黑、灰、深蓝等色调,还独创了一种介于淡茶色和灰色之间的生丝色给80年代的时装界吹来了一股轻松自然之风。他不仅改变了男性上衣过于硬朗刚毅的外观,还将厚垫肩和男子上装宽阔的造型应用到女装上,使女装具有一种干练、优雅、强势的中性色彩。其中宽肩加垫、衣短至腰的西便服与裤或裙的搭配曾风靡80年代(图16-33)。

图16-33 《美国舞男》中的Armani套装和1990年长线条外套搭配宽腿裤女装设计

九、展现奢华的极致创作 PRADA

缪西亚·比安奇·普拉达(Miuccia Bianchi Prada,小名为Miu Miu, 1949—),出生在米兰,祖父是PRADA公司的创始人马里奥·普拉达(Mario Prada)。缪西亚·比安奇·普拉达是使普拉达发展成为当今享誉全球的奢华品牌的灵魂人物。

PRADA品牌创于1913年,以材料上等、做工精细、贵重等特点受到意大利皇室贵族的喜爱。但随着20世纪70年代时尚环境变迁,PRADA几近濒临破产边缘。在1978年,缪西亚·比安奇·普拉达与其夫婿共同开始接手家族企业。她设计的一套全新黑色、耐用而细致的尼龙手袋系列使世界重新认识了PRADA品牌。90年代,打着“Less is More”口号的极简主义应运而生,而PRADA简约、带有一股制服美学般的设计正好与潮流不谋而合。夫妇二人凭借各自的优势,着手筹划企业转型战略,即丰富产品线:除生产手提包袋外,于1983年推出皮鞋;1989年推出女装;1992 年 PRADA 唯一的一个年轻副牌 Miu Miu 推出二线年轻女装系列,以求突破 PRADA 较成熟的一面:橡筋扣设计、拉链、气垫长靴齐齐上场;亦有女性化的蝴蝶 Tubetop 与花边裙及绲边长裙校园 look,造型比主线 PRADA 更多元化,更明目张胆,造成一股旋风;1994 年推出男装,成为追求流行简约与现代摩登的最佳风范;1998 年推出运动装,著名"红色条纹"成为普拉达产品在全球最受崇尚的一个时尚标志……在 20 世纪末,普拉达品牌成为意大利最热门的品牌之一(图 16-34)。

图 16-34 2006 年上映的《The Devil Wears Prada》剧照

极少的时尚品牌能够拥有与 PRADA 齐名的显赫声誉和时尚魅力。缪西亚 · 比安奇 · 普拉达以她卓越的管理才能及非凡的设计作品,将 PRADA 塑造成为了当今世界最受人拥戴的奢华象征。

十、高级时装年轻风华 Donna Karan

唐娜 · 卡兰(Donna Karan,原名 Donna Ivy Faske, 1948—),生于纽约。1984 年,她和丈夫联手创立了自己的公司,推出了一系列各具特色的产品:DKNY、DKNY Classic、DKNY Active、DKNY Jeans,对纽约所汇聚的不同文化及其独特的生活气息作了一个全新的诠释。

唐娜 · 卡兰追求舒适、讲究质感的设计理念,让设计的基本构成是一件紧身衣,可以搭配长裤或裙子;既可单独穿也可以再加上一件外套,另外配一条宽皮带,休闲又正式。她的设计体现了男性与女性的豪华、性感、舒适与创造性演绎的极致。其中,黑色是 Donna Karan 永远的主色调。从黑色紧身衣、黑色毛衣、黑色礼服长裙到黑色茶具,都可以看出她强烈的色彩倾向。黑色融合了她对于快节奏大都市生活的理解和感悟,也与她要创造出既朴实无华又高贵优雅的世界性时装的初衷相吻合。1988 年唐娜推出了为她日渐成熟的女儿加比所创作的二线品牌 Donna Karan New York,简称 DKNY(图 16-35)。DKNY 可以说是世纪末最受青年一代追捧的朝阳品牌,其声名甚至超过它的正牌 Donna Karan。1991 年,唐纳·卡兰推出了首个男装系列,满足了成熟男式的着装需求。次年,DKNY MEN 年轻系列男装随即问世,充分展现出男性的无穷活力和纽约的街头气息。DKNY MEN 系列包括正式套装、休闲系列、皮件、领带、饰品、泳裤、鞋子等。1999 年 DKNY 女装内衣和男装内衣的相继推出更完善了 DKNY 的产品系列。

图 16-35 载于《VOGUE》1994 年第 11 期唐娜·卡兰为 DKNY 设计的透明蕾丝连衣裙

利落干净的线条是唐娜·卡兰的核心思想,以紧身衣为核心进行设计是她成功的关键所在。简单的套头运动衫,几乎没有纽扣,绉纱的面料、不透明的长筒袜、纱笼裙,再加上特意剪裁出的错落有致的效果,给 20 世纪末的新时代的上班族带来新潮流,她做到了"为现代人设计现代化服装"。

人类从遥远的过去走来,向辉煌的未来走去——如果对人类的昨天知之甚少,就不可能深刻地认识人类的今天,也就无从推测明天的发展。服装文化具有"螺旋式"地不断复活历史的流行特征,这就要求人们不断地回顾过去,重温历史;人们不但能看到 20 世纪服饰的演变,也可以感受到新世纪服装设计的未来。

思考与练习

一、简述 20 世纪男装三件套款式主要形象。
二、管状女裙"Flapper"出现的历史背景及其款式特点。
三、二战前夏奈尔套装流行的原因及其对现代女装的影响。
四、试分析高级时装衰败的原因及其挽救的措施。
五、列举 5 位你喜爱的世界知名服装设计师及其品牌设计理念。

参考文献

[1] 周迅,高春明. 中国历代服饰[M]. 上海:学林出版社,1984.
[2] 沈从文. 中国历代服饰研究[M]. 香港:商务印书馆香港分馆 1981.
[3] 周锡保. 中国古代服饰史[M]. 北京:中国戏剧出版社,1984.
[4] 戴争. 中国古代服饰简史[M]. 北京:轻工业出版社,1988.
[5] 华梅. 中国服装史[M]. 天津:天津人民美术出版社,1989.
[6] 范纯荣. 中国古代服装发展简史[M]. 长春:吉林大学出版社,1989.
[7] 许南亭、曾晓明. 中国服饰史话[M]. 北京:轻工业出版社,1989.
[8] 周迅、高春明. 中国历代妇女妆饰[M]. 上海:学林出版社,1989.
[9] 林淑心. 清代服饰[M]. 台湾:台湾历史博物馆.
[10] 原田淑人. 中国服装史研究[M]. 常任侠,译. 合肥:黄山书社, 1988.
[11] 周峰. 中国古代服装参考资料(隋唐五代部分) [M]. 北京燕山出版社,1987.
[12] 袁仲一. 秦始皇陵兵马俑研究 [M]. 北京:文物出版社,1990.
[13] 郭宝钧. 中国青铜时代 [M]. 三联书店,1963.
[14] 中国社会科学院考古研究所、河北省文物管理处. 满城汉墓发掘报告[M]. 北京:文物出版社,1980.
[15] 李苍彦. 中国古代吉祥图案[M]. 万里书店有限公司、轻工业出版社,1988.
[16] 郑振铎. 中国古代版画丛书[M]. 上海:上海古籍出版社,1989.
[17] 龙门文物保管所、文物出版社. 龙门石窟[M]. 北京:文物出版社, 1981.
[18] 故宫博物院. 紫禁城帝后生活[M]. 北京:中国旅游出版社,1992.
[19] 柳诒徵. 中国文化史[M]. 北京:中国大百科全书出版社,1988.
[20] 王伯敏. 中国美术通史[M]. 济南:山东教育出版社,1987.
[21] 吴淑生、田自秉. 中国染织史[M]. 上海:上海人民出版社,1986.
[22] 叶朗. 中国美学史大纲[M]. 上海:上海人民出版社,1985.
[23] 葛兆光. 禅宗与中国文化[M]. 上海:上海人民出版社,1986.
[24] 吕思勉. 先秦学术概论[M]. 北京:中国大百科全书出版社,1985.
[25] 张正明. 楚文化史[M]. 上海:上海人民出版社,1987.
[26] 叶尚青.《中国美术名作欣赏》[M]. 上海:上海人民出版社,1984.
[27] 沈光耀. 中国古代对外贸易史[M] . 广州:广东人民出版社,1985.
[28] 欧阳修. 艺文类聚[M] . 上海:上海古籍出版社 1965.
[29] 白居易. 白香山集[M] . 北京:商务印书馆.
[30] 王力. 古代汉语[M]. 北京:中华书局,1964.
[31] 陈子展. 诗经直解[M] . 上海:复旦大学出版社,1983.

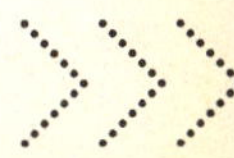

[32] 翦伯赞. 中国史纲要[M]. 北京:人民出版社,1979.
[33] 二十四史("礼仪志"、"舆服志"、"车服志"等部分).
[34] 翦伯赞、郑天挺. 中国通史参考资料[M]. 北京:中华书局,1965.
[35] 廖军,许星. 中国服饰百年[M]. 上海:上海文化出版社,2009.
[36] 冯泽民、齐志豪. 服装发展史教程[M]. 北京:中国纺织出版社,2004.
[37] 冯泽民,刘海青. 中西服装发展史教程[M]. 北京:中国纺织出版社,2006.
[38] 袁杰英. 中国历代服饰史[M]. 北京:高等教育出版社,2000.
[39] 张祖芳,肖文陵. 中西服装史[M]. 上海:学林出版社, 2012.
[40]《FASHION-THE ULTIMATE BOOK OF COSTUME AND STYLE》,第 28 页。出版社:Dorling Kindersley Limited. 2012.
[41] 张延风. 西方文化艺术巡礼[M]. 北京:中国青年出版社,1998:29-57.
[42] Phyllis Tortora, Keith Eubank, A Survey of Hlstoilc Costume [M], New York, Failrchild Publications, 1989:36.
[43] 华梅,要彬. 西方服装史[M]. 北京:中国纺织出版社,2011.
[44] 怀特海. 18 世纪法国室内艺术[M]. 杨俊蕾译. 广西:广西师范大学出版社,2008.
[45] 李昕. 蕾丝:欲望与女权[M]. 北京:商务印书馆,2013.
[46] 袁宝林,远小近,廖旸. 欧洲美术——从罗可可到浪漫主义[M]. 北京:中国人民大学出版社,2004.
[47] Dorling Kindersley. FASHION. London:Dorling Kindersley Limited,2012.
[48] Avril Hart, Susan North. Seventeenth and Eighteenth-century Fashion in Detail. London:V&A Publishing,2009.
[49] 袁仄,蒋玉秋,李柏英. 外国服装史[M]. 重庆:西南师范大学出版社,2012.
[50] 瓦莱丽·斯蒂尔. 内衣:一部文化史[M]. 师英译. 天津:百花文艺出版社,2004.
[51] 孙运飞,殷广胜. 国际服饰(上)[M]. 北京:化学工业出版社,2012.
[52] 城一夫. 西方染织纹样史[M]. 孙基亮,译. 北京:中国纺织出版社,2001.
[53] 崔海源,方文素. 画说世界军服[M]. 上海:上海书店出版社,2009.
[54] 余玉霞. 西方服装文化解读[M]. 北京:中国纺织出版社,2012.
[55] 周梦. 传统与时尚[M]. 生活. 读书. 新知三联书店,2011.
[56] Lucy Johnston. Nineteenth-century Fashion in Detail. London:V&A Publishing,2009.
[57] 陈东生,甘应进. . 新编中外服装史[M]. 北京:中国轻工业出版社,2013.
[58] 乔安妮·恩特维斯特尔. 时髦的身体:时尚、衣着和现代社会理论[M]. 郜元宝,译. 桂林:广西师范大学出版社,2005.
[59] 孙嘉禅,王璐. 服装文化与性心理[M]. 北京:中国社会科学出版社,1992.
[60] 奥美时尚. CEO 西服学[M]. 广西:广西师范大学出版社,2012.
[61] Claire Wilcox, JennyLister. V&A GALLERY OF FASHION.
[62] 孙迎. 点缀生活——男士着装艺术[M]. 天津:百花文艺出版社,2009.
[63] 周文杰. 男装设计艺术[M]. 北京:化学工业出版社,2013.
[64] 陈彬. 时装设计风格[M]. 上海:东华大学出版社,2009.

[65] Harper's BAZAAR 杂志社. 时尚芭莎 百年风华[M]. 北京:中国旅游出版社,2010.
[66] 罗玛. 开花的身体[M]. 上海:上海社会科学院出版社,2005.
[67] Cally Blackman. 100 Years Of Menswear. Laurence KingPublishers,2012.
[68] 李当岐. 服装学概论[M]. 北京:高等教育出版社,1995.
[69] 孙涤非. 时尚发展史——轮回的艺术——Vintage[M]. 济南:山东美术出版社,2011.
[70] 李当岐. 西洋服装史[M]. 北京:高等教育出版社,2005.
[71] 王受之. 世界时装史[M]. 北京:中国青年出版社,2002.
[72] 贾斯迪妮·皮卡蒂. 可可香奈儿的传奇一生[M]. 桂林:广西科学技术出版社,2012.
[73] 克里斯汀·迪奥. 克里斯汀·迪奥自传[M]. 熊娅,译. 长沙:湖南人民出版社,2013.
[74] 李红梅. 20 世纪时装设计艺术[M]. 上海:东华大学出版社,2011.
[75] 刘瑜. 中西服装史[M]. 上海:上海人民美术出版社,2007.
[76] 杨律人. 外国服饰[M]. 重庆:重庆出版社,1985.
[77] 李金明. 明代海外贸易史[M]. 北京:中国社会科学出版社,1990.
[78] 杜钰洲,缪良云. 中国衣经[M]. 上海:上海文化出版社,2004.
[79] 蔡子鄂. 中国服饰美学史[M]. 石家庄:河北美术出版社,2001.
[80] 陈定帧,张令镒. 黄浦区服装志[G]. 上海:黄浦区服装公司,1995.